처 음 만 나 는

식문화와 푸드 코디네이션

저자 소개

이인선   충북대학교 Ph.D. 식품영양학전공
　　　　　현) 국립군산대학교 식품생명과학부 교수

김혜영(B) 캔사스주립대학교 Ph.D. 식품조리과학전공
　　　　　현) 용인대학교 식품조리학부 교수

최유진   한양대학교 Ph.D. 식품학전공
　　　　　현) 용인대학교 식품조리학부 교수

김미란   이화여자대학교 Ph.D. 식품영양학전공
　　　　　현) 가톨릭대학교 식품영양학과 조교수

김은경   용인대학교 Ph.D. 식품영양학전공
　　　　　현) 용인대학교 식품조리학부 초빙교수

처 음 만 나 는
식문화와 푸드 코디네이션

초판 발행 2024년 2월 19일

지은이 이인선 · 김혜영(B) · 최유진 · 김미란 · 김은경
펴낸이 류원식
펴낸곳 교문사

편집팀장 성혜진 | **디자인** 신나리 | **본문편집** 우은영

주소 10881, 경기도 파주시 문발로 116
대표전화 031-955-6111 | **팩스** 031-955-0955
홈페이지 www.gyomoon.com | **이메일** genie@gyomoon.com
등록번호 1968.10.28. 제406-2006-000035호

ISBN 978-89-363-2541-1(93590)
정가 27,000원

처음 만나는

식문화와 푸드 코디네이션

이인선·김혜영(B)·최유진·김미란·김은경 지음

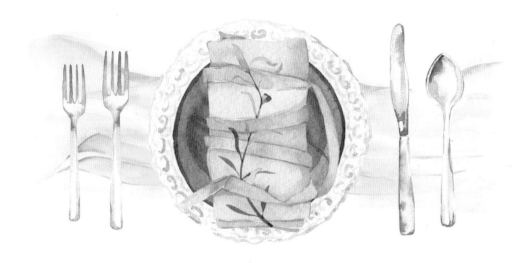

교문사

식생활은 음식물을 섭취하는 행위와 관련된 모든 생활 활동을 의미하며, 문화는 선천적인 것이 아닌 후천적으로 습득된 생활 방식이나 행동입니다. 따라서 식생활 문화 또는 식문화는 어떤 사회에서 음식에 대해 공통적으로 나타나는 행동 양식으로, 여러 민족이 제각각 발전시켜 온 음식의 종류에 따른 다양한 조리법, 상차림, 식사 예절 등을 포함한 각 민족의 역사적 문화적 유산으로 정의할 수 있습니다.

　푸드 코디네이션은 식품 영양과 음식 조리에 관한 지식과 식문화에 관련된 두 가지 이상의 요소를 조화롭게 배합하여 음식과 식사 공간을 연출하고 디자인하는 것입니다. 푸드 코디네이션에서 중요한 고려 요소는 공감과 소통, 그리고 예의와 배려의 마음으로 상대방을 대하는 것입니다. 푸드 코디네이션을 통하여 식문화의 발전과 함께 최신 트렌드를 반영한 음식 문화 산업의 흐름을 주도하고 있기도 합니다. 우리나라는 과거부터 어른을 공경하고 손님을 배려하는 미풍양속을 기반으로 하여 일상적인 식사에서부터 회식이나 잔치 상차림까지 상황과 장소에 맞는 상차림을 실천하는 식생활 문화적 전통이 있습니다. 이렇게 식문화와 푸드 코디네이션이 최근 외식과 매식이 증가하는 음식 문화 트렌드의 모든 분야를 아우르게 되면서 우리의 라이프 스타일과 밀접한 식문화 활동에 대한 관심이 증가됨에 따라 그 가치가 새롭게 조명되고 있습니다.

　이 책에는 식문화에 관심을 가진 분들이 기본적으로 알아야 할 식문화적 지식과 최신 식문화의 발전과 트렌드를 살펴보고 실생활에 적용해 볼 수 있는 정보를 교수님들이 오랜 기간 동안 강의하며 모아왔습니다. 먼저 세계 식문화 속에서 우리나라 식문화의 발전을 알아보고 상차림을 연출하기 위한 테이블 세팅에 대한 기본 지식을 소개하였으며, 저자들이 수업 중에 학생들과 진행한 실용적인 테마와 실습 내용을 정리하였습니다. 이 책에 수록된 많은 사진들은 전문 사진가가 아닌, 저자들이 직접 강의하거나 여행 중에 찍은 것이므로 전문적인 작품 사진과는 차이가 있을 것입니다. 이러한 작업을 통해 푸드 코디네이션은 전문가만의 독특한 영역이 아니라 일상 생활에서도 쉽게 적용할 수 있다는 사실을 알려드리고자 합니다. 이 책의 출간에는 사장님을 비롯한 편집부 여러분께 깊이 감사드립니다.

2024년 2월
저자 일동

1장

식문화와 ── 푸드 코디네이션 개요

식문화(食文化)는 과거에서 현재로 이어져 오는 음식과 관련된 문화이며 음식을 차리는 방법, 사용하는 도구, 식공간의 장식, 그리고 식사를 하면서 갖추는 예절 등이 포함된다. 이러한 식문화를 통해 한 국가의 역사, 전통, 관습 등을 쉽게 이해할 수 있다.

코로나19 팬데믹 이후 우리의 식생활에 큰 변화가 찾아왔으며 건강을 지향하는 소비자들을 대상으로 하는 푸드 스타일링과 코디네이션에 대한 관심도 높아지고 있다. 푸드 코디네이션은 식품과 조리, 테이블 웨어, 식공간 연출, 식사 방법, 테이블 매너 등이 포함되며 식문화에 대한 이해가 바탕이 되어야 한다. 푸드 코디네이터는 파티 및 다양한 행사에서 음식이나 식음료에 관한 전반적인 일을 관리하고 담당하는 사람이며 메뉴 플래너, 푸드 스타일리스트, 테이블 코디네이터, 플로리스트, 파티 플래너, 레스토랑 프로듀서, 티 인스트럭터, 푸드 라이터 등의 영역에서 전문적인 역할을 담당한다. 앞으로의 푸드 코디네이터는 새롭게 개발되고 있는 다양한 매체를 통해 소비자와 소통하고 새로운 경영 마인드를 적용하여 보다 학문적으로 전문화되고 체계화되어 발전할 전망이다.

1. 식문화食文化

사전적으로 '식생활(食生活)에 관(關)한 문화(文化)'로 정의되는 식문화는 한 사회를 구성하는 사람들이 여러 세대를 걸쳐 공유하면서 이어온 음식과 식사에 관한 학습된 행동을 의미한다. 식문화는 유전적으로 물려받은 것이 아닌, 전적으로 후천적인 학습으로 획득한 행동이라는 것이다. 예를 들어, 우리 식생활을 다른 나라와 지역별로 비교해보면 우리나라에서는 오랫동안 아침에도 밥을 먹는 사람들이 많았던 것에 비해, 외국에서는 간단히 수프나 빵 혹은 시리얼 등으로 대신하는 경우도 있다. 각 나라별로 대표되는 식품이나 음식 자체뿐만 아니라 음식을 준비하여 차리는 방법과 사용하는 도구, 식공간의 장식 및 식사를 하면서 갖추는 예절이 모두 식생활과 관련된 문화에 해당한다.

식문화는 우리가 살면서 가꾸면 우리의 건강과 웰빙 증진에도 도움이 되고, 더 나아가 사회적 분위기와 국가의 위상을 높일 수 있어 국격(國格)에도 긍정적으로 영향을 미칠 수 있다. 생활수준이 향상되면서 식생활은 단지 허기만 채우는 것이 아니라 후각, 미각, 시각, 청각, 촉각의 다섯 가지 감각을 만족시키는 쪽으로 진화하면서 식문화와 푸드 코디네이션에 대한 관심이 증가하고 이를 전문직화하는 푸드 스타일리스트 등 관련된 다양한 분야의 새로운 직업군이 경쟁적으로 등장하고 있다.

현대 식문화와 푸드 코디네이션에 영향을 미치는 요인을 살펴보면 인구증가와 식량부족, 코로나19 팬데믹으로 인한 사회환경 변화 및 기후 변화 대비 지속가능성을 위한 유기농 친환경 식생활 등으로 요약해볼 수 있다. 유엔(UN)은 2050년까지 세계 인구가 약 97억 명으로 증가할 것으로 전망하였으며, 증가하는 인구를 먹여 살리는 문제와 기후 변화 등에 의한 식량 공급 시스템의 위기를 감당하기 위해 기존의 식생활 유지를 위한 다양한 식량 공급원을 증가시키면서도 새로운 식량원을 찾아야 할 필요성이 높아지고 있다. 한 가지 가능한 해결책으로 제안되는 것은 곤충과 진균류를 식품으로 사용하는 것이다. 곤충과 진균류는 육류보다 저렴하고 생산 속도가 빠르기 때문에 미래의 식품 공급원으로서 가능성이 높다는 연구가 활발히 진행되고 있기도 하다. 식품 및 외식산업은 이러한 대안의 잠재력을 적극적으로 연구하고 재료 공급업체, 배달 및 중개 기술의 혁신을 통해 보다 지속 가능하고 건강한 식생활과 문화의 발전을 위한 다양한 노력이 이어지고 있다. 한편 코로나19 팬데믹에 따른 자가격리로 소비자들은 주문 애플리케이션을 이용하여 집에서 음식이나 식자재를 주문하는 데 의존하면서 온라인 식료품 시장이 급성장하고 전자 상거래 추세가 가속화되기도 하였다.

다시 대면이 가능해지고 정상적인 쇼핑 방식으로 돌아갈 가능성이 생겼음에도 불구하고 이미 온라인 생활에 익숙해진 소비자들과 특히 컴퓨터에 익숙한 1981~1995년 사이에 출생한 밀레니얼(M)세대와 1996~2010년 사이에 출생한 Z세대를 통칭하는 MZ세대는 온라인쇼핑과 배달의 편리함에 익숙해져 온라인을 통한 식생활 관련 구매력은 계속 증가할 전망이다.

팬데믹으로 생긴 식생활의 큰 특징 중 하나는 밀키트 수요의 증가일 것이다. 팬데믹 이후에도 밀키트는 비용적인 측면과 편리성 등의 요인으로 수요가 지속될 것으로 전망되며, 밀키트 제공업체들은 소비자의 이해를 돕고 차별화된 서비스와 편리성을 제공하고자 자사 제품들의 사용법 등에 대해 전문적인 푸드 스타일링이나 코디네이션 등을 통한 온·오프라인 서비스를 접목시켜 홍보하고 있기도 하다.

이에 따른 외식과 매식 및 배달산업의 동반 시장은 지속적으로 확장되고 진화할 예정이다. 또한 이와 같이 소비자를 직접 대면하지 못하면서 새롭게 부각되는 방식의 식문화는 더 친절하고 경쟁력 있는 소비자와의 만남을 위해 다양한 분야의 푸드 코디네이션에 대한 관심이 증가하고 있으며, 더 나아가 학문적 연구 분야로 발전되고 있다. 유기농, 천연식품 등 건강하고 신선한 고급 식재료에 대한 관심이 높은 소비자를 대상으로 한 푸드 스타일링과 코디네이션도 함께 성장하고 있다.

2. 식문화와 푸드 코디네이션
food coordination

코디네이션(coordination)이란 다양하게 펼쳐진 여러 가지 요소들에 대해 우선순위를 생각하여 어울리게 배열하고 정돈된 상태를 만들어 시각적으로 완성도를 높이는 작업이다. 현대인의 생활이 복잡해지면서 '코디네이션'이라는 용어는 다양한 분야에서 사용되기 시작했다. 푸드 코디네이션은 '푸드 코디네이터'라는 말과 함께 쓰이기 시작하였으며, 식문화와 식품영양학적 지식이 바탕이 되어 식품과 조리, 테이블 웨어, 식공간 연출, 식사 방법 및 테이블 매너 등 상대방에 대한 예의 및 배려와 함께 식문화의 발달과 음식문화산업의 흐름을 주도하는 작업이다. 미국이나 유럽에서는 이미 정착된 개념이며 메뉴플래너, 푸드 스타일리스트, 프롭 스타일리스트(prop stylist), 제과 · 제빵 스타일리스트 등의 전문 분야로도 세분화되어 있다. 또한 일본에서는 푸드 코디네이터들이 푸드 스타일링, 테이블 데코레이션, 플라워 어레인지먼트(flower arrangement), 파티 플래닝, 케이터링 등의 전문분야에서 나누어 활동을 하고 있다.

1) 푸드 코디네이터란

푸드 코디네이터는 기업이나 파티 및 다양한 행사나 이벤트의 식음료나 음식에 관련된 전반적인 일을 관리하고 담당하는 사람이다. 푸드 코디네이터는 행사 또는 의뢰 담당자와 행사 목적에 따른 커뮤니케이션을 하며 식음료 계획에 대한 다양한 사항을 조정하고 메뉴를 디자인하고 예산을 관리하며, 행사 당일 식공간의 연출과 서비스를 감독하기도 한다. 푸드 코디네이터는 메뉴 플래너, 푸드 스타일리스트, 테이블 코디네이터, 플로리스트, 파티 플래너, 레스토랑 프로듀서, 티 인스트럭터, 푸드 라이터 등과 같은 세분화된 명칭으로 활동하고 있는 사람들을 포함한다. 작업 현장에서 고객의 선호도와 식이 제한사항을 이해하기 위해 고객과 협력하는 일도 포함될 수 있다.

2) 푸드 코디네이터의 주요 자질

푸드 코디네이터로서 필요한 중요한 자질에는 창조적인 사고를 하며 인간과 인간, 인간과 사물, 인간과 일을 연결하며 관계를 정돈하고 배치하는 일에 진심을 다하는 마음가짐이 있겠다. 강력한 조직과 기술, 세부사항에 대한 관심이나 압박에도 잘 대처할 줄 알아야 하고, 상대방을 세심하게 생각하고 사랑하는 마음으로 배려하며, 쾌적하고 환대하는 분위기를 창조하는 일을 자신 있게 할 수 있도록 자신의 자존감을 높이는 능력도 푸드 코디네이터의 중요한 자질이다. 또한 음식과 공간을 통해 기분을 전환시키고 스트레스를 해소하며 친절함과 즐거움, 베푸는 마음을 전하여 사람과의 유대관계를 돈독히 하는 일을 즐길 줄 아는 사람이어야 한다. 푸드 코디네이터는 식문화에 대한 지식을 바탕으로 시대의 트렌드를 반영한 메뉴계획과 함께 이에 어울리는 테이블 세팅을 포함한 식공간을 디자인할 수 있도록 소통을 잘 하는 자질도 필요하다.

푸드 코디네이터는 사람과 사람 간의 관계를 맺을 수 있는 능력을 길러야 하며, 가까이 있는 사람들을 중요하게 생각하는 자세가 필요하다. 또한 새로운 소재들에 대한 관심과 일에 대한 프로의식을 가지고 있어야 한다.

푸드 코디네이터가 되기 위해서는 기본적으로 전문지식, 훈련과 다양한 경험, 언어 및 감각 능력 등을 갖추어야 한다. 푸드 코디네이터가 갖추어야 하는 자세로서 전문지식에 해당하는 내용을 살펴보면, 먼저 각 나라의 음식과 관련된 역사와 문화에 대한 전반적인 지식, 식재료와 조리 및 영양 지식과 기술, 마케팅 상품 개발 및 메뉴계획을 위한 푸드 매니지먼트의 지식, 식기의 선택과 디스플레이를 위한 디자인 감각 및 색채의 지식, 테이블 매너 및 서비스 매너 습득을 위한 지식을 들 수 있다. 푸드 코디네이터가 되기 위한 훈련과 다양한 경험을 위한 내용에는 관련 분야에서의 실전 연습과 다양한 경험을 쌓기 위한 훈련이 필요하고 시각, 청각, 미각, 촉각, 후각의 다섯 가지 감각을 이용한 다양한 경험의 실제 학습과 실전 연습을 통한 학습 효과 습득, 다양한 공간에서 음식의 맛에 대한 좋았던 경험, 맛있었던 경험 또는 맛없었던 경험, 편안했거나 불편했던 경험에 대한 기록과 표현을 포함한다.

　　푸드 코디네이터가 갖추어야 할 언어 능력은 소통을 위해 아주 중요한 요소로서 듣기 능력, 대화 능력, 네트워크 능력, 음식에 대한 언어 표현 능력 및 이를 상대방이 잘 이해하도록 프레젠테이션하는 능력을 말한다. 듣기 능력은 상대방의 이야기를 귀기울여 듣는 것이 아주 중요한 요소이다. 잘 듣는 능력은 상대방과 부드러운 대화가 가능하고 친해질 수 있는 능력이므로 듣기 능력 훈련을 통해 상대방의 입장에서 생각하고 공감하는 연습을 하는 것이 유능한 푸드 코디네이터가 갖추어야 하는 언어 능력이라 하겠다.

　　대화 능력은 대화를 통하여 정보를 수집하며 상대를 파악해 상대의 의도를 앞서갈 수 있는 능력인데, 이 역시 푸드 코디테이터가 되기 위해 훈련을 통해 습득할 수 있는 언어 능력이다. 대화 능력을 훈련하는 방법으로 먼저 질문을 할 수 있는데, 질문을 통해 자신을 표현하는 능력을 기를 수 있고 더불어 상대방과 친밀감을 쌓는 훈련이 가능하다. 푸드 코디네이터로서 네트워크 능력이 중요한 이유는 혼자만의 경험은 제한적이기 때문이다. 유능한 푸드 코디네이터는 자신의 부족한 점을 보완하기 위해 충분한 네트워크를 연결하여 많은 사람들과 정보, 새로운 아이디어 등을 공유한다. 유능한 푸드 코디네이터는 음식에 대한 언어 표현 능력을 훈련해야 하며, 이를 통해 음식의 외관, 냄새, 맛, 조직감 등의 감각적 특성들을 말로 묘사할 수 있는 능력을 길러야 한다. 마지막으로 고객에게 인정받는 푸드 코디네이터는 자신의 기획안에 대한 적절한 프레젠테이션 능력을 갖는다. 따라서 다양한 프레젠테이션 기술을 훈련하는 것이 필요하다.

　　푸드 코디네이터는 대상에 알맞은 식재료를 선정하고 그들의 취향과 공간에 어울리는 음식을 창조하여 디자인하듯이 맛, 소리, 공간과의 배치를 조율하는 작업을 한다. 또한 작업을 할 때 자신의 감각을 이용하기 때문에 개인의 감각적인 능력을 습득하는 것이 매우 중요하다. 작업을 담당하는 푸드 코디네이터의 노력에 따라, 전문지식의 습득과 언어 능력 외에도 창의적이고 감성적인 분위기, 통일감 있는 푸드 코디네이션 작업이 완성될 수 있다.

3) 푸드 코디네이터의 분류

우리나라는 푸드 코디네이터의 역할이 뚜렷하게 구분되어 있지 않다. 그러나 푸드 코디네이터는 다음과 같이 전문적인 명칭에 따른 8종류의 영역으로 역할을 분류할 수 있다.

(1) 메뉴 플래너(menu planner)

메뉴 플래너는 레스토랑, 카페테리아, 호텔 또는 기타 식품 서비스 시설의 메뉴를 설계, 생성 및 실행하는 식품 및 환대산업의 전문가다. 주 업무에는 다음과 같은 광범위한 작업이 포함된다.

1. 새로운 아이디어를 메뉴에 통합하기 위해 현재 식품 트렌드와 혁신을 연구하고 최신 상태로 유지한다.
2. 요리사, 주방 직원 및 기타 이해 관계자와 협력하여 고객에게 어필하는 새로운 요리 및 메뉴 항목을 만든다.
3. 메뉴 플래너는 메뉴 항목이 재정적으로 실행 가능하고 식당에 수익성이 있는지 확인하기 위해 재료, 준비 및 프레젠테이션 비용을 평가하기도 한다.
4. 식단 제한, 알레르기, 문화적·개인적 선호도를 고려한 메뉴도 기획한다.
5. 아침, 점심, 저녁 및 디저트를 위한 다양한 요리를 포함하는 균형 잡힌 메뉴를 만들고 유지한다.
6. 고객 피드백을 검토하고 필요에 따라 메뉴를 조정하여 고객 만족도를 향상시킨다.
7. 메뉴 항목이 메뉴에 정확하고 매력적으로 설명되어 있는지를 확인한다.
8. 최고 품질의 재료가 요리 준비에 사용되도록 공급업체와 협력하는 일도 한다.
9. 메뉴의 수익성을 유지하기 위해 메뉴 항목, 재료 및 비용에 대한 기록을 유지한다.
10. 고객에게 제공되는 요리의 프레젠테이션과 품질을 감독한다.

전반적으로 메뉴 플래너의 주요 담당 업무는 위와 같은 상황에서 주로 요리를 담당하면서 기획안의 테마에 어울리는 새로운 요리와 아이템에 어울리는 메뉴를 개발하고 완성된 요리를 그릇에 담아내는 일을 돕는 것으로서 고객에게 어필하고 비즈니스 요구를 충족하는 메뉴를 만드는 일을 담당하므로 식품 서비스 시설의 성공에 매우 중요한 역할을 한다.

(2) 푸드 스타일리스트(food stylist)

푸드 스타일리스트는 음식에 시각적인 생명을 불어넣어 맛있어 보이도록 하는 전문가다. 이는 광고, 포장, 메뉴, 잡지 및 요리책 등을 위해 사진 작가, 광고 대행사 및 출판사와 협력하여 시각적으로 매력적인 음식 이미지를 만드는 역할을 수행한다. 즉, 푸드 스타일리스트의 역할은 사진에서 음식을 맛있고 매력적으로 보이게 하고 음식이 미학적으로 보기 좋게 표현되도록 하는 것이다. 여기에는 올바른 재료 선택, 음식 준비, 매력적인 방식으로의 음식 배열, 때로는 음식의 색과 질감을 향상시켜 가장 보기 좋게 만드는 작업이 포함된다.

푸드 스타일리스트는 음식과 요리에 대한 깊은 이해는 물론 색상, 질감 및 구성에 대한 안목이 있어야 한다. 또한 촉박한 기한과 급변하는 환경에서 빠르고 효율적으로 작업할 수 있어야 한다. 소품을 이용하여 음식과 식공간을 아름

그림 1-1
푸드 스타일리스트의
업무 예

답게 꾸며 쾌적한 분위기에서 음식의 맛을 즐길 수 있도록 연출해야 한다. 따라서 유능한 푸드 스타일리스트는 식품영양학적 지식을 바탕으로 음식에 대한 이해가 있어야 하고, 색채를 기본으로 하는 디자인 감각과 공간 예술에 대한 감각도 가지고 있어야 한다. 즉, 푸드 스타일리스트는 음식 재료의 특성을 최대한 살리며 카메라 앞에서 음식이 가장 아름답게 보일 수 있도록 만드는 예술가라고 할 수 있다.

푸드 스타일리스트는 신문, 잡지, 광고, TV, 영화 등 미디어 매체와 업무가 가능하며 화보나 영상으로 보여지는 음식들을 다양한 콘셉트와 기획의도에 맞춰 스타일링하고 컨설턴팅도 할 수 있다. 푸드 스타일리스트의 활동분야를 세분화·전문화하여 보면 푸드 스타일링, 푸드 머천다이징, 푸드 마켓리서치, 메뉴 및 상품개발, 레스토랑 프로듀스 및 컨설팅, 파티 코디네이팅, 푸드 라이팅, 푸드 테라피스트, 인스트럭터 등으로 설명할 수 있고, 각 전문분야에 따라 전문적인 직업명으로 더 알려져 있기도 하다.

(3) 테이블 코디네이터(table coordinator)

식문화를 고려하여 테이블 위에 올라오는 모든 것들의 색, 소재, 형태 등을 행

그림 1-2
테이블 코디네이터의
업무 예

사의 목적이나 테마에 맞게 기획하고 구성하는 전문가다. 테이블 코디네이터
는 음식과 주변환경의 조화를 고려할 수 있으며, 보다 편안하고 아름다운 장
소에서 맛있는 식사를 할 수 있도록 식탁과 공간을 디자인하는 식공간 연출
가다.

(4) 플로리스트(florist)

연회장이나 특별한 행사의 분위기에 어울리는 꽃을 선별하여 플라워 디자인을
계획하고 세팅하는 전문가다. 플로리스트는 그날의 음식, 행사의 목적과 분위기
에 어울리는 꽃 장식을 담당한다.

(5) 파티 플래너(party planner)

파티의 주제에 맞게 기획부터 진행까지의 총연출을 담당한다. 파티 플래너는
음식 메뉴와 제공 방법을 모임의 목적이 돋보이도록 기획하며, 이벤트로 열리
는 파티, 연회와 관련된 모든 일을 매니지먼트한다. 즉, 파티를 위한 공간과 시
간을 경영하고 총관리를 진행한다.

그림 1-3
플로리스트의 업무 예

**그림 1-4
파티 플래너의 업무 예**

(6) 레스토랑 프로듀서(restaurant producer)

개업 예정인 레스토랑의 콘셉트 설정부터 메뉴 플래닝, 접객서비스 방식, 개업식을 위한 이벤트 행사나 메뉴 시식회 등에 관한 일들을 총괄 기획하고 연출하는 사람을 말한다. 즉, 레스토랑 개업을 위한 콘셉트 설정, 입지 선택, 메뉴 구성, 기물 설치, 교육 등 모든 과정을 포함하고 더 나아가 레스토랑 리뉴얼 및 업그레이드 컨설팅도 실시한다.

(7) 티 인스트럭터(tea instructor)

차의 종류와 성분, 차의 역사와 문화, 차를 준비하는 법, 마시는 법 등 차에 관한 전반적인 지식과 기술을 가지고 있는 전문가다. 또한 차와 어울리는 디저트, 차를 응용한 다양한 음식을 소개한다. 최근 국산차에 대한 관심이 커지며 다도에 대한 관심도 커져 교양과 예절로 다도를 교육하는 기관들이 생겨나고 있다. 따라서 티 인스트럭터는 동·서양에서 마시는 차에 관한 지식과 기술을 지닌 전문가로서 강의 활동이 가능하다.

그림 1-5
티 인스트럭터의 업무 예

(8) 푸드 라이터(food writer)

음식의 레시피, 푸드 스타일 또는 테이블 코디를 소개하거나 기사를 쓰는 사람
으로, '푸드 저널리스트'라고도 한다. 외국의 음식이나 식문화를 신문이나 잡지
또는 다양한 매체에 소개하는 일을 한다.

그림 1-6
푸드 라이터의 업무 예

4) 그 밖의 분야

그 밖에도 푸드 스타일리스트로서 활동 가능한 분야를 더 세분화하여 살펴보면 푸드 테라피스트(food therapiest), 메뉴상품 개발, 푸드 마켓리서치, 푸드 머천다이징 분야에서의 역할을 포함할 수 있겠다. 푸드 테라피스트는 음식을 매개로 예술 및 심리치유 활동을 한다. 메뉴, 상품 개발 분야에서는 음식에 대한 전문적인 지식을 바탕으로 새로운 상품 개발과 콘셉트 메뉴 개발, 메뉴 및 레시피 제안 또는 아이디어를 창출하며 활동할 수 있다. 푸드 마켓리서치 분야에서는 소비자의 요구를 파악하여 상품 개발을 위한 각종 조사 결과를 제공할 수 있다. 푸드 머천다이징 분야에서는 상품의 가격, 유통, 판매 관련 전략을 수립하고 생산자와 소비자를 연결하는 종합프로듀서의 역할을 할 수 있다.

위와 같이 푸드 코디네이터는 다양한 전문분야에서 활동하며, 이들의 역할을 요약하면 요리 기술 전반에 대한 지식을 가지고, 음식 개발, 테이블 코디네이션, 점포의 개발 및 경영 컨설팅, 이벤트 · 파티 · 연회 기획, 라디오 · TV 방송 기획, 요리책 · 잡지 등의 출판물 기획 및 연출의 일을 담당할 수 있는 종합예술인의 역할을 수행한다고 할 수 있다. 또한 식품회사 마케팅, 식기, 조리기구, 주방기기의 개발을 제안하고 식재 개발, 판매촉진에 관여하는 다양한 역할을 수행한다. 최근 이와 같은 푸드 코디네이션의 수요에 발맞추어 대학에서도 식공간 연출 전공과 전공 심화과정으로 나누어 푸드 스타일링, 식공간 연출, 웨딩 플래너, 푸드 코디네이터, 플로리스트의 과정을 개설하여 전문교육 분야로의 체계를 갖추어 가고 있기도 하며, 민간자격이긴 하나 자체적으로 일정 교육 후 자격증을 발급하는 기관도 있다.

처음 만나는 식문화와 푸드 코디네이션

3. 테이블 코디네이션
table coordination

테이블 코디네이션을 우리말로 하면 식탁 연출보다는 '식공간 연출'이라 할 수 있다. 식공간 연출이란 말은 TV나 잡지 광고 등 어디에서나 흔히 들을 수 있으나 아직까지는 듣고 보는 것을 응용하여 실생활에서 쉽게 적용할 수 있는 상황은 아닐 것이다. 예쁘고 비싸고 고급스러운 식기들은 일반인이 쉽게 구하기 어려운 것들이 대부분이기 때문이다. 식공간 연출 혹은 테이블 코디네이션은 식사를 할 때에 신체적 건강을 위한 영양적인 보충 외에도 쾌적한 식사환경에서 편안한 대화를 나눌 수 있도록 하여 정신적인 만족함을 느끼는 공간을 연출하는 것을 말한다. 따라서 좁은 의미로는 식사에 필요한 소품을 조화롭게 배열하여 정성이 깃든 상차림을 준비하는 것에서, 넓은 의미로는 쾌적하고 편안한 식탁을 위하여 공간과 식탁의 조화와 균형의 관계 및 주변을 장식하는 것을 의미한다. 최근에는 가정 생활문화의 질을 높이기 위한 연구부터 지속성과 경제성을 추구하는 호텔 및 레스토랑 등의 마케팅 그리고 문화적 접근으로서의 식공간 디자인에 이르기까지 그 영역을 넓혀가고 있다.

1) 테이블 코디네이션의 고려사항

(1) 개요
시각적인 면뿐만 아니라 촉각, 청각, 후각, 미각 등 다섯 가지 감각의 조화가 이루어진 코디네이션을 하려면 연령, 성별, 생애주기, 식사의 지향, 취미, 경제력 등의 생활환경과 시간, 장소, 목적(TPO, Time, Place, Objective)에 따른 기본개념을 정하여 메뉴와 그에 따른 테이블을 계획하고 구성해야 한다.

(2) 생애주기에 따른 식공간 연출

연령층, 가족 구성, 식사의 기호도, 취미, 경제 등의 차이가 생애주기(life cycle)에 따라 다르게 나타난다. 생애주기에 맞는 식공간 연출은 식공간 연출가의 연출력 또는 경우마다 다르다.

20대 독신이라면 개인의 취향을 고려하여 혼자만의 여유와 넉넉함을 즐길 수 있는 식공간을 연출한다. 기혼이라면 식구와 함께 신혼의 달콤함이 있는 식공간이나 임신과 출산을 통한 육아 개념의 식공간을 고려한 연출을 한다. 30대 핵가족의 경우 자녀 위주의 식공간을 위한 테이블 세팅이 주로 연출된다. 인스턴트 식품 사용 및 간편한 그릇 사용 횟수가 증가하며 자녀 위주의 음식과 소품으로 꾸며진 식공간을 주로 연출하게 된다. 40대에는 외식이 많아지며 양적인 충족을 위해 많은 양의 식사 준비에 어울리는 테이블 세팅을 주로 연출한다. 생활의 여유가 된다면 식기 등에 관심을 갖게 되어 가족 행사 시에 기본적인 테이블 세팅 세트의 마련도 고려하게 된다. 50대에는 인스턴트 식품의 사용은 감소하게 되며 건강식 위주의 식탁으로 전환되는 시기다. 생활 수준과 경제력이 안정되는 시기이며 이에 따라 슬로푸드와 웰빙 개념이 있는 테이블 세팅 및 식공간 연출에 대한 관심이 시작된다. 60대에는 외국의 경우 경제적 여유로 식사시간 비중이 커짐에 따라 테이블 세팅에 대한 욕구가 생기고 크리스마스, 생일 등의 기념일에는 돋보이는 식탁 연출이 이루어진다. 식공간 연출 시 다양한 정보를 수집하여 목적에 어울리는 메뉴나 내용을 결정한다.

2) 미래의 푸드 코디네이터

(1) 개요

21세기를 향한 미래의 푸드 코디네이션 트렌드는 여성의 사회생활에 따른 변화된 식생활, 건강과 지속 가능한 사회를 위한 슬로푸드(slow food)의 중요성이 함께 어울리는 방향으로 나아가고 있다. 코비드(COVID) 시기를 지나며 음식문화의 트렌드는 배달음식, 단체급식과 외식산업의 발달 속에 건강하고 쾌적한 음식환경을 추구하게 되었다. 어디에서 음식을 대하든지 위생적, 미적, 영양적으로 조화로운 음식을 추구하여 먹는 즐거움과 보는 즐거움이 더해지는 시대에 푸드 코디네이터의 역할이 더욱 중요해지고 있다. 시대가 변하여 추구하는 푸드 코디네이션의 방향이 바뀌더라도 먹기 쉽고 서비스하기 쉬우며 아름다움을 추구하는 기본적인 마음은 바뀌지 않을 것이다. 이에 영양과 건강, 음식의 위생적인 안전성과 건전성, 새로운 기능성 식품 등의 이용에 대한 정보 제공이나 조언을 담당하는 것도 푸드 코디네이터의 새로운 업무 분야다. 미래에는 건강지킴이로서 식문화를 선도하는 푸드 코디네이터의 역할이 기대된다. 이에 푸드 코디네이터의 수요가 증가하고 있으며, 이를 위해 대학에서 식공간 연출학과 등의 전공이 개설되기도 하였다. 이에 따라 식문화, 식공간 및 음식에 대한 전문적이고 종합적인 이해와 연출 방법이 학문적으로도 체계를 갖추어져 가고 있다.

(2) 과거와 현대의 푸드 코디네이터 경향

푸드 코디네이션은 서양에서 시작되어 종래의 고전주의적 양식, 동양주의적 양식에 민족주의적 양식이 더하여졌으며, 신동양주의(new orientalism)적인 분위기를 더하여 발전해 왔다. 현대에는 남녀의 입장이 대등해지고, 빠르고 간편한 것을 추구하면서 푸드 코디네이션에서도 전통적인 포멀세팅(formal setting)보다는 캐주얼이 가미된 세미포멀(semi formal) 식탁 연출이 많아지고 있다. 현대 푸드 코디네이션에서는 경제대국이 된 중국과 한국의 케이팝(K-Pop)과 케이푸드(K-Food), 케이드라마(K-Drama)의 세계적 인기와 트렌드에 힘입어 세계적으로 아시아에 주목하는 경향이 있다. 특히 색다른 자재 등을 사용하여 만든 베트남 제품이나, 태국의 실크류, 봉제기술, 발리섬의 대나무가 푸드 코디네이션에 이용되기도 한다. 이와 함께 미래 코디네이션은 지속 가능한 지구를 생각하는 친환경적 코디네이션과 간소화된 식탁을 추구한다.

20세기 말은 다중색의 컬러풀한 진한 색감이 사용된 19세기 말과 대조적으로 모던 이미지에서 정착한 단색적인 모노크롬(monochrome)계가 인기를 끌면서 플라스틱 등의 투명감 있는 소재가 유행하고 인공적인 감각이 주류를 이루기도 하였다. 최소한의 선을 강조하며 최소량을 정하여 전개되는 심플주의는 인테리어나 코디네이션 전 분야에서 각광받고 있기도 하다. 예를 들어, 커틀러리(나이프, 포크, 스푼 등)도 과거의 화려한 문양에서 간결한 선을 강조하는 등 극단적인 단순미를 추구한다. 19세기 말의 그림이 재패니즘(japanism)이었다면 20세기는 식탁의 재패니즘 현상이 일어나 일본풍의 절제된 미학을 바탕으로 한 젠 스타일(zen style)이 크게 각광받게 되었다. 19세기가 곡선주의였다면 20세기에는 직선이 강조되면서 접시와 볼(bowl) 등도 단순한 문양과 형태에 자연미가 첨가되어 나타난다. 자연적이면서 심플한 분위기를 존중한 것의 결과일 것이다. '젠'은 깨끗하고 고요한 느낌, 절제미와 심플함을 추구하며 동양적인 여백의 미를 중요시하는 단정한 이미지 스타일을 말한다. 젠 스타일은 20세기 후반 동양의 공간미를 추구하는 오리엔탈리즘과 서양의 미니멀리즘의 중성적인 멋을 살리는 것에서 생겨났다.

이러한 푸드 코디네이션의 흐름은 자연주의 흐름과 맞물려 젊은층과 청장년층에서도 강하게 어필되고 있다. 최근 푸드 스타일링은 음식의 조리방법이나 형태, 식사도구, 모임의 목적 또는 장소에 따른 먹는 방법 등에 따라 연출된다. 또한 레스토랑의 새로운 메뉴, 조리법, 식공간 분위기를 기획하고 연출하는 분야로 확대되고 있으며, 사람의 오감을 이용한 감각을 모두 표현하게 되는 종합적 영역으로, 다른 분야와의 경계가 점점 겹쳐지고 있다.

(3) 미래의 푸드 코디네이터 경향

미래의 푸드 코이네이터는 다양화된 소비자 취향을 고려한 수준 높은 아름다움을 추구하는 현대 식생활에서 더욱 그 수요가 증가할 것이다. 미래 푸드 코디네이터들은 현대 식문화에 다양한 디자인 요소를 가미한 푸드 스타일링을 더욱 깊게 연구하게 되며 음식과 관련된 모든 문화산업과 코디된 디자인을 기본으로 하여 한 발 더 나아가 기획, 연출과 서비스를 제공하는 방향으로 발전하고 있다. 최근 푸드 코디네이터는 단순히 음식을 아름답게 꾸미는 것에서 벗어나 요리를 소재로 한 방송으로의 진출 등 푸드 스타일링의 다양한 전달 방식으로 대중에게 더 알려지고 있다. 인터넷이나 TV 프로그램의 먹방과 쿡방의 열풍으로 셰프들뿐 아니라 일반인들도 푸드 스타일링으로 수익을 창출하기도 하며, 이들의 TV 출연이 확대되면서 셰프와 엔터테이너를 결합한 '셰프테이너(cheftainer)'라는 신조어가 생기기도 하였다.

코로나19 팬데믹으로 인터넷과 매체를 통한 시청자의 관심이 증가하면서 인기를 얻은 온라인 소통전문가들과 셰프들은 오프라인에서 신개념의 소통 레스토랑 등을 운영하면서 소비자와 소통하고 만나는 새로운 차원의 경영 마인드를 내세우는 톡톡 튀는 음식산업의 발전에 이바지하는 미래 푸드 코디네이터로 이어지고 있기도 하다. 이에 미래 푸드 코디네이터들은 학문적으로도 더 전문화하고 체계화되면서 푸드 스타일리스트, 푸드 라이터, 푸드 코디네이터, 푸드 아티스트, 푸드 테라피스트, 푸드 사진작가, 음식평론가, 파티플래너 등 다양한 직업군으로 발전하고 있다.

3) 해외의 푸드 코디네이션 관련 분야

일찍이 해외에서 푸드 코디네이션과 관련되어 활발하게 활동하는 직업분야를 살펴보면 전문조리사(professional chef), 제품개발연구조리사(reserch & development chefs), 퍼스널 셰프 및 프라이빗 셰프(personal & a privaate chef), 전문 푸드 스타일리스트, 푸드 사진작가, 푸드 저널리스트, 구매 매니저, 스타셰프 등으로 나뉘어 활동하고 있는 것을 알 수 있다. 해외에서 전문조리사가 되려면 영양, 위생, 식품학, 식재료 및 식단계획, 식품생산, 푸드 스타일링, 식재료 구매 및 인사관리에 대한 강의 과정 이수를 바탕으로 조리용 칼 사용기술, 다양한 음식 관련 실험조리, 식품의 향과 향미 훈련 및 연습, 좋은 상품과 보통상품을 식별할 수 있는 다양한 실습경력을 요구한다. 이와 같은 교육과 훈련은 이미 대학의 식품영양, 식품조리, 외식조리 및 산업 관련 학과에서 실시하고 있으며, American Culinary Federation(AFC, 미국요리연맹)이나 Culinary Institute of America(CIA, 미국

요리대학) 등에서도 소정의 교육 과정을 통과한 후, 전문조리사의 자격증을 취득하여 얻을 수 있다.

연구개발분야 조리사는 그들의 조리 및 마케팅 전문지식을 활용하여 레스토랑, 호텔, 유람선 등에 필요한 메뉴 개발이나 식재료 및 조미료 공급업 사업자를 위한 새로운 메뉴나 제품을 개발하고 평가하는 일을 한다. 따라서 연구개발분야 조리사는 다양한 현장에서의 경험이나 고급 조리기술과 기능 및 고급 소통기술을 겸비할 필요가 있다.

미국에는 연구개발조리사들을 위한 연구조리사협회(Research Chefs Association)가 있는데 이 협회에는 식품과학자, 식품구매업자, 식품마케팅 및 구매 공급업자 등이 회원으로 가입되어 있고 관련 자격증으로서 전문연구조리사(Certified Research Chef)와 전문조리과학자(Certified Culinary Scientist) 등을 취득할 수 있는 것으로 알려져 있다.

퍼스널 셰프는 생업에 바쁜 몇몇 고객 가족들을 대상으로 식단과 식사를 제공하는 조리사로, 온라인이나 광고를 통해 고객 확보 및 소통을 하고 사업영역을 넓히기도 한다. 퍼스널 셰프는 고객의 기호도는 물론이고 그 고객의 건강 관련 사항을 고려한 식단계획과 식품재료 구매 및 조리와 테이블 세팅을 담당하기도 한다. 또한 퍼스널 셰프는 시간이 자유로운 장점이 있고 개인 역량 차이가 있겠으나 대개 연봉 기준 6만 달러 이상 가능한 직종으로 알려져 있다. 퍼스널 셰프 사업과 관련하여 이미 고객 확보와 마케팅 기술에서 성공한 기업으로는 서빙스푼이 있다.

프라이빗 셰프는 오직 한 사람의 고객만을 위한 식사를 준비하는 조리사로서 그 고객과 함께 살거나 여행도 동행하여 높은 연봉이 보장되는 직종이다. 미국에서 활동하는 푸드 스타일리스트는 개인 역량에 따라 시작하는 연봉이 풀타임인 경우 약 3만 달러에서 5만 달러 정도이고, 파트타임일 때에는 하루 일당 기준으로 개인역량의 차이가 큰 분야이지만 사진 한 장의 작업 결과물당 300~1,000달러 이상의 임금으로 활동하고 있다고 한다. 뉴욕과 로스엔젤리스 등 대도시에 많은 잠재고객이 있고 자유롭게 시간을 조절할 수 있는 장점이 있는 반면 경쟁이 치열한 편이다.

　음식전문 사진사도 대개 프리랜서로 활동하며 하루 활동당 초급자의 경우 약 350~500달러 정도의 임금으로 시작하는 것을 알 수 있다. 그 밖에도 미국에서도 푸드코디네이션 관련 프리랜서로서 푸드 저널리스트나 푸드 에디터 등 세분화된 직업 활동이 활발하다고 설명할 수 있겠다.

2장

세계의

음식문화

세계의 다양한 민족들은 각자 다른 환경 속에서 고유의 음식문화를
형성하고 발전시켜 왔으나 공통적인 문화적 특성도 지니고 있다.
주식으로 사용하는 곡물이 무엇인지에 따라 밀 문화권, 쌀 문화권,
옥수수 문화권, 서류 문화권 등으로 구분할 수 있고, 먹는 방법에 따라
수(手)식 문화권, 수저식 문화권, 나이프·포크·스푼식 문화권 등으로
구분할 수 있다.

우리나라는 삼면이 바다로 둘러싸인 반도국으로 농경지와 산이 있으며
그곳에서 채취되는 다양한 음식 재료를 활용하여 식문화를 발전시켜
왔다. 지역마다 생활 환경이 다르기 때문에 그에 맞는 향토음식과 절기에
따른 시식과 절식도 발달하였다. 한식은 약식동원을 근본으로 하며
발효식품과 채소가 중심이 되는 자연식품으로 세계에서 주목하고 있는
음식 중 하나다. 특히 한류 콘텐츠가 세계화되면서 케이푸드(K-Food)의
위상이 높아지고 있으며 아울러 국내 식품업체와 한국 셰프들의 입지도
상향되고 있다. 한식에 대한 세계적인 관심이 증가하고 있는 현시점에서
한식의 기능적 우수성을 과학적으로 규명하고 지속적인 성장의
원동력을 제공하기 위한 노력이 필요하다.

1. 세계의 식생활 문화

세계화는 다양한 국가와 민족이 지구촌에서 함께 살아감을 의미한다. 세계화와 정보화는 인적, 물적 자원의 교류를 자유롭게 하였으며 이에 따라 국경의 의미가 점차 사라지고, 민족의 정체성이 섞이면서 나라별 문화와 역사의 중요성이 강조되고 있다. 지구촌에서는 독창적이고 우수한 자국의 문화적 가치를 통해 민족의 정체성을 확립하고 미래의 새로운 비전을 제시하는 문화 교육에 집중하고 있다. 이러한 흐름 속에서 다양한 민족적 특성을 반영하는 새로운 요소인 음식문화에 대한 중요성이 더욱 커지고 있다.

인간은 수렵, 채집, 목축, 농업 및 어업 등의 수단으로 환경에 적극적으로 대응하여 먹거리용 식품을 확보해왔다. 이렇게 얻은 식품을 조리하고 가공하여 다양한 음식을 만들고 도구, 그릇, 상, 식탁 등을 사용하여 완성된 음식을 편안하고 위생적으로 섭취하였다. 음식문화(飯食文化)는 각 나라에서 식품을 조리·가공하는 방법과 식사하는 방법을 통해 형성되므로 음식문화를 연구하면 다양한 식재료를 얻는 방법과 조리·가공법, 식기류, 상차림 및 음식을 먹는 방법 등에 대한 정보를 얻는 것 외에도 한 국가의 역사, 관습 및 전통 등을 더욱 쉽게 이해할 수 있다.

상황에 따라 본능적으로 행동하고 먹이를 먹는 동물과는 달리 인간은 가족이나 친지 혹은 자신을 위해 무엇을 먹을지 계획하고 준비하여 음식을 나누면서 기쁨을 함께하는 사회적 동물이다. 각 나라의 문화에 따라 사람들이 음식을 먹는 방법, 식탁과 식기, 식탁의 자리에 앉는 위치와 순서, 상차림과 먹는 순서, 손님 접대 예절 및 식사에 관한 금기사항 등이 모두 다르다. 즉, 식생활은 자신이 속한 환경 속에서 얻은 식재료와 사회적·종교적 규범, 그리고 음식을 함께 먹는 사람들과의 관계 속에서 이루어지므로 음식문화는 각 지역의 다양한 환경 조건에 따라 다를 수밖에 없다. 이같이 세계 속에 다양한 민족은 각기 다른 환경 속에서 제각기 발달시켜온 식생활과 고유 음식 문화를 지녔으나 공통적인 특성도 지니고 있다. 이에 먼저 주식과 먹는 방법에 따라 세계 여러 국가나 민족의 식생활을 분류하여 볼 수 있다.

1) 주식에 따른 분류

원시인들은 먹을 것을 찾아 이동하면서 동·식물을 획득하여 먹으며 살았다. 식물의 종자, 줄기 및 뿌리를 먹으면 힘이 생긴다는 것을 알게 되었고, 식물의 종자를 심으면 더 많은 양을 수확할 수 있다는 것을 경험으로 터득하였다. 먹을 것을 찾아 이동는 대신에 물이 많고 기후가 좋으며 토질이 우수한 자연을 찾아 정착한 후 농경을 시작하였다. 보리는 B.C. 7000년경, 밀은 B.C. 6000년경 그리고 벼는 B.C. 5000년경부터 재배를 시작하였다. 동물도 수렵을 하여 먹는 것에 그치지 않고 관리하기 쉬운 동물을 사육하기 시작하였다. 이러한 동물을 농경에 도구로 쓰기도 하고 동물의 고기, 젖, 알, 가죽 및 털을 이용하기도 하였다. 목축은 B.C. 9000년경에 성질이 온순하고 무리를 이루는 염소와 양으로 처음 시작하였고 B.C. 8000년경에는 돼지, B.C. 6000년경에는 소를 사육하게 되었다. 인간의 식생활은 점차 안정되었고 에너지를 충족시키기 위한 주식이 확립되었다.

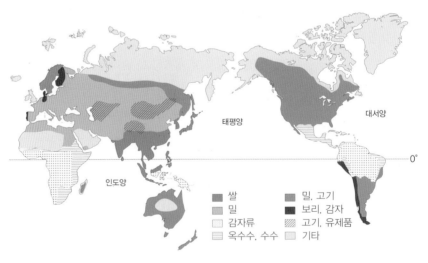

그림 2-1
세계의 주식문화권

처음 만나는 식문화와 푸드 코디네이션 �֍

세계 인구의 1/3은 쌀, 1/3은 밀, 나머지는 보리, 호밀, 옥수수, 감자 그리고 고구마 등을 주식으로 활용하고 있다. 주식은 정착한 지역의 자연환경에 따라 다르다. 따라서 주식을 기준으로 식생활 문화권을 나눠볼 수 있다.

(1) 밀을 주식으로 하는 문화권

밀은 B.C. 6000년경 중동, 근동, 카스피해 연안에서 재배를 시작하였다. 현재는 인도 북부, 파키스탄, 중동, 중국 북부, 북아프리카, 유럽 그리고 북아메리카 등에서 주식으로 이용하고 있다. 밀은 부서지기 쉽기 때문에 곱게 간 후 빵이나 국수로 만든다. 밀은 쌀보다는 건조하고 서늘한 유럽 기후에서 잘 자라고 재배되는 특성이 있다. 벼처럼 봄에 씨를 뿌려서 여름이나 가을에 수확하는 봄밀은 생장 속도가 빨라 120일이면 수확할 수 있는 종도 있으며 주로 추운 냉대기후나 해양성 기후를 띤 지역에서 재배된다. 가을밀 또는 겨울밀은 늦가을에 씨를 뿌리고 겨울을 지낸 뒤 다음 해 초여름에 수확하는데, 겨울을 나므로 병충해의 피해가 적다는 장점이 있으나 냉해 피해를 당하는 경우가 있고 수확까지의 기간이 봄밀보다 더 소요된다.

밀을 재배하는 지역은 건조한 곳이어서 수확량이 적은 편이고 비가 제때 내리지 않으면 전부 말라죽는 경우가 있으며 잡초의 피해도 커서 제때 김매기를 하지 않으면 수확이 불가능하고 논보다는 병충해도 많다. 즉, 열심히 일하면 먹을 수 있고 그렇지 못하면 수확이 없어 굶을 수밖에 없기 때문에 밭농사를 짓는 민족은 대체로 공격적이고 부지런하며 악착스러운 면을 보인다.

밀농사를 하는 곳에서는 목축이 많이 이루어져서 동물성 식품을 상대적으로 많이 섭취하여 체력이 우수했고 이를 바탕으로 산업화 시대와 세계 문명을 주도할 수 있었다. 그 많은 노동 에너지를 충족하면서 형성된 육류 중심의 고열량의 식습관은 산업구조가 바뀌어 운동량이 현저히 줄어든 현대인의 건강에 걸림돌이 되고 있기도 하다. 이와 같이 밀농사는 자연 강우에 의존적이고 혼자서도 부지런하기만 하면 관리가 가능하여 벼농사만큼 다른 사람과의 관계를 중시할 필요가 없었으며, 그에 따라 밀농사 환경에서의 사람들은 개인주의적이고 논리적인 성향을 나타내기도 하였다. 밀농사는 연작보다는 휴경을 하므로 한 곳에서 매해 밀을 생산하는 것이 불가능하다. 따라서 서양에서는 많은 양의 식량을 거래할 수 있는 상업 위주의 문명이 발달했고 동양처럼 왕권국가가 아닌 도시국가가 발달하기도 했다.

(2) 쌀을 주식으로 하는 문화권

동남아시아, 동북아시아 및 서아시아 일부 지역에서 벼를 재배하였으며, 현재 미얀마, 태국, 라오스, 캄보디아, 베트남, 말레이시아, 인도네시아, 필리핀, 대만, 한국, 일본, 중국 중남부, 인도 동부 및 방글라데시는 쌀을 주식으로 한다.

논은 밭에 비해 잡초 발생이 적고, 해충의 접근이 어려우며, 물에 녹아있는 영양분이 자연스레 공급되어 비료를 따로 주지 않아도 쌀 수확량이 많다. 옛날 우리 농촌에서는 모내기가 끝나면 할 일이 없다가 가을에 낫만 들고 논에 나가 추수하면 절반은 거두어 먹을 수 있다고 하여서 우리말에 '그래도 반타작'이라는 말이 생기기도 할 정도로 벼농사는 비교적 밀이나 옥수수 농사보다 쉽다고 알려져 있다. 그러나 논농사를 하기 위해선 이웃끼리 서로 물을 나누어 사용해야 하고, 농번기의 벼농사를 위한 노동시간은 밀농사에 비해 약 2배 정도 더 많아 이웃끼리 협업을 할 수 있는 상호의존적인 문화가 형성되기도 하였다. 이 상호의존적 관계를 통제하기 위하여 중앙집권적 왕권 국가가 형성되기도 하였으며, 쌀을 주식으로 하는 민족은 온순하고 악착스러운 면은 조금 부족한 편이라고 볼 수 있다.

(3) 옥수수를 주식으로 하는 문화권

옥수수는 멕시코가 원산지이며, 현재 미국의 남부, 멕시코, 페루, 칠레 및 아프리카 지역에서 주식으로 먹고 있다. 페루나 칠레에서는 낱알 그대로 혹은 거칠게 갈아서 죽을 쑤어 먹는다. 멕시코에서는 옥수숫가루를 반죽하여 얇고 둥글게 펴서 구워 먹는다. 아프리카에서는 옥수숫가루로 수프나 죽을 만들어 먹기도 한다. 미국에서 아침식사 대용으로 많이 먹는 곡물 시리얼은 대부분 옥수수로 만들기도 한다. 멕시코의 주식인 토르티야(tortilla)는 최근 밀가루로 만드는 비중이 늘어났으나 전통적으로는 옥수숫가루를 써서 만들었다.

(4) 서류를 주식으로 하는 문화권

감자, 고구마, 토란, 마 등이 주식으로 사용된다. 특히 고구마, 토란 등은 특별한 기술이 없어도 많은 양을 재배할 수 있으므로 동남아시아와 태평양 남부의 여러 섬에서 주식으로 먹고 있다. 안데스 산맥이 원산지인 감자는 1550년경 유럽에 전래되어 현재는 유럽의 여러 국가에서 밀과 함께 주식으로 먹고 있다.

감자가 주로 들어간 대표 음식에는 영국의 피시앤칩스(fish and chips), 스테이크에 곁들이는 프렌치파이(french pie), 햄버거 사이에 끼워 먹는 해시 브라운(hash brown), 이탈리아의 감자로 만든 파스타 뇨키 등이 있다.

2) 먹는 방법에 따른 분류

국가나 민족마다 자연에서 얻을 수 있는 식품의 특징이 다르기 때문에 음식을 먹는 방법 또한 달라진다. 식생활 문화권을 먹는 방법을 기준으로 분류하면 음식을 손으로 집어서 먹는 수식 문화, 숟가락이나 젓가락을 사용하여 음식을 먹

그림 2-2
지역별 식사 도구

는 수저식 문화 그리고 나이프·포크·스푼식 문화의 세 가지 문화권으로 나 눈다.

(1) 수식 문화권

수식 문화권은 전 세계 인구 중 약 24억 명이며, 약 40%를 차지한다. 동남아시아, 서아시아, 아프리카, 오세아니아(원주민)의 일부 지역과 이슬람교 및 힌두교 권에 해당한다. 다른 문화권에서는 비위생적이고 원시적이라고 생각할 수 있으나 그들만의 엄격한 수식 매너가 있다. 이슬람교나 힌두교를 믿는 지역에서는 반드시 오른손으로 음식을 먹는 문화가 지켜지고 있다. 중세 유럽의 상류층에서도 가장이나 연장자가 도구를 써서 개인에게 나눠주면 손으로 음식을 먹기도 하고 큰 그릇에 담긴 음식물을 손으로 직접 집어서 먹기도 하였다.

(2) 수저식 문화권

수저식 문화권은 전 세계 인구 중 약 18억 명이며, 약 30%를 차지한다. 동아시아의 중국문명 중 화식(火食)에서 시작하여 한국, 일본, 중국, 대만, 베트남의 지역 유교 문화권이 수저를 사용하는 수저식 문화권에 속한다. 중국과 한국은 수저를 함께 사용하며 일본은 젓가락만 사용한다. 중국의 경우 원대(元代)까지는 밥을 먹을 때 숟가락을 사용하였으나 그 이후에는 밥은 젓가락으로 먹고 숟가락은 수프 전용 도구가 되었다. 한국은 수저 한 벌을 상에 놓고 숟가락으로 국물이 있는 음식과 밥을 먹고 국물이 없는 반찬은 젓가락을 사용한다. 일본은 젓가락만으로 음식을 먹으며, 국을 먹을 때는 국그릇을 들어올려 직접 입으로 마신다.

한국, 일본 및 중국의 젓가락을 비교하면 **표 2-1** 과 같다.

표 2-1 한국, 일본 및 중국의 젓가락 특징

구분	한국	일본	중국
이름	젓가락	하시	콰이즈
재료	금속	나무	플라스틱, 대나무
모양	위쪽과 아래쪽 굵기의 차이가 적고 납작하다.	위쪽은 굵고 아래쪽은 끝이 뾰족하며 길이가 짧다.	길이가 길고 끝이 뭉뚝하다. 위쪽과 아래쪽 굵기의 차이가 거의 없다.
용도	차거나 더운 음식을 다양하게 먹기에 적당하다.	생선 가시를 발라서 먹기에 적당하다.	기름지고 뜨거운 음식을 먹기에 적당하다.

(3) 나이프 · 포크 · 스푼식 문화권

나이프 · 포크 · 스푼식 문화권은 전 세계 인구 중 약 18억 명이며, 약 30%를 차지한다. 유럽, 러시아, 북아메리카, 남아메리카 지역이 이에 해당한다. 17세기 프랑스 궁정요리 과정에서 확립되었으며 빵은 손으로 먹는다. 이탈리아와 스페인의 상류사회에서는 16세기경부터 개인용 나이프 · 포크 · 스푼을 사용하여 음식을 먹었고 18세기에 이르러 포크가 대중적인 도구가 되었다.

독일, 프랑스, 영국, 북유럽에서는 17세기 이후에 도구의 사용이 대중화되었으나 19세기 말까지도 손으로 음식을 집어 먹는 습관이 남아 있었다. 유럽에서 시작된 나이프 · 포크 · 스푼을 사용하는 식문화는 북 · 중 · 남아메리카, 호주 등으로 이주한 백인들을 통해 급속히 확산되었다. 이같이 세계 음식문화의 발전과 더불어 우리나라의 음식문화를 조금 더 깊이 있게 이해하면 한국적 정체성이 나타난 푸드 코디네이션으로 발전시킬 수 있을 것이다.

2. 한국의 음식문화

우리나라는 전체 면적이 약 22만 km²로서 북위 33~43°에 위치하며 남북으로 950km에 달한다. 2019년 통계청 자료에 의하면 남한의 인구는 약 5,200만 명으로 세계 28위이며, 북한은 약 2,600만 명으로 세계 54위이므로 남북한을 합하면 약 7,800만 명으로 세계 20위가 된다.

　삼면이 바다로 둘러싸여 있는 반도국으로 농경지와 산이 있고 온대기후에 사계절이 뚜렷하여 기온·습도·강우량이 농사와 축산에 적합하다. 여름철의 고온과 장마, 남북의 기온 차이, 일조 시간이 많아 벼농사에 좋은 조건으로 곡류가 주식이 되었고 건조한 계절에는 밭작물을 위해서도 적합한 환경이 조성되었다. 다양한 곡류로 밥, 죽, 떡, 국수, 술, 엿, 식혜, 고추장, 된장 등의 곡류 가공식품이 발달하였다. 계절에 따라 생산되는 곡류, 두류, 채소, 생선 등을 사용하여 다양한 음식을 만들었고 남은 식재료는 장류, 김치, 젓갈 등과 같은 발효식품으로 만들어 저장해두고 먹었다. 절기에 따라 계절음식과 명절음식을 만들어 가족과 이웃이 나누어 먹는 풍습이 있고 지역의 특산물을 활용한 향토음식도 발달하였다. 또한 지리적으로 대륙과 해양에서 문화를 받아들이고 전해줄 수 있는 위치이기 때문에 다양한 음식문화가 발달하였다.

**그림 2-3
한식 상차림:
손님맞이 칠첩외상**

　　　　　　처음 만나는 식문화와 푸드 코디네이션

삼국시대 후기에는 곡물 농사에 적합한 기후와 풍토 속에서 공동체 생활을 하였으며, 이때부터 밥을 주식으로 하고 부식으로 반찬을 먹는 식생활을 형성하였다. 또한 채소를 소금에 절인 형태인 김치가 있었다. 통일신라시대에는 국가적으로 불교를 숭배하였으며, 이에 따라 식생활에서 육식은 쇠퇴하고 채소음식과 차(茶)가 발달하였다. 고려시대에는 송·여진·몽고 등 북쪽의 여러 국가와 교역이 활발하였고 소금, 후추, 설탕 등이 우리나라에 들어왔다. 조선시대에는 유교문화가 정착되면서 효(孝)를 근본으로 조상을 섬기고 가부장제도에 따른 식생활을 중요시하였다.

현재와 같은 우리나라의 전통 식생활은 조선시대에 체계가 잡혔으며, 옥수수, 땅콩, 호박, 토마토, 고구마, 감자, 고추 등의 작물이 외국과의 교역을 통해 유입되었다. 이같이 음식문화는 지리적·역사적·사회적으로 발전해 온 여러 문화와 관련한 유기적 관계 속에서 총체적인 접근을 해야 역동적으로 살아 있는 구체적인 문화로 이해될 수 있다.

1) 한국 음식문화의 일반적 특징

유교 사상의 영향을 받아 유교 의례를 중요하게 여겨서 통과의례(通過儀禮)에 따른 잔치나 제례음식의 차림새가 정해져 있다. 또한 절기에 따라 시식(時食)과 절식(節食)이 있다. 한국의 음식문화는 일반적으로 다음과 같은 특징이 있다.

① 준비된 음식을 모두 한 상에 차려놓고 먹는다.
② 주식은 밥이고 부식으로 반찬을 곁들여 먹는다.
③ 국물이 있는 음식을 즐긴다.
④ 반찬의 조리법은 구이, 전, 조림, 볶음, 편육, 숙채, 생채, 젓갈, 장아찌, 찜, 전골 등이 있다.
⑤ 발효식품인 김치, 장아찌, 장, 젓갈 등을 많이 섭취한다.
⑥ 식품을 조리할 때 조미료와 향신료를 써서 복합적인 맛을 즐긴다. 간장, 파, 마늘, 깨

그림 2-4
한식 상차림:
음식디미방 가을 손님상

소금, 참기름, 후춧가루, 고춧가루 등의 갖은 양념을 용도에 따라 사용한다.

⑦ 음식 재료는 잘게 썰거나 다진다.

2) 향토음식

향토음식은 지역사회의 서민과 대중 사이에서 대대로 만들어 먹어온 음식으로 그 지방의 특산품 또는 특유의 조리법 등을 이용하여 만든 지역의 전통음식이다. 따라서 향토음식은 그 지역의 풍토적 특성과 역사적 전통을 지니며 그 지역만의 특색을 가지므로 지역의 향토문화를 대표한다고 할 수 있다.

중부와 남부의 내륙지방에서는 절인 생선이나 말린 생선, 해안이나 도서지역은 신선한 생선, 조개류, 해조류를 이용한 음식이 많다. 인적·물적 교류가 많아지면서 각 지역에 따른 음식의 차이가 적어졌지만 아직도 지역마다 특색 있는 향토음식이 전승되고 있다. 지금은 남북으로 나눠져 있으나 한국음식은 조선시대풍의 요리가 남아 있으며 특히 서울, 개성, 전주의 음식이 종류도 많고 화려하다.

지방마다 음식의 맛이 다른 것은 지방의 기후와도 밀접한 관계가 있다. 북부 지방은 겨울은 길고 여름이 짧아 북쪽으로 갈수록 간이 싱겁고 매운맛이 덜하며 젓갈을 쓰지 않아 맛이 담백하고 음식의 종류는 적지만 크기가 크고 양은 푸짐하다. 남쪽으로 갈수록 쌀농사를 많이 짓는데, 음식의 짠맛과 매운맛도 강하고 조미료와 젓갈을 많이 쓰는 경향이 나타나며 다양한 종류의 음식을 조금씩 만든다. 지형적으로 북부 지방은 산이 많기 때문에 밭농사를 주로 하여 잡곡의 생산이 많다. 또한 서해안에 면해 있는 중부와 남부 지방은 쌀 농사를 주로 하므로 북쪽 지방은 주식으로 잡곡밥을, 남쪽 지방은 쌀밥과 보리밥을 먹게 되었다.

그림 2-5 향토음식

전국 어디에서나 좋은 반찬은 고기 반찬이고, 평상시에는 주로 채소류 중심의 반찬을 먹으며 추운 겨울을 대비해 저장하여 두고 먹을 수 있는 김치류, 장아찌류, 장류가 발달하였다. 산간 지방에서는 육류와 신선한 생선류를 구하기 어렵기 때문에 소금에 절인 생선이나 말린 생선, 해초 및 산채로 만든 음식이 많다. 해안이나 도서 지방은 바다에서 얻는 신선한 생선이나 조개류, 해초류가 반찬의 주된 재료가 된다. 전국적으로 일상 식생활은 밥, 국, 김치를 기본으로 하는 등 공통적인 면이 많으나 그 지방에서 나는 토산식품 및 특별 양념을 더하여 각 지방별 고유 향토음식으로 발전되어 왔다. 예를 들어, 떡의 모양에서도 각 고장 사람의 성격이 잘 나타나 서울의 송편은 큰 밤톨만 하고 통통한 반면, 황해도 송편은 손바닥만하며, 강원도 감자송편은 손으로 꽉 쥐었다 놓은 모양이 떡에 그대로 나타나 떡을 봐도 어느 지역의 향토음식인지 구분이 되기도 한다.

한편 1900년 후반부터 새로운 외래 식품과 외국의 음식문화의 유입, 외식산업 발달 등의 영향을 받아서 새로운 형태의 다양한 향토음식이 개발되고 있다.

(1) 서울 음식

서울은 500년 이상 조선시대의 도읍지였기 때문에 아직도 조선시대 음식의 특징이 남아 있다. 서울에서 생산되는 산물은 별로 없으나 오랫동안 나라의 중심 도시로 외국과의 교류가 활발한 지역이었기 때문에 전국 각지에서 생산된 다양한 음식 재료들이 모여들었다. 따라서 다양하고 화려한 음식을 만들었는데, 작고 예쁘게 모양을 만들어 멋을 내고, 양은 적었으나 가짓수를 많게 하였다. 궁중음식이 일반 가정에도 많이 전해졌기 때문에 조선시대의 궁중음식과 서울음식은 비슷한 것이 많다.

대표음식으로는 주식류의 장국밥, 흑임자죽, 잣죽, 떡국, 메밀만두, 생치만두, 편수 등이 있다. 특히 설렁탕은 동대문 밖 선농단(先農壇)에서 끓인 탕에서 명명되었는데, 음력 정월 하순경 왕이 풍년을 기원하는 제를 지내며 모인 백성들 모두와 나누어 먹었던 음식으로 지금은 전국적으로 널리 알려져 있다. 반찬류로는 탕평채, 너비아니구이, 닭찜, 갈비찜, 신선로, 구절판, 숙주나물, 묵은 나물 볶음, 장김치, 숙깍두기, 오이선, 통배추김치, 나박김치, 수란, 족편 등이 있으며 굴비나 암치 등 말린 생선을 굽거나 지짐이를 하고 육포, 젓갈류, 장아찌 등의 밑반찬 종류가 다양하다. 떡류에는 두텁떡, 물호박떡, 각색편, 약식, 화전, 주

그림 2-6
서울의 향토음식

악, 대추단자, 쑥구리단자, 율무단자, 솔방울떡 등 고급 재료를 사용하고 정교하게 만든 떡이 많다. 조선시대에는 남촌과 북촌을 일러 남주북병(南酒北餅)이라고 할 정도로 떡을 많이 만들었다. 후식의 조과류에는 매작과, 약과, 만두과, 흑임자다식, 송화다식, 밤다식, 쌀다식, 실깨엿강정 등이 있고 음청류로 오미자화채, 흰떡수단, 진달래화채, 원소병, 유자차, 대추차, 생강차, 오미자차, 결명자차, 당귀차, 제호탕, 모과차 등이 있다. 2020년 개최된 서울먹거리문화축제에 참여한 주영하 교수는 한식으로 설렁탕과 깍두기를, 조셉 리저우드(Joseph Lidgerwood) 셰프는 전과 막걸리를 추천하기도 하였다.

(2) 경기도 음식

경기도는 서울을 둘러싸고 있는 산과 바다가 가깝고, 기후는 중부에 위치하여 좋다. 서해안에서 나는 해물과 산골의 산채가 있고 밭곡식도 여러 가지가 있어 전반적으로 음식이 소박하면서도 다양한 편이다. 개성은 고려시대의 중심도시였으며 1951년 이전까지는 경기도에 포함되어 있었다. 개성의 음식은 서울 음식, 전주 음식과 함께 우리나라에서 가장 화려하고 다양하다. 음식을 만들 때 여러 가지 재료를 사용하고 정성을 많이 들인다. 음식의 간이나 양념은 서울 음식과 비슷하지만 강원도, 충청도 및 황해도와 인접하고 있어 이들 지방의 음식과 비슷하면서도 인접 지역에 따라 차이가 있다.

음식은 범벅, 풀대죽, 수제비와 같이 호박이나 감자, 옥수수, 밀가루 등의 재료를 혼합하여 만들어 맛이 구수하고 양이 많은 편이다. 오곡밥과 찰밥을 즐기며 국수는 칼국수나 메밀칼싹두기 같은 걸쭉한 국물과 구수한 맛의 음식이 많아 맑고 담백한 맛을 즐기는 관서지방과는 대조적이다. 국수는 가는 면보다는 손칼국수식의 약간 굵은 면을 즐기고 있다. 개성에서는 조랭이떡국처럼 흰떡에 멋을 부려 만들고, 편수도 서울처럼 모지게 만들지 않고 동글게 모자 모양으로 부드럽고 매끈하게 만든다. 특별히 많이 생산되는 식재료는 없으나 지리적으로 밭곡식도 나물도 고루고루 먹을 수 있는 환경이다.

대표음식으로 주식류의 팥밥, 오곡밥, 공릉 장국밥, 팥죽, 조랭이떡국, 냉콩

**그림 2-7
경기도의 향토음식**

국수, 제물국수, 칼싹두기, 버섯장국수제비, 수제비, 개성편수 등이 있다. 경기도 음식에는 고려시대 음식의 잔영이 남아 있는데, 특히 조랭이떡국은 고려의 수도인 개성지방에서 조선이 들어서자 조선왕조에 대한 원한을 한풀이하면서 가래떡 끝을 비비 틀어서 만들기 시작하였다는 말이 전해지고 있다. 반찬류에는 영계백숙으로 알려진 계삼탕, 갈비탕, 곰탕, 뱅어국, 냉이토장국, 민어매운탕, 감동젓찌개, 종갈비찜, 두부장조림, 주꾸미조림, 송이산적, 숯불소갈비구이, 꽁치된장구이, 두부적, 홍해삼전, 조개전, 대합전유어, 배추잎장아찌, 쇠머리수육, 생굴회, 연평도조기젓, 굴젓, 메밀묵무침, 물쑥나물, 달래무침, 용인외지, 순무김치, 고구마줄기김치, 숙김치, 보쌈김치, 비늘김치, 백김치, 장떡, 풋고추부각, 오징어순대, 이천 게걸무김치, 쑥굴레, 의정부 떡갈비 등이 있다.

떡류에는 색떡, 우매기, 개성경단, 각색경단, 수수부꾸미, 개떡, 특히 여주의 산병, 강화도의 근대떡, 가평의 메밀빙떡, 개성의 경단 등 독특한 떡이 많다. 후식류로서 조과류에는 약과, 강정, 정과, 다식, 엿강정 등이 있고 가평의 송화 다식, 강화의 인삼정과, 여주의 땅콩엿강정, 개성주악, 개성모약과가 알려져 있다. 음청류로 모과화채, 배화채, 송화 밀수, 강화 수삼꿀차, 연천 율무차 등이 있다.

(3) 충청도 음식

충청도 지방은 논, 밭 그리고 하천에 근접한 지역이 많아 농업이 주가 된 지역으로 곡물, 채소 및 민물고기를 이용한 음식이 많다. 삼국시대 당시 주식을 살펴

　처음 만나는 식문화와 푸드 코디네이션 ✖

도토리묵밥

도리뱅뱅이

그림 2-8
충청도의 향토음식
출처: 농촌진흥청(2008).
한국의 전통향토음식. 교문사

보면 신라에서는 보리, 고구려에서는 조, 백제에서는 쌀이 주곡이었을 것이며, 충청도 지역이 중심지였던 백제의 주식은 대개 밥이었을 것으로 추정된다. 밥은 흰밥이 으뜸이었으나 일반적으로는 보리밥을 많이 먹었다. 보리밥은 잘 만들면 흰밥과 다름없을 정도로 촉감이 매끈하고 맛이 구수하며 충청도 사람들의 소박함과 숙련된 조리기술의 정도를 알 수 있다. 다른 지역의 음식에 비해 꾸밈이 없고 양념도 많이 쓰지 않아 담백하고 구수하며 순하고 소박한 음식이 많다. 음식의 양이 많은 편이며 조미료 중에는 된장을 즐겨 사용한다.

대표음식으로는 도토리묵밥, 콩나물밥, 굴밥, 올갱이국밥, 인삼어죽, 호박범벅, 생선국수, 미역생떡국, 쏘가리매운탕, 청포묵국, 청국장찌개, 제육고추장구이, 옥계백숙, 콩국, 인삼메기탕, 콩비지탕, 박속낙지탕, 새뱅이찌개, 콩나물찌개, 호박지찌개, 산나물무침, 늙은호박나물, 도리뱅뱅이, 올갱이무침, 칡전, 서대찜, 능쟁이게무침, 박하지게장, 서산어리굴젓, 게국지김치, 굴깍두기, 석박지, 표고장아찌, 호두장아찌, 도토리떡, 녹두편, 쇠머리떡, 약편, 인삼정과, 인삼약과, 구기자한과, 호박과편, 보리식혜, 고추식혜, 호박식혜, 대추고음, 봉수탕 등이 있다.

(4) 강원도 음식

강원도는 지역에 따라 기후와 지형이 다르기 때문에 식생활에도 차이가 있다. 산악지방은 옥수수, 감자, 메밀이 많이 생산되며 영동 해안 지방은 싱싱한 해

그림 2-9
강원도의 향토음식
출처: 농촌진흥청(2008).
한국의 전통향토음식. 교문사

산물이 풍부하다. 이와 같이 식품 재료에 차이가 있긴 하지만 생태, 오징어, 해조류, 산나물 등을 이용한 음식이 많다. 육류나 젓갈을 적게 사용하고 멸치나 조개 등으로 음식의 맛을 내기 때문에 소박하고 담백한 맛이 특징이다.

대표음식으로는 감자밥, 강냉이밥, 곤드레 밥, 감자수제비, 메밀콧등치기, 삼숙이탕, 감자송편, 황태구이, 오징어구이, 오징어순대, 산나물, 더덕생채, 메밀묵, 메밀막국수, 명란채김치, 춘천닭갈비, 명태식해, 창란젓깍두기, 오징어무말랭이김치 등이 있다.

(5) 전라도 음식

전라도는 호남평야의 풍부한 곡식과 서·남해의 해산물, 채소 등 재료가 풍부하므로 다른 지방보다 음식의 종류가 많은 편이다. 음식에 많은 정성을 들여 화

그림 2-10
전라도의 향토음식
출처: 농촌진흥청(2008).
한국의 전통향토음식. 교문사

려하고 사치스러운 다양한 음식을 만든다. 또한 선비들의 유배지로 유명하여
선비들의 풍류가 발달하였으며 조선조 양반가의 고유의 음식법을 전수받았다.
특히 전주 음식은 집안 대대로 전수되는 맛으로 알려져 있으며 반찬 가짓수가
많은 상차림으로 유명하다. 젓갈, 김치 등 발효식품이 발달하여 다양한 젓갈을
이용한 감칠맛이 나고 짭짤한 매운 음식을 만든다.

대표음식으로는 전주비빔밥, 콩나물밥, 대통밥, 나주곰탕, 매생이국, 홍어애
보릿국, 추어탕, 홍어찜, 낙지호롱(구이), 붕어조림, 꼬막무침, 머위나물, 콩나물
잡채, 부각, 미나리강회, 홍어삼합, 꼴뚜기젓, 전어속젓, 산자, 갓김치, 고들빼기
김치, 두루치기, 호박고지, 노비송편, 시루떡 등이 있다.

(6) 경상도 음식

해산물 풍부하여 '고기'라고 하면 물고기를 가리킬 만큼 생선을 많이 먹는다. 지
역의 담수어, 해산물 또는 콩을 이용한 음식이 많다. 곡물 음식 중에는 국수를
즐기며 밀가루에 날콩가루를 섞어서 만든 국수를 멸치나 조개 국물에 넣고 끓

진주냉면

부산잡채(해물잡채)

**그림 2-12
경상도의 향토음식**
출처: 농촌진흥청(2008).
한국의 전통향토음식. 교문사

인 제물칼국수가 유명하다. 대체로 음식은 맵고 간이 센 편이며, 음식에 멋을 내지 않아 소박하다.

　대표음식으로는 충무김밥, 진주비빔밥, 통영비빔밥, 헛제삿밥, 진주냉면, 해물파전, 닭칼국수, 조개국수, 대구탕, 홍합초, 상어산적, 해삼통지짐, 간고등어찜, 부산잡채(해물잡채), 재첩국, 미더덕찜, 아구찜, 안동식혜, 깻잎김치, 콩잎김치 등이 있다.

(7) 제주도 음식

재료가 가진 자연의 맛을 그대로 살려서 음식을 만든다. 따라서 여러 가지 재료를 섞어서 음식을 만들지 않고 음식을 많이 차리지도 않는다. 감귤, 전복, 옥돔 등이 특산품이고 음식 재료는 해산물, 돼지고기, 닭고기를 주로 이용하며 해초

오메기떡

성게냉국

우럭콩조림

**그림 2-13
제주도의 향토음식**
출처: 농촌진흥청(2008).
한국의 전통향토음식. 교문사

처음 만나는 식문화와 푸드 코디네이션 ✖

연안식해　　　해주비빔밥　　　행적

그림 2-14
황해도의 향토음식
출처: 전낙원 외(2019).
향토음식(3판). 교문사

와 된장으로 소박한 맛을 낸다. 양념을 적게 써서 간단하게 만들지만 간은 대체로 짠 편이다. 생선을 이용한 회, 국, 죽이 많다.

　대표음식으로는 옥돔죽, 전복죽, 미역죽, 고등어죽, 전복찜, 갈치호박국, 성게냉국, 자리물회, 옥돔구이, 물망회, 오메기떡, 해물뚝배기, 우럭콩조림, 표고버섯전, 고사릿국, 빙떡, 메밀저배기, 퍼데기김치, 해물김치 등이 있다.

(8) 황해도 음식

황해도는 북부지방의 곡창지대로 쌀과 잡곡이 풍부하게 난다. 잡곡, 밀, 닭고기를 음식에 많이 이용하며 인심이 좋고 생활이 넉넉한 편이어서 음식의 양이 풍부하다. 음식의 맛은 짜지도, 맵지도 않은 편이고 음식에 멋을 부리지 않아 소박하며, 큼직하고 푸짐하다. 김치에 향미채소를 쓰는 특징이 있어 배추김치에는 향이 강한 고수를, 호박김치에는 분디(산초)를 사용한다. 호박김치는 중간 정도의 늙은 호박으로 담가두었다가 찌개로 끓이며 김치는 맑고 시원한 국물을 넉넉하게 넣어 만든다.

　대표음식으로는 연안식해, 해주비빔밥, 세아리밥(잡곡밥), 김치말이, 순두부, 행적(배추김치누름적), 동치미, 호박김치 등이 있다.

(9) 평안도 음식

동쪽은 산이 험하지만 서쪽은 평야가 넓어 곡식이 많이 나고 밭농사도 발달하

**그림 2-15
평안도와 함경도의
향토음식**
출처: 전낙원 외(2019).
향토음식(3판). 교문사

였으며, 서해안과 접해 있어서 해산물이 풍부하다. 조, 강냉이, 메밀 등이 유명하며 음식의 재료, 모양, 맛 등은 황해도와 비슷하여 음식이 큼직하고 푸짐해서 먹음직스럽다. 특히 다른 지방에 비해 겨울에 먹는 음식이 발달했다. 대표음식으로는 평양냉면, 어복쟁반, 녹두부침, 만둣국, 온반, 온면, 노티(잡곡가루 전병), 김장김치, 백김치, 동치미, 김치말이, 닭죽, 만두, 순대, 과즐 등이 있다.

(10) 함경도 음식

함경도는 개마고원이 있는 험악한 산간지대로, 논농사는 적고 밭농사를 많이 한다. 콩의 품질이 뛰어나고 특히 잡곡을 풍부하게 생산하여 주식이 기장밥, 조밥과 같은 잡곡밥이다. 동해안은 세계 3대 어장으로 어종이 다양하며 명태, 청어, 대구, 연어, 정어리 등이 잘 잡힌다. 풍부한 해산물, 감자 또는 고구마 전분을 이용한 음식이 많다. 음식의 모양이 대륙적이고 대담하여 큼직하고 장식이나 멋을 부리지 않고, 간은 짜지 않고 싱겁지만 고추와 마늘 등과 같은 강한 양념을 많이 쓰는 음식도 있다.

대표음식으로는 아바이순대, 가자미식해, 가릿국(고깃국밥), 회냉면, 콩나물김치, 대구깍두기, 기장밥, 조밥, 회냉면, 비빔국수, 인절미, 단감주 등이 있다.

3) 한식 문화의 우수성

한식은 한국음식의 줄임말로 영어로 'Korean Food', 혹은 'Korean Cuisine'이라고 한다. 최근 한식이 세계적으로도 널리 알려져 한글 발음 그대로 'Hansik'이라고 표기하기도 한다. 한식은 "우리나라에서 사용되어 온 식재료 또는 그와 유사한 식재료를 사용하여 우리나라 고유의 조리 방법 또는 그와 유사한 조리 방법을 이용하여 만들어진 음식과 그 음식과 관련된 유형·무형의 자원, 활동 및 음식문화"를 뜻한다. 음식 문화의 측면에서 그 범위를 살펴보면 농축수산물과 같은 음식의 재료, 음청류, 각종 가공식품을 포함하며 조리, 식사 행동, 기호와 영양까지도 의미한다. 또한 그릇, 소품, 공간, 스토리, 음악, 디자인, 예절까지 포함하는 포괄적인 의미로 쓰이기도 한다.

한편 식품소비 경향은 음식 윤리를 고려한 자연식품, 건강에 유익한 식품, 감성소비를 충족시키는 쪽으로 향하고 있으며 세계적으로도 이러한 식품에 대한 관심이 증가하고 있다. 일반적인 건강식의 범주에는 인공색소, 첨가물 등이 함유되지 않은 자연식품, 유기농식품, 당류, 나트륨, 지방, 잔류농약 등 유해영양소 및 유해물질을 함유하지 않은 식품, 건강에 유익한 기능성 식품이 포함된다.

한식은 약식동원(藥食同源)의 사상이 녹아 있는 건강·웰빙지향형 음식이고, 채소류 위주의 저열량식이며, 찌거나 삶는 건강형 조리법을 사용하며 김치, 장류 등의 발효식품이 중심이 된 자연식품이다. 따라서 세계 식품소비의 경향과 부합하므로 세계화할 수 있는 잠재력이 충분한 분야이다. 한식의 건강 기능성은 종종 세계적으로 잘 알려진 지중해식(mediterranean diet)의 기능적·영양적 우수성과 비교되어 설명되고 있다. 지중해식 식단이란 1960년대 이탈리아 남부지방, 크레타, 그리스 등의 지중해 연안에 살고 있는 사람들이 전통적으로 먹던 음식으로, 신선한 과일과 채소 50%, 단백질(생선, 콩) 25%, 지방(생선, 올리브) 25%로 구성되어 있으며, 포화지방이나 설탕은 거의 섭취하지 않고 과일, 채소, 콩, 생선, 올리브유, 와인으로 구성된 식단이다.

지중해식 식단은 과학적·영양학적으로 그 기능성이 규명되어 2010년에는 유네스코가 지중해 식단을 이탈리아, 그리스, 스페인, 모로코의 무형 문화유산으로 인정하였다. 한식과 지중해식의 음식은 유사점이 많으며, 한식은 지중해식보다 발효식품을 더 발전적으로 많이 활용한 점이 있다. 한식은 채식과 육식의 비율이 8 : 2 정도이고 저지방식으로 조리방법이 영양적으로 우수하다. 고기는 주로 삶거나 끓이고 생선은 찌개, 조림, 찜, 회로 이용한다. 나물무침 등의 채소류의 조리에도 기름을 적게 사용하고 밥, 국, 국수, 떡을 조리할 때에도 열량이 추가되지 않는다. 불포화지방산이 함유된 식물성 기름을 많이 사용하고 나물을 조리할 때는 살짝 데쳐서 비타민의 파괴를 막는다. 김치는 열량이 낮고, 섬유소 함량이 높다.

한국에서는 음식을 먹는 게 아니라 '정(情)'을 먹는다는 말이 있다. 특히 오

표 2-2 한식과 지중해식의 영양적 우수성

구분	한식	지중해식
열량	1,976kcal	1,875kcal
잡곡류	쌀의 다량섭취	곡물의 다량섭취(빵과 감자를 포함)
콩류	콩류(간장, 된장 등)의 다량섭취, 34g/일	콩류의 다량섭취, 8.5g/일
고기, 육류	고기와 육류제품의 소량섭취, 46kg/연	고기와 육류제품의 소량섭취, 91kg/연
생선류	51kg/연	25kg/연
채소류	• 채소와 버섯류의 다량섭취 • 김치의 다량섭취 • 223kg/연	• 채소류의 다량섭취 • 과실류의 다량섭취 • 178kg/연
해조류	해조류의 다량섭취	해조류의 다량섭취
우유가공품	우유와 유제품의 소량섭취	우유와 유제품의 소량섭취
당 : 단백질 : 지방	65 : 15 : 20	45 : 20 : 30
동물성 식품 비율	15%	25%
포화지방 비율	6.3%	11.8%
알코올	알코올 섭취는 적당량(반주문화)	알코올 섭취는 적당량
지방, 기름, 설탕	• 지방, 기름, 설탕의 소량섭취 • 식물성 기름의 다량섭취	• 동물성 지방의 소량섭취 • 불포화지방산(식물성)의 다량섭취

랜 기간 가족들의 건강을 생각하며 정성을 다해 만드는 정이 가득한 음식이 한국의 발효음식이다. 가장 대표적인 것이 '김치'이고 간장, 고추장, 된장 등의 장류와 집집마다 만들어 먹었던 식초, 그리고 각종 어패류로 담그는 식해(食醢)와 젓갈 등이 있다. 하버드대 보건대학원(T.H. Chan School of Public Health) 영양학과의 'COVID-19 예방 식생활지침'에는 면역력을 높이기 위해 섬유소가 풍부한 식품을 먹고 생체 내 건강한 마이크로바이옴(microbiom)을 유지하라는 내용을 포함하고 있다. 이 지침서에서 발효식품으로 '김치'와 '요구르트'를 언급하고 있는데 김치는 이제 요구르트처럼 면역력을 높이기 위한 세계인의 발효음식으로 인정된 것이라 볼 수 있다. 한국인의 소울푸드인 김치는 2013년 유네스코 인류 무형문화유산으로 '김장 문화(Kimjang: Making and Sharing Kimchi)'가 등재되면서 전 세계적으로 그 이름을 알리고 있다. 김치는 배추와 같은 채소를 소금으로 절인 후 무채, 갓, 미나리 등의 부재료와 쪽파, 마늘, 생강, 고춧가루와 같은 양념을 멸치젓이나 새우젓과 섞어 버무린 발효저장식품이다. 식물성 식품과 동물성 식품이 함께 발효되면서 영양소가 다양해지고 맛도 풍부해진다. 특히 채소가 부족하고 혹독하게 추운 긴 겨울을 대비하여 담그는 김장김치는 섬유소와 유산균 보충 및 면역력 증가에 도움이 되기도 한다. 김치는 고춧가루를 사용하여 저장성을 높일 수 있기 때문에 소금의 양을 줄일 수 있어 오랜 기간 저장해도 다른 절임 음식들처럼 신맛과 짠맛만 강해지거나 시들해지지 않는다. 오히려 개운하고 싱싱한 듯 아삭하며 특유의 감칠맛과 향미가 뛰어나다.

김치와 더불어 빼놓을 수 없는 한국 음식이 바로 콩을 기본으로 만드는 장류이다. 된장, 간장, 고추장, 청국장 등은 오래 저장하여 두면서 먹을수록 깊은 감칠맛이 나고, 영양과 향미가 뛰어난 건강에 도움이 되는 소스들이다. 예로부터 한식은 농사 지은 채소를 이용한 채식 요리 위주였으며 부족한 단백질은 콩발효식품인 장류로 보충하였다. 한국의 장류는 발효 과정에서 세균, 효모 및 곰팡이의 세 가지 미생물을 모두 이용하는 '복합 발효미생물 식품'이다. 전통 장류는 장독이라고 하는 전통 옹기에 보관하는데, 이 옹기는 흙으로 빚어져 숨을 쉬는 용기로, 장의 숙성 과정을 돕는다.

그림 2-16
각종 장류를 보관,
발효, 숙성시키는 데
필요한 장독

 또 다른 전통 발효식품인 젓갈은 생선, 조갯살, 새우 등을 소금과 버무려 항아리 등의 용기에 넣고 밀폐한 후 상온에 저장하여 만든 것이다. 발효와 숙성 과정을 거치면서 생선 비린내가 없어지고 아미노산 발효에 의한 구수한 감칠맛이 생긴다. 반찬으로 먹으려면 창란젓, 조개젓, 새우젓 등에 양념을 하면 되고 다른 음식을 만들 때 맛을 내는 조미료로 사용이 가능하다. 상온에서 6~12개월 발효시킨 젓갈을 갈아서 체에 거른 후 끓이면 수년간 보관할 수 있는 젓국이 된다. 식해는 내장을 제거한 생선에 소금과 곡물을 넣고 발효시켜 만든다. 발효 2주 후에는 생선의 단백질이 적당히 분해되어 구수한 감칠맛이 생기고 유기산 발효로 적당히 신맛도 나서 비린 맛을 없애준다.

 이 외에도 막걸리는 곡물에 곰팡이를 번식시켜 만든 누룩과 물을 섞어 발효시킨 한국의 전통 술이다. 최근 막걸리의 건강효과가 많이 연구되어 발표되었는데, 막걸리에 풍부한 식이섬유와 유산균은 배변활동에 도움이 된다. 일반적으로 750mL 막걸리 한 병에 평균 15g의 식이섬유가 함유되어 있는데, 이는 사과 4~5개 정도 되는 양이다. 유산균은 장내 유익균을 증가시켜 염증을 일으키는 유해 세균을 없애 면역력 강화를 돕고 변비, 설사 등을 예방한다. 이러한 유산균이 막걸리 한 병에 700~800억 마리가 함유되어 있다. 성균관대 유전공학과, 경희대 식품공학과와 산업체 부설연구소는 막걸리 농축액 성분이 지방 세포 수의 증가를 억제하며 세포 내의 지방 축적도 막아 비만 예방에 도움이 될 수 있다는 연구결과를 발표한 바 있다. 막걸리의 폴리페놀은 대표적인 항염증 성분이기도 하다.

실제로 막걸리가 염증 반응 부산물인 산화질소를 덜 만든다고 발표한 연구결과도 있다. 막걸리는 비타민 B가 풍부해 피로 해소에도 도움이 된다. 한 잔에만 리보플라빈이 약 68μg, 비타민 B_3인 나이아신은 약 50μg 함유되어 있다. 비타민 B는 음식물이 에너지로 전환되는 데 필요한 필수영양소이며 피로감, 식욕부진 개선에 도움이 되는 것으로 알려져 있다. 두통을 줄이는 역할도 한다. 다만 막걸리는 좋은 영양성분이 많으나 술이기 때문에 과량 섭취를 하면 부작용이 더 클 수 있으며 제조 과정의 불순물에 의한 숙취가 심할 수 있어 하루 한 잔 정도 마시는 것이 적절하다.

식문화적 의미에서 정혜경 교수의 한식 분류를 살펴보면 섞임의 미학을 보여주는 음식으로 비빔밥과 잡채가 있고 화해의 음식으로 탕평채가 있다. 또한 음양오행의 음식을 보여주는 구절판과 노인 공경을 나타내는 음식으로 타락죽, 숙깍두기, 섭산적이 있다. 오래 묵을수록 좋은 음식으로는 발효식품인 간장과 된장을 들 수 있다. 한국음식은 문화적 관점으로 '힘의 상징', '병의 예방과 치료제', '정을 나누는 매개체' 그리고 '신과 소통의 매개체'로의 음식 등 네 가지로 분류되어 해석하기도 한다.

한식이 세계적으로 인정받게 되자 '김치 원조' 논쟁이 벌어지기도 하였다. 이러한 논쟁은 한식에 대한 세계적 관심이 높은 현시점에서 우리나라의 다른 음식으로도 이어질 가능성이 충분하다. 이에 한식에 대한 역사성 및 정체성 정립과 더불어 우리 스스로 전통 한식을 계승 · 발전시키려는 노력이 이루어져야 한다. 또한 한식의 기능적 우수성을 규명하여 지속적인 성장의 원동력을 제공하기 위한 꾸준한 연구와 정책적 지원이 필요하다.

4) 한식의 세계화와 셰프

한류 콘텐츠가 세계화되면서 한식도 케이푸드(K-Food)로 새롭게 부상하고 있다. 케이푸드는 한식, 한식의 식재료, 가공식품을 모두 포함한다. 케이푸드의 우수성은 범용 인터넷망을 이용해 디바이스의 제약 없이 콘텐츠를 제공하는 서비스를 지칭하는 OTT(Over The Top) 서비스와 웹상에서 사람들이 각자의 의견과 생각, 경험, 관점 등을 서로 공유할 수 있도록 해주는 SNS(Social Network Service)의 발달과 함께 직·간접적으로 꾸준히 세계로 알려지고 있다. 세계보건기구(WHO)는 한식을 영양학적으로 적절한 균형을 갖춘 모범식단으로 소개했으며, 많은 채소류 반찬과 더불어 발효식품인 김치류 및 장류들도 건강한 식재료를 사용하고, 기능성과 맛까지 있는 음식으로 인지되고 있다.

과거 1990년대 후반부터 2000년대에는 동양 음식이라 하면 중식과 일식 뒤를 이어 태국 음식과 베트남 음식이 각광받았다. 중식의 경우 전통음식의 현지화로 인해 기름진 튀김류의 메뉴들이 많아지며 건강에 좋지 않은 음식이라는 이미지가 강하다. 이와 반대로 한식은 한국 이민자들에게 파는 것을 시작으로 현지화를 하지 않아 외국인들에게 알려지지 않았지만 맛있고 건강한 음식으로 전파되며 현재 가장 트렌디한 아시안 음식으로 평가된다. 또한 육류의 섭취가 많은 서양식보다 해산물과 채소 위주의 식단 그리고 튀기는 방식이 아닌 숙채 조리 방법을 이용하여 칼로리가 낮으며 조리된 음식에 간장, 들기름 등으로 양념을 해주어 건강과 웰빙에 가장 부합하는 식품으로 알려져 세계적인 케이푸드 열풍이 일고 있다.

뉴욕에 있는 한식당이 첫 미슐랭 별을 받은 이후 한국에 있는 한식당들도 계속해서 높은 평가를 받고 있다. 미슐랭 수준의 고급 한식뿐만 아니라 떡볶이, 튀김, 씨앗 호떡 등과 같은 길거리 음식도 좋은 평가를 받고 있다. 또한 한국의 고추장을 소스로 하는 매운맛이 세계인들의 스트레스를 푸는 맛으로 떠오르기도 했으며 최근에는 김밥의 인기도 높아지고 있다. 과거 외국인들을 대상으로 한 한식 선호도 조사에서는 불고기, 비빔밥, 김치 등 잘 알려진 전통 한식이

순위에 올랐으나, 최근 들어 국가별 한식 선호도에 조금씩 변화가 나타나고 있다. 한식진흥원에서 실시한 '2019 해외한식소비자조사'에 의하면, 한식 만족도는 93.2%, 취식 경험은 76.9%이며, 자주 먹는 메뉴는 비빔밥, 치킨, 불고기의 순으로 나타났다. 한식을 먹은 경험이 있는 사람이 가장 자주 먹는 메뉴는 '비빔밥'(35.3%), '치킨'(26.5%), '불고기'(25.9%), '냉면'(18.2%) 등의 순이었다. 미국과 북중미에서의 선호도는 비빔밥, 치킨, 불고기, 갈비 순으로 나타났고, 유럽에서는 비빔밥, 치킨, 불고기, 잡채의 순으로 선호도가 높았다. 중국인은 삼겹살, 치킨, 떡볶이에 대한 선호도가 높았는데, 이는 한국 드라마와 한류 열풍에 의한 것으로 해석된다. 동남아시아에서는 전골과 김치찌개를 선호하며 떡볶이도 자주 먹는다고 답하였다.

한식의 세계화를 위해 더욱 신경써야 할 부분은 무슬림을 대상으로 한 한식 전파이다. 무슬림인 인구 증가율은 전 세계 평균 인구 증가율의 네 배 이상이며, 식품시장 성장률도 전 세계 평균보다 월등히 높다. 특히 케이팝(K-Pop)과 한국 드라마의 인기가 높은 아시아권은 무슬림 시장의 63%를 차지한다. 이에 세계 식품시장에서 중요한 위치를 차지하고 있는 무슬림들을 위한 한식 개발에 더욱 노력을 기울일 필요가 있다.

국내 식품업체는 세계적으로 범위를 넓혀가고 있으며 또한 한국 셰프들의 입지도 상향되고 있다. 정부에서도 주도적인 한식 세계화 계획으로 요리명장 양성, 스타 한식당 육성, 한식 체험 기회 확대를 위한 정책을 활발히 지원하고

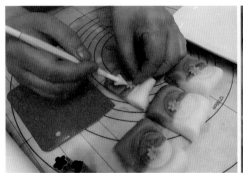

그림 2-17
한식의 세계화를 위한
전통 대물림 떡교육:
꽃절편, 떡케이크

있으며 이에 따라 국내외적으로 한식에 대한 위상(positioning)을 높여 왔다. 해외에서 한식의 위상을 더욱 높이기 위해서는 무엇보다 양성된 한식셰프들에 의해 제공되는 한식에 대한 친숙함을 높이는 정책이 필요하다. 현지 음식 재료를 활용하여 한식 메뉴를 개발하고, 케이팝 등 한국 문화와 연계한 체험 프로그램의 운영도 긍정적인 효과가 있을 것이다. 세계적으로 주목받는 셰프들을 살펴보면 2000년도 초반 데이비드 장(David zhang) 셰프가 있으며 그는 아시안 음식이 베이스인 "Momofuku Noodle Bar"와 "Momofuku Ko"를 선보이며 세계적으로 영향을 주는 셰프로 선정이 되기도 하였다. 모던 코리안을 표방하며 미국에서 가장 경쟁이 심한 뉴욕에서 미슐랭 2스타를 받은 "정식당"의 임정식 셰프는 한국인 최초 미슐랭 스타 셰프로 선정되기도 하였다. 김치, 불고기, 갈비를 타코와 혼합하여 큰 성공을 이룬 "kogi"의 로이최 셰프는 타임지가 선정한 100명의 가장 영향력이 있는 사람들에도 이름을 올렸다. 이렇듯 한국의 식재료와 음식을 사용하는 한국인 셰프들이 세계 요식업계에서 경쟁하며 좋은 성과를 이뤄내고 있다. 이러한 셰프들에게 한식을 배우기 위해서 많은 외국인 조리사들이 한국인 셰프가 일하고 운영하는 한식 레스토랑에서 일하기를 희망하고 한국 음식을 배우고 있다.

한식의 세계화에 따른 영향으로 외국인 셰프들이 한식을 배우기 위해 한국을 찾는 경우도 많아지고 있다. 예를 들면 'Icon Award-Asia 2022'를 수상한 사찰음식의 대가인 정관 스님은 외국인 셰프들을 대상으로 한식을 전파하는 프로그램을 진행하면서 육류와 자극적인 향신채를 사용하지 않고도 훌륭한 전통한식을 만들며 절 앞에서 키우는 채소를 이용하여 항상 신선한 음식만을 식탁에 제공하는

그림 2-18
한식의 세계화를 위한
전통 대물림 떡교육:
백설기

처음 만나는 식문화와 푸드 코디네이션

그림 2-19
한식 세계화 위한
전통 대물림 조리 교육:
한식 재료 이용 분자요리,
디저트

사찰음식을 전 세계적으로 알리고 있다. 이같이 사찰음식은 건강과 지속 가능한 사회를 위해 점점 확대되고 있는 직접 기른 농작물을 식탁에 올리는 운동인 'farm to table' 혹은 'garden to kitchen'이라는 개념에 부합하여 더 많은 관심을 받고 있다.

한식의 세계화는 '가장 한국적인 것이 가장 세계적인 것'이라는 기반 아래 국내 식품 기업 및 셰프들의 노력으로 세계 시장에서 선전하고 있으며 앞으로 계속해서 발전해 나갈 것으로 예상되고 있다. 육식 문화와 패스트푸드(fast food)에 맞서 슬로푸드(slow food) 운동, 로컬푸드(local food) 운동 등 건강한 먹거리 운동이 전 세계적으로 확산되고 있으며, 이들 운동은 지속 가능성과 환경 보존, 건강성 등의 정신을 지향한다. 그리고 그 지향점에 있는 한식이 세계적으로 주목받는 이유도 그 점이다.

한식의 근본은 채식과 발효음식이며, 한국인의 자연주의 정신과 철학 속에서 발전해 왔다. 한식의 자연친화성은 정신적, 육체적으로 치유의 역할을 담당한다. 한식은 물질만능주의 시대에 정서적인 위로와 만족감을 주며, 채소에 풍부한 식물성 영양소는 항산화 작용으로 만성질병을 예방하고 환경에 좋은 지속 가능한 사회를 지향하는 음식이다. 또한 환경과 건강 측면에서 장점이 매우 많은 음식이며 문화대국으로 성장한 한국의 정체성을 가장 잘 드러내는 것이기도 하다.

3장

식문화와

—

푸드 코디네이션 역사

푸드 코디네이션은 식문화, 역사, 요리에 대한 이해를 하여 전반적으로 아울러야 하는 분야이다. '파인다이닝(fine dining)'은 최고의 요리를, 최상의 서비스로 즐기는 과정이다. 최고의 셰프가 최고의 재료로 최대한 실력을 발휘하여 완성한 요리를 손님에게 제공하고, 손님은 그 요리를 즐기면서 셰프와 교감을 나누는 것이라고 콜린러시(Collen Rush)는 설명한다.

파인다이닝은 레스토랑의 스태프와 손님이 하나가 되어 각각의 역할을 충실히 해냄으로써 완성되는 퍼포먼스라 할 수 있다. 외식이 증가하면서 화려한 정식 식탁이라 할 수 있는 파인다이닝을 위한 푸드 코디네이션의 식문화 역사와 요리의 관계에 대한 관심도 높다. 우리나라 식문화 역사는 인접국가인 중국, 일본의 식문화 역사와 상호관계를 맺고 발전하여 왔다. 이에 한중일 음식 역사를 먼저 이해하고 서양 식문화와 푸드 코디네이션의 시대별 발전을 알아본다.

1. 한중일 음식의 역사

한중일은 한국, 중국, 일본을 간단히 한 번에 일컫는 말이다. 세 나라의 문화는 공통점이 많으면서도 미묘한 차이점이 있다. 한중일의 공통점으로는 한자, 쌀, 불교와 유교, 젓가락의 사용 등이 있으며, 이들은 서로 다른 양상으로 발전해 왔다. 한중일은 모두 한자를 사용하고 있으나 그 형체와 쓰임, 발음은 다르며 모두 유교문화권에 속하나 국가별 사상적·종교적 차이가 분명하다. 한중일의 음식은 '쌀'이라는 동일한 식품을 식생활에 주로 사용하는 문화를 공유한다. 다만 중국은 땅이 너무 넓어서 쌀이 주식인 남방지역에 국한되고 북방지역 사람들은 주로 밀을 먹는다. 쌀이라는 공통점이 있으나 각 나라는 생활환경에 따라 한국은 비빔밥, 중국은 볶음밥, 일본은 초밥으로 대표되는 독특한 쌀 조리법을 사용하는 등 서로 다른 음식문화로 발전해 왔다. 특히 한국은 밥을 주식으로 하여 국과 반찬을 곁들인다. 중국은 식탁에 대가족이 둘러앉아 주로 볶음요리를 자기의 그릇에 덜어 먹는 문화로 발전했고, 섬나라인 일본은 해산물 위주의 식문화가 발전했다.

식생활에서 중요한 도구인 젓가락의 형태도 나라마다 특징이 있다. 우리나라는 주로 금속 젓가락을 사용하는데 고기, 김치 등의 반찬을 쉽게 집을 수 있도록 각진 형태이다. 중국의 젓가락은 멀리 놓여 있는 요리를 덜어 먹기 편하게 끝이 둥글고 길이가 긴 형태이다. 일본은 생선 가시를 쉽게 발라낼 수 있는 끝이 뾰족하고 비교적 짧은 젓가락을 주로 사용한다.

이와 같이 한중일의 문화적 차이를 통해 비슷하면서도 다른 세 나라의 음식 문화의 특징을 알아본다. 표 3-1 은 한국, 중국, 일본 및 서양의 역사를 한눈에 살펴볼 수 있다.

표 3-1 한 · 중 · 일 · 서양 비교 연대표

국가 연대	한 국	중 국	일 본	서 양
10000	구석기시대(B.P. 500000~13000)	구석기시대 (B.P. 600000~13000)	구석기시대 (B.P. 500000~13000)	원시
5000	중석기시대(B.P. 13000~8000)	중석기시대(B.P. 12000~10000)	조몬(승문)시대 (B.C. 13000~300) 토기 출현	B.C. 4000
3000	신석기시대 (B.C. 6000~1500)	신석기시대 (B.C. 8000~2000)		
2000		단군조선: 전조선 (B.C. 2333~1046)		
1500			하(B.C. 2070~1600)	
1000	고조선		은상(B.C. 1600~1046)	
700	청동기시대 (B.C. 1500~300)	기자조선: 후조선 (B.C. 1122~195)	주(B.C. 1046~256)	
500				
400		칭왕(稱王)시대 (B.C. 323~184)	춘추전국(B.C. 770~221)	
300				고대
200	철기시대 (B.C. 300~100)		진(B.C. 221~207)	
B.C. 100	(진한) 삼한 (마한)	위만조선 (B.C. 194~108)		
0	(변한)	부여 (B.C. 4~A.D. 494)	한(B.C. 202~A.D. 220)	야요이(미생)시대 (B.C. 300~A.D. 300)
100	신라 (B.C. 57~A.D. 935) 가야 (A.D. 42~562) 백제 (B.C. 18~A.D. 660) 고구려 (B.C. 37~A.D. 668)	낙랑 (B.C. 108~A.D. 313)		
200		삼국(위, 촉, 오: 220~280)		
300		진(서진, 263~316) 진(동진, 남쪽 317~420) 5호16국(북쪽 304~439)		
400			고분시대 (300~600)	
500		남북조(386~589)		476
600	[전기]	수(581~618)	아스카(비조: 592~710)	
700	[후기]	당(618~907)	나라(710~794)	
800	발해(696~926)			
900	후삼국(89~936)	오대(907~959)	헤이안(평안) (794~1185)	중세
1000	고려(918~1392: 474년)	요 (916~1125) 송 (960~1279)		
1100				
1200	문벌귀족기→무신정권기→원 간섭기(권문세족기)→ 말기(반원개혁기)	금 (1115~1231)	가마쿠라(겸창) (1185~1333)	
1300				
1400	국교: 대승 불교 국가원수: 대왕(천자)→황제(천자)→대왕(천자)→왕(제후)	몽골제국(원왕조, 1271~1368)	남북조 (1336~1392)	
1500	조선(1392~1910: 518년)	명(1368~1644): 임진왜란 지원군 파견	무로마치(실정) (1336~1573)	1453
1600	국교: 유교		아즈치–모모야마 (도산: 1573~1603)	근세
1700	국가원수: 국왕(1392~1894)→대군주(1894~1897)	청(1636~1912): 중국 역사 최후의 통일 왕조 근대 중국 지배 마지막 왕조	에도(강호: 1603~1867)	19C
1800				
1900	대한제국(구한국 구한말: 1897~1910) 1897~1907 고종 태황제(초대), 1907~1910 순종 효황제(말대)		메이지(명치)시대(1868~1912)	근대
	일제강점기(1910~1945)	중화민국(1911~1971)	다이쇼(대정)시대(1912~1926)	
2000	대한민국(1945~)	중국(1949~)	일본(1947~)	현대

1) 한국 음식의 역사

한국인의 음식문화는 5,000년 전부터 근현대를 거치면서 크고 작은 변화를 겪었으며 특히 서구의 영향을 많이 받았으나, 현대에 이르기까지 여전히 우리는 조상들의 지혜가 담긴 음식을 먹으며 살아가고 있다. 한국인의 식생활 역사는 선조들이 한반도에 정착한 구석기시대로 시작된다. 그러나 곡류로 지은 음식을 주식으로 하고 기타 식품들을 반찬으로 하는 주·부식의 식사 형태가 출현한 것은 신석기 후기 농경이 시작되면서였다. 농사를 지으며 한곳에 정착 생활을 하면서 가축을 길러 음식 재료로 쓰기 시작했고, 어로 기술의 발달 및 채소도 재배하게 되었다.

통일신라시대에는 곡물, 수조육류, 어패류, 채소류, 과일류, 장류, 술, 포, 꿀, 소금, 기름 등의 식품을 구비하게 되었고, 고려시대에는 주·부식의 식사 형태가 온전하게 정립되었다. 조선시대는 한국인의 식생활 전통을 제대로 갖추게 된 시대로 음식문화의 발전을 가져왔다. 그 후 개항기에는 서구식 문화가 들어오고 일제강점기에는 궁핍한 식생활을 이어나갔으며 근대화 과정, 6.25 전쟁을 거쳐 오늘날의 식생활 문화를 형성하게 되었다.

한국인의 일상식은 주식인 밥과 부식인 다양한 반찬을 곁들여 먹는 형태이다. 서양의 코스요리와는 다르게 밥과 반찬을 모두 한 상에 차리지만 예전에는 한 사람 앞에 상 하나를 놓는 독상 차림이 원칙이었다. 주식은 쌀로만 지은 쌀밥과 보리, 콩, 팥, 조 등을 섞어 지은 잡곡밥, 죽, 면 등이다. 부식은 국, 탕 및 찌개, 김치와 장류가 기본이며 육류, 어패류, 채소류, 해조류 등을 이용해 다양한 조리법으로 만든다. 이렇게 주식과 부식이 서로 조화롭게 어울리는 한 상을 차리는 것이 한국 밥상의 특징이다.

한국은 사계절이 뚜렷한 특징으로 같은 식재료라도 계절에 따라 맛과 영양 성분이 다르기 때문에 제철 식품을 이용한 조리법이 발달했다. 한국의 봄·가을은 맑고 건조한 날이 많아 식재료가 풍부하지만, 추운 겨울에는 식재료가 부족하여 말린 채소, 김치 등의 저장 채소류를 섭취했다. 또한 여름은 무덥고 습하지만 감자, 도라지, 참외, 복숭아, 수박, 포도 등 제철 식품이 풍부한 편이다. 전세계적인 기후 변화의 영향으로 한국도 점점 아열대 기후의 영향을 받게 되면서 제철 식품의 종류도 조금씩 변화하고 있다. 한국의 시대별 주요 식문화 특징은 다음과 같다.

(1) 고조선

B.C. 6000년경부터 한반도에 있었던 신석기시대 사람들은 고기잡이와 사냥을 주로 하였으며 후반부터 원시적인 농경생활을 시작하였다. 그 후 북방 유목민들이 청동기를 가지고 들어와 우리민족의 원형인 맥족을 형성하였고 단군 고조선(B.C. 2333)이 세워졌다. 부족국가시대로 들어서면서 철기문화가 발달하여 쌀, 기장, 조, 보리, 콩 등의 곡류를 생산하게 되었다.

(2) 삼국시대

삼국시대(三國時代)는 B.C. 1~7세기까지 고구려, 백제, 신라 삼국이 한반도와 만주 일대에서 중앙집권적 국가로 발전한 시기이다. 신라와 당나라 연합군에 의해 백제는 660년에, 고구려는 668년에 멸망하면서 한반도 중남부에는 통일신라, 북부에는 발해가 들어서게 되었다. 각국의 전성기를 살펴보면 백제는 4세기, 고구려는 5세기, 신라는 6세기로 평가된다. 삼국은 그들이 처한 자연적·지리적 환경에 따라 각각의 음식문화를 발전시켰다. 이 시기에는 철제 농기구를 사용하고, 농업기술이 발전하여 벼농사가 확대되는 등 농업생산력이 두드러지게 발전하였다. 이는 음식문화에 큰 영향을 미쳐 쌀, 보리, 조 등 주식의 생산이 늘어났으며, 처음으로 곡류 위주의 주식과 채소 위주의 부식에 대한 개념이 시작되었고, 농산물 가공법이 발달하여 술, 장, 김치, 젓갈 등을 즐겼다.

고구려(B.C. 37~A.D. 668)가 위치한 한반도 북부지역과 만주 일대의 자연적·지리적 조건은 밭곡식을 재배하는 데 적합하였다. 따라서 고구려인들은 조를 주식으로 이용하였고, 기장·수수 등도 식재료로 이용하였으며, 콩을 이용한 조리법도 개발되었다. 고구려는 산악지대가 많고 농경지가 적은 지형으로 식량이 부족했기 때문에 음식의 양을 줄여서 먹는 풍습이 있었으며 동옥저를 복속시켜 그곳에서 나는 음식용 생산물을 날랐다고도 한다. 평양천도 이후에는 철제 농기구를 보급하고, 농경법을 개선하였으며, 화전법(火田法)의 이용 등을 통해 농경이 근본 산업이 되었다. 왕권이 강화되면서 지배계급과 서민 식생활이 구분되었고, 불교가 도입되면서 음차 습관이 시작되었으며, 식기와 다기가 발달하기도 하였다. 고구려 사람들은 술도 잘 빚었다고 전해진다.

백제(B.C. 18~A.D. 660)는 비교적 넓은 평야와 하천이 있어 일찍부터 농업국가의 모습을 갖추었다. 백제의 자연환경과 농업기술 및 수리시설들은 벼농사가 발달하였음을 보여주었으며 미곡의 산출과 쌀밥의 주식화를 시행하였다. 다만 백제에서는 곡식이 부족할 때에는 술빚는 것을 금지하기도 하였다.

신라(B.C. 57~A.D. 935)는 초기부터 농경에 관심이 있었으며 수리시설과 소를 이용한 농경법인 우경에 대한 기록도 있다. 신라는 보리가 주 작물이었으며 가야의 합병, 한강유역의 점유를 통해 벼농사도 확장하였고 그 외 조와 콩 재배도 가능하였다. 신라는 불교의 영향으로 살생이 금지되었으며, 당시 얼음을 사용한 흔적으로 남아 있는 것이 지금의 '서빙고'와 '동빙고'의 지명이다.

철의 생산으로 널리 알려졌던 가야(A.D. 42~562)는 토지가 비옥하고 벼농사가 일찍부터 시작되어 쌀이 풍부하였다. 삼국과 가야는 모두 농업을 근본으로 하였고 삼국시대에는 농업생산력이 크게 발전하였다. 철기문화가 전래되면서 철제 농기구가 보급되었고, 우경을 비롯한 농업기술의 발달과 영천청제, 벽골제와 같은 수리시설은 벼농사를 발전시켜 당시 자연환경이 적합했던 김해 일대 평야, 서해안 평야, 한강유역 평야에서 벼농사가 이루어졌다.

이와 같이 삼국시대 사람들은 농업생산력의 발전을 통해 풍부하고 다양한 식재료를 활용하였고, 벼농사의 확대로 쌀을 주식으로 하는 식생활이 가능해졌다. 고구려는 자연적인 조건으로 벼농사가 발달하지 못하여 잡곡이 주식이 되었던 것으로 보인다. 곡물이 주식이었던 삼국에서는 주로 쌀을 비롯한 곡물을 세금으로 징수하기도 하였다. 삼국시대에 채소와 과일, 육류, 수산물 등은 부식으로 이용되었다. 당시의 채소류로는 고구려에서는 현대 상추로 보이는 천금채가 있었고 『제민요술』(771)에 의하면 아욱 · 상추 · 미나리 · 오이 · 가지 · 순무 등이 이용되었다. 과일류로는 복숭아 · 오얏 · 밤 · 잣 등이 기록에 나타난다. 사냥 또는 축산을 통해 육류가 공급되었다. 안악 3호분 동측실의 육류를 저장하고 공급했던 육고를 그린 벽화에는 꿩 · 돼지 · 노루 등이 나타나 있다. 이 벽화에서는 외양간과 마구간도 보이며 따라서 소 · 돼지 · 닭 · 개 등이 사육된 것으로 추정된다. 그리고 김해패총에서 발견된 조개류를 비롯하여 고구려가 동옥저에서 가져온 물고기, 해조류 등도 중요한 부식이 되었다.

삼국시대의 경제생활은 농업 중심이었고 벼농사가 활발해지면서 식생활이 비교적 안정화되었다. 주식은 쌀, 보리, 조와 같은 곡물이었고 부식으로 채소류, 육류, 과일류 등의 식품이 이용되었다. 농업 생산이 안정되고 풍부해진 식재료로 인하여 주 · 부식의 분리가 시작될 수 있었다. 주 · 부식의 분리는 곡물을 활용한 조리기술 및 다양한 음식의 조리 · 가공기술의 발달을 통해 오늘날과 같은 우리나라의 일상식 구조로 발전하게 되었다.

삼국시대에 식생활이 발전하였지만 모든 계층에서 넉넉한 식생활을 누린 것은 아니다. 평민들이 담당하였던 조세 및 부역은 이들에게 큰 부담이 되었고, 자연재해는 농업에 큰 어려움을 주었기 때문에 큰 재난이 되었다. 삼국은 왕족과 왕비족을 중심이 되어 귀족들이 지배했던 사회였다. 이러한 사회구조는 식생활에도 영향을 미쳤으며 신분에 따른 식생활의 분화 및 계층화가 일어났다. 왕실의 식생활 모습은 고구려의 벽화와 삼국유사에 태종무열왕이 하루에 먹었던 음식의 양으로 짐작할 수 있다. 이에 비해 일반 백성들은 나무껍질을 벗겨 먹는 등 가난한 생활을 하였으나 귀족층의 음식문화는 식생활 및 식재료를 다양화하고 발전시킬 수 있는 조건이 되기도 하였다.

식기로 이용된 토기에는 바리 · 사발 · 쟁반 · 굽다리그릇 · 잔 · 목 긴 항아리 등이 있는데 백제, 신라 및 가야에서는 출토된 실용식기가 비교적 많았으나 고구려에서는 출토유물이 적었기 때문에 그 모습을 자세히 알 수 없다. 고구려 식기는 무용총 주실 북벽의 벽화에서 볼 수 있듯이 세 개의 짧은 굽이 달린 큰 대접 위에 과일이 높이 쌓여 있고, 바리 모양의 뚜껑이 있는 그릇, 짧은 굽이 달린 사발, 뚝배기 모양의 그릇, 보시기, 종지와 같은 그릇들이 있었다. 식생활의 분화는 식기에도 반영되어 귀족들은 금속기·유리기·칠기 등 당시 고급재료로 만든 것을 사용하였다.

부엌 세간 중에서 중요했던 것은 시루와 솥인데 시루는 곡물을 쪄내는 도구로 출토 유물들과 벽화에서 그 모습을 볼 수 있다. 정(솥)은 세 개의 발과 두 개의 귀가 달려 있는 특징이 있는데 다리와 귀가 없어진 오늘날의 솥으로 발전하였다. 고구려 고분벽화에 나타난 가마솥은 화덕 위에서 사용한 것으로 보이며 이는 곡물 조리에서 큰 변화를 보여준 것이었다. 식생활의 안정과 분화를 통해 음식의 조리와 가공기술이 발전하였다. 우선 도정에는 방아가 이용되었고 벽화에 디딜방아가 나타나 있다. 쌀가루로 만들어 죽을 쑤거나 쪄서 먹던 것이 발전하여 솥을 사용하여 쌀과 물을 넣고 끓여 익히는 방식으로 발전하였다. 시루를 이용하여 떡을 찌는 기록은 고구려의 유리왕과 신라의 탈해왕이 떡을 물었을 때 생기는 잇자국으로 왕위를 정하는 이야기에서 등장했다. 떡의 주재료는 잡곡에서 쌀로 바뀌었으나 쌀과 잡곡의 혼합물이 많았다.

삼국에서는 각종 음식이 만들어져 부식으로 이용되었는데 가장 기본적인 상비식품은 장이었다. 장의 주재료인 콩은 삼국시대부터 재배된 것으로 알려져 있으며 널리 이용된 곡물이었다. 뚜껑이 있는 항아리 모양의 호형 토기는 장과의 관계로 이해할 수 있다. 삼국사기에 기록된 신문왕이 왕비가 될 집안으로 보낸 예물에서 삼국시대부터 사용되었다고 보여진 장, 메주 등이 있었다. 소금은 조리할 때 없어서는 안 되는 조미료였으며, 꿀과 기름도 조미료로 사용되었다.

육류와 생선의 가공식품으로는 신문왕의 예물에서 포와 해를 볼 수 있다. 포는 고기를 통째로 말리는 방식에서 발달한 음식이고, 해는 소금에 절여서 만든 음식이다. 따라서 육류와 생선의 가공과 저장에 말리거나 절이는 방법이 주로 이용되었음을 알 수 있다. 이 외에도 장의 가공과 양조와 같은 발효에 의한 가공법도 발달하였고 음식물의 저장에는 얼음이 이용되기도 하였다. 지증왕대에 처음으로 얼음을 저장하게 하였고 여름에는 얼음 위에 음식물을 두었다는 기록도 있다.

술은 곡물을 발효시켜 만들었으며 이는 음식 가공기술의 발달과 밀접한 관련이 있다. 술은 주로 제사에 쓰였으며, 신라에서는 혼례 때 술과 음식을 내었는데 빈부에 따른 차이가 있었다. 또한 삼국의 각종 행사와 모임에서 중요한 역할을 하였고 토기로 만든 술잔과 벽화에 그려진 술잔을 통해 발달된 술문화의 모습을 짐작할 수 있다.

이 시대에는 계절음식이 등장하였다. 신라에서는 정월 초하루에 하례식과 연회를 열었고 일월신에게 제사를 하였으며 정월 보름에 찰밥을 지어서 까마귀에 제사를 하였다. 유리왕대에는 칠월 보름부터 길쌈을 하여 팔월 보름에 승부를 정하고 진 편이 이긴 편에게 술과 음식을 내었다고 하여 그 시절 계절음식의 발달을 알 수 있다.

삼국시대에 형성된 식문화는 계층 간의 차이는 있었으나 그 특징들을 유지하면서 우리 민족의 식문화 발달에 기여하였다.

(3) 고려(918~1392: 474년)

고려시대에 이르러 주 · 부식의 식사 유형이 온전히 정립되었다. 농사를 장려하는 권농정책으로 농기구를 개량하고 발달시켜 식량 비축에 기여하였으며, 그 결과 양곡 수확량이 크게 늘었다. 불교의 영향으로 사찰음식이 발달하였고, 다례와 음차 습관 및 다기(茶器)가 발달했다.

고려 초기에는 육식의 문화가 쇠퇴하였으나 몽골의 지배와 무관 세력의 강세, 도살법의 발달로 육식이 성행하여 돼지고기, 닭고기 등을 먹게 되었다. 원나라의 영향으로 고기를 물에 넣어 끓이는 곰탕이나 편육, 순대 등이 등장하고 설탕, 후추, 포도주가 원을 통해 전래되었다. 이 시기에는 쌀 외에도 보리와 피를 많이 재배하였으며 잡곡밥, 약밥, 팥죽 등을 먹게 되었다.

후기에는 몽골의 지배력이 커지면서 밀가루 음식도 성행하여 찐빵이 등장하였고 국수, 만두, 유과, 다식 등 밀로 만드는 음식이 다양해지고 간장, 된장, 김치, 술 등의 발효식품이 유행하였다. 두부, 김치, 술, 차, 유밀과, 다식 등과 같은 다양한 조리법의 음식들이 등장하였고, 식품 원재료와 조미료가 다양해지기 시작하였으며, 장아찌 등 소금과 식초 등을 이용한 저장기술도 생겨나게 되었다. 원나라와의 교류가 활발하였으며, 개성에 주점과 객관이 생겨났다. 술문화가 발달해 구리 술잔을 사용했고, 안주로 어채를 즐겼으며 우리 음식의 조리법이 완성되었다.

(4) 조선(1392~1910: 518년)

한식의 정비기라 할 수 있는 조선시대는 유교를 국교로 삼아 숭유억불정책을 폈다. 효(孝)사상이 강조되었고 상례, 제례, 혼례의 규범이 되었던 주자가례(朱子家禮)가 있었다. 조선시대에는 고도의 농업정책으로 귀족 소유의 땅을 정리하는 토지정비정책과 수리사업으로 곡식과 채소의 생산이 늘어났고 구황작물(옥수수)도 재배하였다. 음식문화에도 유교사상이 들어오게 되어 화채와 한약재를 달이는 탕차류와 주류가 발달하여 차 대신 화채, 수정과, 식혜, 오미자차 등의 음료가 성행하였다.

음식은 궁중 음식, 반가 음식, 상민 음식 등이 발달했다. 반가에서는 식생활 문화가 발달함으로써 음식을 만드는 조리서와 상차림의 구성법이 정착하였다. 조선 중기 이후 식생활이 변화해 숟가락을 사용하게 되었고, 상차림은 주식과 부식을 분리하였다. 신분이나 형편에 따라 3첩에서 12첩 반상을 차렸으며 목적

그림 3-1
조선시대의 식사모습
출처: namu.wiki

에 따라 상차림이 달라졌다. 조선시대에 비로소 한국인의 식생활 전통이 정비되어 음식문화가 더욱 발전하게 되었다.

(5) 개화기

조선시대 이후 일본과 남방으로부터 고추, 감자, 호박, 땅콩, 고구마, 옥수수 등의 이국 농산물이 들어왔다. 고추는 17세기쯤에 정착되어 채소, 젓갈과 함께 버무려서 김치를 만들었다. 새로운 어류가 늘어났으며 건조법과 염장법이 발달하였다. 고려시대로부터의 조리법을 이어받아 고유하게 다듬었으며 식문화의 틀을 바로 잡게 되었다.

2) 중국 음식의 역사

중국에서는 하나의 국가가 세워지고 왕조가 탄생할 때마다 새로운 식문화가 형성되었다. 춘추시대부터 치국의 주요 덕목으로 "왕은 백성을 으뜸으로 여기고 백성은 음식을 으뜸으로 여긴다. 능히 으뜸의 으뜸을 아는 자만이 왕이 될 수 있다"며 '백성은 먹는 것을 하늘로 삼는다'라는 '민이식위천(民以食爲天)'을 삼기도 하였다. 시대별 식문화의 공통점은 의식동원(医食同源)을 근본으로 하는 요리를 발달시켰다는 것이다. 불로장생을 꿈꾸던 진시황제로부터 한방식이 시작되기도 하였다. 문명 발생 초부터 조리기술이 발달한 중국은 신석기 때부터 과실주를 만들었던 흔적이 남아 술을 만들 수 있었고, 식초나 간장을 만드는 양조 기술도 일찌감치 확보하였다. 누룩은 3,000여 년 전에 발명되어 나침반·종이·화약·인쇄술과 함께 '중국의 5대 발명'에 포함된다.

청동기 상(商) 왕조시대에는 음식을 담기 위한 식기류가 발달하여 오늘날 제기의 기본틀을 마련하기도 하였다. 중국 음식을 설명할 때 '네 발 가진 것으로 안 먹는 것은 책상뿐'이라는 말이 있는가 하면 '이 세상에 먹을 수 없는 것은 하늘에는 비행기, 땅에는 기차, 물에는 잠수함만이 있다'는 말이 있다. 이는 예로부터 중국인들은 흉년에 굶어 죽는 것을 면하기 위하여, 혹은 절대 왕조의 임금이나 지방의 토착 지배세력의 입맛에 맞추기 위해 일단 눈에 보이는 모든 것들을 먹을거리 목록에 올려놓고 조리법을 개발했기 때문이다. 요리기술이 고대에서부터 확립되었던 중국은 왕실이나 귀족요리와 함께 구전되어 내려온 서민요리가 어우러져 더욱 발전하였다. 서태후가 나들이할 때 요리사를 100명이나 대동하였으며 음식을 수백 가지나 만들었다는 기록도 있다. 실제로 중국 왕실의 주방장은 그 지위가 매우 높았다. 재상(宰相)의 '재' 자는 집안을 뜻하는 갓머리 밑에 요리용 칼을 뜻하는 신(辛) 자가 어우러져 만들어진 글자이기도 하다. 시대별 중국의 음식문화의 특징은 다음과 같이 요약할 수 있다.

(1) 주(周, B.C. 1046~B.C. 256)

철의 발견과 사용으로 식생활이 발달하였던 주나라의 조리법과 음식과 관련된 예법은 오늘날 중국 식생활의 정통이 되었다. 음식과 약재(藥材)를 구별하여 약물 치료, 피부 치료 및 동물 치료에 이용하였다.

(2) 한(漢, B.C 202~A.D. 220)

서역과 교류가 활발했던 한나라시대는 향신료가 수입되면서 음식문화가 한층 풍요로워졌다. 식습관의 변화는 경제와 밀접한 관계가 있다. 한나라는 소비 활성화로 경기를 부양시키고자 연회가 성행하여 무분별한 음주가 사회문제로 지적되었으며, "3명 이상 이유 없이 한자리에 모여 술을 마시면 4냥의 벌금을 내야 한다"는 법이 선포되기도 하였다. 술, 식초, 장, 누룩의 제법이 발달하였으며 떡, 만두와 같이 곡류를 가루로 내서 음식을 만드는 조리법이 나타났고 금, 은, 칠그릇을 만들어 식기로 사용했다. 식의(食醫)의 전문기술이 한 왕조 이후에 도가(道家), 궁정의 식선 요리인, 의학자(한의사) 등 여러 사람에게 계승되었다. 영양학, 약리학을 기초로 하여 색, 향, 맛을 갖춘 요리 형태로 일상생활에 밀착한 의식동원(医食同源)으로 발전하였다. 한나라 이후 난세였던 위진 남북조시대에는 음식의 맛 외에도 모양이나 차림을 중시하는 독특한 풍조가 생겨났고, 오늘날의 미식가인 '지미자(智味子)'가 생기기도 하였다.

(3) 수(隋, 581~619), 당(唐, 618~907), 원(元, 1271~1368)

정세가 안정된 수 · 당시대에 이르자 음식을 통해 건강을 돌보는 '양생법'이 대두하였고 양자강과 황하를 잇는 대운하와 역의 건설로 국내 교통이 발달하여 강남의 좋은 쌀이 북경까지 이동하였다. 육상과 해상교통의 발달로 주변 세계와의 교역도 적극적으로 이루어져 페르시아로부터 사탕수수가 수입되었다. 식사는 1일 2식이었고 조리는 원칙적으로 남자가 담당하였다. 당나라의 문인들 덕분에 명주(名酒)가 많아지기도 하였다. 이후 남송시대에는 술집과 찻집들이 생겨나 사대부들이 친구들과 모여 차맛을 즐기고 평가하는 것을 즐기기도 하였다. 원나라시대에는 중국요리가 서방세계로 전달되기 시작하였다. 원은 몽골 사람들이 유목민이었으므로 고기 요리, 유제품 음식을 많이 먹었다.

(4) 명(明, 1368~1644), 청(淸, 1636~1912)

명 · 청시대로 접어들면서 음식 풍속이 백성 주도에서 황실 중심으로 다시 바뀌게 되었다. 명나라시대에는 도로와 운하의 건설이 계획대로 진행되어 각지의 요리재료, 향신료, 과일류가 모여들었고, 건조식품을 잘 불리는 방법이 개발되었다. 농업기술이 발달하기 시작하였고 옥수수, 고구마가 수입되었다.

청나라시대에는 중국요리의 집대성기로 궁중요리가 시작되었다. 가장 화려했던 황제의 밥상에는 '반육(살코기) 22근, 탕육(탕에 쓰는 고기) 5근, 양 2마리, 닭 5마리, 오리 3마리, 배추 · 시금치 · 향채 · 미나리 · 부추 총 19근…' 등 지나치게 많은 양의 재료들이 매일 제공되었다. 중국요리의 진수라 불리는 만한전

그림 3-2
청나라시대 만한전석의
재현 상차림

처음 만나는 식문화와 푸드 코디네이션

석은 청나라시대의 화려함과 호화로움의 극치를 이루는데 상어지느러미, 곰발바닥, 낙타, 원숭이골 등 중국 각지의 희귀재료들을 이용하여 100여 종 이상의 요리를 준비하여 사흘에 걸쳐 먹는 것으로, 이 요리법을 완벽하게 만들 수 있는 사람은 드물었다고 한다.

3) 일본 음식의 역사

일본의 식생활은 3년경 중국에서 백제를 거친 후 일본으로 전래된 불교와 함께 발달하였다. 일본 음식은 향신료의 사용을 적게 하고 재료 본연의 맛을 최대한 살려 담백한 맛과 시각적인 아름다움을 제공하는 특징이 있다. 일본 음식의 시각적인 매력은 다양한 식재료와 풍부한 계절 감각을 바탕으로 한 식기와 공간미에 있다. 일본 식기는 재질과 형태가 다양하여 음식 연출을 할 때 담기는 음식의 용도에 따라 선택의 폭이 넓은 장점이 있다. 음식을 식기에 담을 때도 공간의 미를 충분히 고려하고 색과 모양을 보기 좋게 담는다. 시대별 일본 음식의 특징은 다음과 같이 요약할 수 있다.

(1) 조몬(승문)토기시대(B.C. 13,000~B.C. 300)
우리나라에서 건너간 청동기인들에 의해 청동기 문화가 전래되었다. 조개무지 속의 유물을 통하여 오늘날과 비슷한 짐승, 새, 물고기들을 식용하였던 것을 짐작할 수 있다. 토기와 불을 사용할 줄 알았지만 주로 자연식으로 생식이 많았고, 먹잇감을 햇빛에 말리는 경우가 많았다.

(2) 야요이(미생)시대(B.C. 300~A.D. 300), 고분시대(300~600)
주식과 부식이 분리되기 시작했고 수답이 행해졌으며 목기와 금속기가 전해졌다. 벼농사가 시작되었던 시대로, 벼는 대개 현미의 형태로 먹었고 이를 죽으로 만들어 먹었다. 생식보다 불을 사용해서 조리하는 국이 많아졌고 술이나 엿도 만들어 먹었다. 고분시대는 우리나라 삼국시대에 해당된다. 4세기 초에 우리나

라의 철기문화가 전래되었으며 신라 및 가야 토기와 같은 질의 수에키(須恵器)
가 나타났다.

(3) 아스카(비조)시대(592~710)

고분시대 후반은 아스카시대이다. 무령왕이 오경박사 단양이와 고안무를 파견
하였고 성왕이 552년 노리사치계를 보내 처음으로 불경과 금동석가여래상을 전
래하여 일본 아스카 문화의 근본이 되었다. 700년경에 이르러 궁중 의식과 신
(神)에 대한 의식 등이 필요하게 되어 일본 음식의 규범이 처음 정하여졌다.

(4) 나라시대(710~794)

백제와 당나라에서 기초 식재료와 식사 형식 및 불교사상이 유입되었다. 불교
의 영향으로 육식은 하지 않았으며 눈으로 먹는 음식이라 할 수 있도록 식품의
색과 형태의 조화를 중요시하였다. 음식을 알맞은 그릇에 담아내는 방법에서도
자연의 순리에 따르는 산수법칙에 의하여 입체적인 높낮이 표현을 중요하게 생
각하였다. 당풍(唐風) 문화가 유행하면서 귀족은 칠기, 청동기, 유리그릇 등을
사용했다. 술이 발달하였으며 용도에 따라 제법이 달랐다. 보존을 위한 가공식
품의 대부분은 건조하거나 소금절이한 것이며 우유제품도 이때 나타났다. 중국
의 과자는 일본에도 유입되어 당과자가 되었고 콩떡, 팥떡도 있었다.

(5) 헤이안(평안)시대(794~1185)

헤이안시대는 794년 교토(京都)를 수도로 정하고 가마꾸라 막부(鎌倉幕府)가 성
립되기까지의 약 400년간 후지와라(藤原) 씨를 중심으로 한 궁정 귀족의 시대이
다. 이 시기에는 승려의 세력이 커지면서 정횡 정치가 시작되어 사회는 부패가
심했고 이들을 제압하려 커진 정치세력이 무사계급으로 귀족들을 대신해 무사
의 정치가 시작되었다. 이런 상황은 다음 시대로 이어져 무사계급시대가 무대
가 된 대망 소설로 이어지기도 하였다. 식문화적으로 보면 신라, 당나라와의 교
류가 왕성하여 다양한 조리법이 발달하였으며 일본 식생활의 형성기라고 할 수

있다. 단백질 식재료는 물고기류가 상용되었다. 『일본서기』에는 할선이라 하여 신선한 어패류를 생식하는 방법이 적혀 있으며 이것이 최고의 조리법으로 평가되고 있다.

요리는 겉모양에 치우치고 세시풍속 음식이나 식사의례도 규정되고 금기식의 사상도 생겨났다. 귀족층은 조석의 하루 두 끼 식사와 간식으로 과자를 먹었으나 서민들은 밥을 간식으로도 먹어서 하루 3~4식이 되기도 하였다. 이미 700년경에 정해졌던 일본 음식 규범은 헤이안시대인 927년경(우리나라 고려 건국 후)에 재정비하여 여러 가지 의식을 행하는 방법과 음식을 만드는 방법, 신에게 공물을 바치는 방법 등이 세밀하게 규정된 연회식의 규범으로 완성되었다. 연회식 규범에는 향응(饗應)의 형식과 연중 다섯 가지 대표 계절 행사인 성인의 날, 여자 어린이의 날, 어린이날, 칠석날, 중앙절 등의 계절요리 방법도 포함되어 있다.

헤이안시대에는 조리기술의 진보와 그것을 담을 수 있는 그릇에도 큰 변화가 있었다. 밥과 반찬을 담는 그릇뿐만 아니라 술잔, 받침대 등에도 고도의 예술성이 가미된 작품들이 등장하였다. 이 당시에는 도구의 계급제도가 생겨나 신분에 따라 그릇의 재질이 달랐으며 귀족은 청동기, 은기, 옻기 등을 사용하였다.

현대에 전해져 오는 요리방법의 시조로서 요리의 신으로 일컬어지고 있는 고고덴노우 등의 영향으로 요리의 연구는 비약적 발전을 보였으나 살생 금지령 등 식육의 금지로 영양 불균형에 의한 영양실조가 나타나기도 하였다. 귀족 지배의 시기였던 이때는 당나라와의 교류가 왕성하여 조리법에도 영향이 있었으며 향응상(교오우젠, 饗應膳)의 형식이나 연중행사 등 일본 요리의 기초가 정리되기도 하였다.

헤이안시대는 공가(公家) 귀족의 사치로 여겨 왔던 형식적 식사 풍습 등을 지양하는 질실강건(質實剛健)을 첫째로 하는 무가정신(武家精神)의 경향이 다시 대두된 시대이기도 하다. 무사는 항상 심신을 단련하여 전시에 대비해야 했으며, 사냥 등이 부활되어 부식으로 고기도 먹을 수 있도록 식습관이 바뀌게 되었고, 서민 사이에 삼식주의(三食主義)의 관습도 정착되었다. 중국, 조선과의 교류도 활발해지면서 스님들에 의해 일본에 선종이 확산되었으며, 이를 계기로 사찰에서는 정진요리가 생기게 되었다.

(6) 가마쿠라(겸창)시대(1185~1333)

무가(武家)사회로 무사가 중심이 되어 식생활도 간소하고 형식에 얽매이지 않게 되었다. 무사와 도민의 식사는 평상시는 조식과 석식 2회였으나 전쟁터에서는 3식을 하였다. 이것이 일본인의 3식제의 기원이 되었다. 두부가 수입되었고 차는 송에서 들어와 재배하게 되었다. 불교인 선종의 출현으로 정진(精進) 요리가 서민에게 전달되었으며 승려도 1일 3식이 일반적이었다. 정가의 정식요리로서 일본요리의 기본형인 본선(本膳) 요리가 나타났다. 식기는 사원용이나 무가의 특별한 날을 위해 칠기가 사용되었고 일반에서는 목기와 젓가락이 사용되었다. 송에서 도자 기술도 전해져 유약 도기가 만들어졌으며, 특히 후쿠오카의 도자기가 유명하였다.

(7) 무로마치(실정)시대(1336~1573)

무가사회와 귀족사회의 교류가 있게 되면서 화합하였으며 무가의 힘이 강해지자 부족한 문화성을 보완하기 위해 각 지방마다 예술가들을 양성하였다. 무사들에 의한 통치조직인 바쿠후가 가마쿠라에서 교토 무로마치로 옮겨 무가와 공가의 교류가 성행하였다. 이 시대는 다시 우아한 생활을 중요시하는 사회가 되어 요리의 세계에서도 다양한 세력들이 형성되었다. 각 파는 요리 만드는 법, 조리 기술, 자르는 방법 등에 고도의 기술을 개발하는 등 경쟁이 심화되어 일본의 요리 기술과 조리법이 크게 진보하는 시대를 열게 되었다.

공가사회와 무가사회의 예법이 생겨나 축의의 의식이 더욱더 엄격해지고 식의선(膳)이 정해졌으며 식사의 예법에 따른 본선요리의 향응 형식이 생긴 것도 이때 쯤이다. 요리에서는 서서히 형식적인 양상을 보이게 되었으며 의식요리를 통해 조리법이 확립되고, 1500년경 천리휴(天利休; 오차나 오차를 만들 때 사용하는 도구를 만드는 사람)들에 의해서 다도가 자리 잡으면서 차도가(茶道家)에 따라 다도와 차를 내놓기 전에 먹는 간단한 음식인 차회석(懷石) 요리가 등장했다. 무가의 정식 다도는 문 밖에서 손을 씻고, 무기를 내려놓고, 무릎을 꿇은 후 좁은 문으로 들어가도록 하였다. 이후 외국과의 교류 및 무역이 성행하여 남만요리 등도 건너와서 일본인의 식생활은 점차 육식이 도입되기 시작하였다.

(8) 아즈치-모모야마(도산)시대(1573~1603)

남방무역의 영향으로 포르투갈과 스페인에서의 수입품으로 이들의 요리와 과자, 음료수가 들어왔다. 남반요리는 서양요리와 접목된 일본 요리를 의미하며, 서양의 요리가 일본에 전해지면서 파와 쇠고기, 닭고기, 생선들을 섞어서 조린 요리가 탄생하였다. 탁복(싯포쿠) 요리가 나가사키와 오사카에 알려지고 선종의 사원에는 후차 요리가 나타났다. 식기는 다도의 발달과 함께 각지에서 도자기를 만드는 가마가 열려 철유 도기가 생산되었다. 도민에게는 다도의 생활화된 발달과 함께 가이세키(懷石) 요리가 번창하였다.

(9) 에도시대(1603~1867)

사회적 안정을 배경으로 한 일본 요리의 전성기 시대로 식문화 집대성의 시기이다. 1639년 에도도쿠가와시대에 쇄국령이 떨어져 다시 생선과 채소를 위주로 하는 식생활로 되돌아 가기도 하였다. 이때는 완전한 무가정치의 시대였으나 중산층의 활약이 두드러져 상인들의 부유함이 위력을 발휘하였으며, 사치스런 요리와 호화스러운 그릇을 쓰는 주연 요리가 유행하였다. 이에 따라 많은 고급 요리점과 다과를 즐길 수 있는 차실이 생겨 요리문화의 발전이 지속되었다.

엄격한 예의 범절의 얽매임 속에서도 오랜 역사를 가지고 있는 본선(혼젠) 요리와 차회석(차가이세키) 요리는 어지럽게 변화하는 사회에 계속 상호 작용하였으며 주연을 중심으로 한 가이세키(회석, 會席) 요리가 생겨났다. 1800년경은 본선 요리, 정진 요리, 회석 요리, 중국 요리, 남반 요리 등이 상호 융합하는 시대로서 일본의 톡특한 요리문화가 완성된 시기이기도 하다. 식기로 자기가 만들어졌으며 가정에서의 식사는 1인용 식탁인 명명선(銘銘膳)을 사용하고 밥을 공기에 담게 되었다. 이때 가이세키(會席) 요리는 현재 일본 요리의 연회나 회식의 형식으로 이어져 왔다.

(10) 메이지(명치)시대(1868~1912), 대정시대(1912~1926) 및 이후

근대화 시기로서 메이지 5년 육식이 허용되고 서양 요리도 점차 증가한 시기로 일본의 식생활이 서구화된 때이다. 대정시대에는 1912~1926년 사이로 우유, 유제품 등과 더불어 커피가 널리 식용되고, 1926년 쇼와시대 이후 현재까지는 일본의 소득이 3만 달러가 넘는 시대이다.

2차 세계대전 후 미국의 밀가루 보급 정책으로 빵이 대중화되었고 에스닉 스타일 붐과 함께 서양음식을 모방한 스끼야끼와 샤브샤브가 등장하였다. 경제 발전과 함께 유기농 채소와 건강음식들이 인기가 생기며 이와 같은 경향이 세계화되면서 일본 음식이 서양인의 관심을 받게 되었다. 또한 식생활에 대한 지식을 폭넓게 공부하는 푸드 코디네이터 배출의 시대가 되었으며 이후 쇼와시대에 우리나라는 일제 치하에서 해방을 맞이하게 된다.

일본에서는 여인들이 글을 잘 쓰는 '서도', 꽃꽂이의 '화도', 아로마 향주머니의 '향도'를 잘 다루는 것을 미덕으로 알고 있다. 현재는 무국적 요리에서 다국적 요리로, 더 나아가 창작 요리로 일본 요리가 발전하고 있으며 푸드 코디네이션 자격증을 취득할 수 있는 국가고시 자격증 제도가 운영되고 있다.

2. 식문화와 서양 푸드 코디네이션의 역사

일상생활 속에서 코디네이션이란, 코디 대상이 되는 제품 그대로를 돋보이게 하고 조화롭게 꾸미는 것을 의미한다. 외식 문화의 증가와 함께, 푸드 코디네이선 관련 직업은 외식산업에 큰 영향을 미치고 있다. 푸드 코디네이션을 담당하는 푸드 코디네이터의 역할은 단순히 음식을 예쁘게 꾸며서 사람들의 눈을 즐겁게 해주는 단계를 벗어나 식품이나 상품의 기획 및 개발, 소비자들의 구매 욕구 분석 및 컨설팅까지 담당하는 기능을 수행하고 있다. 푸드 코디네이터는 외식시장에서 유행하는 식품을 먼저 인식한 뒤 사전 메뉴 개발에 선도적인 위치를 차지하여 외식과 관련된 회사의 매출과 이익에 좋은 영향을 주어야 하기 때문에 활동해야 하는 범위와 학습해야 하는 과목이 매우 많다. 조리, 색채, 디자인, 조명, 인테리어, 외식 컨설팅 등을 기본으로 하고 더불어 꽃꽂이, 공예, 홈패션 등을 학습한다. 또한 우리나라 음식의 역사와 변화 과정, 해외 여러 나라들의 음식문화까지 널리 알고 경험해야 한다. 가깝게는 일본에서부터 멀게는 유럽과 아메리카까지 외식분야에서 각광을 받고 있는 외식산업의 종합적인 전문 직종이라고 할 수 있다.

푸드 코디네이션이 우리의 가정까지 그 영역을 넓히기 위해서는 많은 시간이 소요될 것으로 보인다. 다만, 코로나 팬데믹 이후 다시 조금씩 유행되고 있는 파티문화가 가정까지 확대되면서부터 그 중요성이 서서히 인식되고 있다. 이미 외국에서는 파티문화가 발달된 만큼 푸드 코디네이션과 이를 직업으로 하는 푸드 코디네이터가 안정화되어 있다.

푸드 코디네이션은 외국에서부터 들여온 외식문화의 한 부분이다. 각 국가의 모든 문화와 마찬가지로 한 국가의 상징인 음식 문화 역시 국가 간의 활발한 문화적 교류에 의해 서서히 변화한다. 농산물 수입과 외식 음식점의 증가로 국가마다 식생활의 세계화가 급속도로 진행되고 있다. 음식 세계화의 흐름 속에서 동양과 서양의 퓨전(fusion) 음식화 경향을 완전히 막을 수는 없으나 동서양 문화의 본래 모습은 지키면서 조화를 이룰 수 있는 지혜가 필요하다. 우리도 우리나라의 문화에 맞게 모방이 아닌 독창적인 푸드 코디네이션 분야가 경쟁력 있는 시장으로 형성되어야 할 것이다. 가장 한국적인 것이 세계적인 것인 만큼 수출되는 한식이나 국내를 방문하는 외국인 관광객을 위해서라도 아름다운 우리나라의 상차림을 표준화한 한국적 푸드 코디네이션을 선보일 필요가 있다.

표 3-2 동양과 서양의 문화 비교

동양	서양
'정신적 미' 중심	'시각적 질서' 중심
주관적	객관적(정확한 비례, 척도)
상대적	절대적
상징적	실제적
철학적	종교적
내면의 세계	실제적 표현
종합적	분석적
심미적	윤리적
모호함	명료함

음식은 먹기에 앞서 사람의 기본적인 다섯 가지 감각인 시각, 청각, 후각, 미각 및 촉각을 자극하여 만족을 줄 수 있어야 한다. 앞으로 우리의 푸드 코디네이션은 일상생활에서 쉽게 적용할 수 있는 아름다운 식탁의 연출법과 함께 전통 한국식 푸드 코디네이션을 알려주는 외식 부문의 전도사여야 한다.

오늘날과 같이 음식 재료, 각종 양념, 조리법, 식기류, 상차림 등에서 동·서양의 퓨전이 이루어지는 때에 서양에서 시대별로 소비했던 음식물의 종류와 먹는 습관을 음식문화적으로 살펴보면서 우리 식문화의 위치와 앞으로의 변화를 예측해볼 필요가 있다. 동양과 서양의 문화적 특징은 **표 3-2** 와 같이 정리될 수 있다.

1) 고대와 중세

고대 이집트 시대에는 의자가 낮고 의자 다리가 동물 모양이기도 하였다. 식탁의 다리는 일반적으로 4개가 아니라 다양하게 3개, 2개 혹은 1개가 있을 때도 있었다. 또한 마시는 음식을 먹기 위해 컵과 같은 그릇을 사용하였다.

고대 그리스 로마시대에는 향연이나 연회 심포지엄이 많았다. 아테네 학당이라는 곳에 모여 철학이나 정치를 토론하였는데 남자만 참석할 수 있었다. 이때 클리네(kline)라는 식사용 긴 의자에 누워서 식사를 했고 식사는 2단계로 하였다. 현대의 심포지엄에서도 가볍게 만찬을 열어 토론하기도 하는데 이 방법은 가벼운 분위기를 만드는 장점이 있다. 고대 그리스의 사람들은 길게 늘어진 옷을 입었는데 그것을 마파라고 하였고 냅킨의 역할을 하였다.

고대 로마시대부터는 심포지엄에 여성들도 참석하면서 그리스보다 더 세련된 형태의 테이블을 사용했다. 가족들과 함께 식사할 때에는 세나티오(cenatio)라는 작은 방을 사용하였고, 부유한 가정에서는 트리클리니움(triclinium)이라는 긴 의자를 이용하여 3단계의 식사를 할 때 은제 스푼이나 고급 유리를 사용하였다. 한쪽 팔꿈치를 짚고 비스듬히 누워 식사하는데, 식탁은 세 방향으로만 배치하고 한쪽은 시중을 받기 위해 비워두었다. 보통 하나의 식사용 침대에 세 명이 기대 누웠는데, 디귿자(ㄷ)로 아홉 명을 1세트로 보면 되었다. 레오나르도 다빈치(Leonardo da Vinci)의 〈최후의 만찬〉에서 벽을 등지고 앞을 보면서 식사하는 모습은 이 시대 사회환경이 사람을 쉽게 죽일 수 있었기 때문에 마주보며 식사 시 받을 수 있는 공격을 대비한 것이다. 옆으로 앉으면 공격 시에 팔이 닿아 주위에서 쉽게 알아 챌 수 있기 때문이다.

폼페이 유적을 보면 빵 전용 오븐으로 빵을 구웠다는 것을 알 수 있다. 그 시대는 매우 딱딱한 빵이었는데 식기 대용으로 뜨랑슈아(tranchoir)라고 하기도

그림 3-3
레오나르도 다빈치의
〈최후의 만찬〉(1498년)

했다. 빵 위에 촉촉한 음식을 올려 둔 뒤 빵이 수분을 흡수해 부드러워지면 그 음식을 같이 먹었다. 먹고 남은 빵은 노예들이나 짐승의 차지가 되었다. 고대 로마시대부터 유리로 만든 와인글라스를 사용하였고, 저녁식사는 '케나(cena)'라고 하였다.

중세시대는 신 중심의 사회였으며 상류층들이 저녁 식탁의 외형에 관심이 있었기 때문에 성대한 향연을 펼쳤고 연회 중심의 테이블 세팅이 발달하였다. 긴 식탁보를 사용하였고 식탁보의 수는 권력의 상징이 되기도 하였다. 그러나 보급된 그릇 수는 적어 3~4인분씩 나누어 식사를 하였다. 향연이 성대해지면서 코스 사이에 여흥이 생기고 식사시간은 길어졌으며 궁중예절과 식사예절, 식사 시의 상석 등이 등장하였다. 음식에 관심이 많아지고 먹는 것뿐 아니라 중세 자체가 화려한 것을 좋아하여 식탁의 장식과 식탁 위의 모든 장식물에 대한 관심이 높았다. 왕족만이 사용하는 '네프(nef)'라는 소금·후추통이 생겼는데 이 네프는 너무 귀한 것이었기 때문에 자물쇠를 채우고 네프만을 관리하는 하녀도 따로 두었다.

커틀러리 중에서 포크는 신 중심의 사회에서 금기되었기 때문에 그것을 사용하지 않았고 금은 식기류를 보관해두는 수납용 찬장인 '뷔페(buffet)'가 생겼다. 유리로 된 스테인드 글라스(staind glass)를 사용하면서 물과 와인을 놓는 보조식탁도 있었다. 식사할 때 공연을 함께 즐겼으며 나이프는 각자 지참하는 것이 특징이다. 이때부터 꽃 등으로 센터피스 장식을 하였다.

2) 르네상스시대(Renaissance, 16세기)

신 중심에서 인간 중심으로 바뀌는 휴머니즘을 표방하는 인문주의가 탄생한 르네상스시대에는 훌륭한 미각과 건강한 식단이라는 방향으로 고전시대 요리 천재들의 음식 관련 책을 만들고 보존하는 작업을 하였다. 르네상스 음식은 그 시대 조각이나 예술작품만큼 세련되었다. 상류계층은 신선한 식품을 건조시키거나 소금에 절인 식품보다 자신들의 사회적 지위에 맞는 바람직한 음식이라 생각하였다. 도시가 급성장하면서 요리하는 직업도 전문화되어 조합이 생겼으며,

조합원으로 가입하기 위해 오랜 도제 생활도 필요하였다. 다만 조합원이 되면 소속 조합이 고용을 보장하였다.

단 음식인 디저트의 개념은 르네상스시대에 나타나지 않았다. 르네상스 음식의 대표적 특징 중 하나인 수프는 닭 육수에 설탕과 허브류를 첨가하여 정성껏 오래 푹 끓여 그 맛이 풍부하고 달며 허브, 아로마가 듬뿍 담겨 있었는데, 이 수프를 가장 사치스러운 음식 중의 하나로 즐겼다. 르네상스 음식의 주요 특징 중에 소고기 등심으로 만든 로스트가 있다. 당시 소등심 로스트는 먼저 힘줄이 강한 고기를 물에 끓여 낸 후 오븐에 구웠다. 한 번 삶은 등심은 오렌지주스와 장미향이 나는 물을 발라 향신료를 뿌리고, 마지막으로 등심을 덮을 정도로 설탕을 뿌린 뒤 오븐에서 구워낸다. 현대에는 독일의 학센이 물에 한 번 삶은 후 조리를 할 뿐 일반적으로 로스트는 물에 삶지 않고 양념하여 오븐에 굽는 방법인 것과 비교하면 르네상스 로스트 방법은 현대의 방법과 차이가 있다. 로스트를 먹은 후 샐러드를 먹는 관습은 이미 15세기에 확립되었다. 현재와는 달리 식탁에 동물의 내장, 간, 뇌와 같은 여러 가지 식재료들이 조리되어 제공되었고, 샐러드와 함께 생선과 달걀 요리가 제공되기도 하였다.

그림 3-4
이탈리아의 주방을 볼 수 있는 디 비벤디(di Vivendi)의 목판화(1549년)

이 시기에 프랑스 앙리 2세(Henri Ⅱ)의 왕비가 된 카트린느 드 메디치 (Catherine de Médicis) 공주는 이탈리아 피렌체의 명문, 메디치 가문의 아버지와 프랑스 공주 사이에서 태어나 메디치가의 거대한 재산과 프랑스 지역의 거대한 토지를 물려받은 유일한 상속자였다. 카트린느는 앙리 2세와의 결혼을 통하여 이탈리아 식문화를 프랑스에 전하였다. 카트린느는 1547~1559년까지는 프랑스 여왕으로, 1559~1589년까지는 왕의 어머니로 살면서 40년 이상 프랑스 정치와 음식에 큰 영향을 주었다. 카트린느는 결혼 당시에 트러플이라고 하는 송로버섯과 아티초크, 브로콜리 같은 채소류와 케이크, 마카롱, 커스터드 등의 제품과 디저트류, 아름다운 도기를 가지고 자신의 전문 요리사, 파티셰와 함께 프랑스 궁정에 도착하였다. 당시 포크도 사용하지 않았던 프랑스 궁전에 올바른 식사 예절과 적절한 향수를 도입하였고, 이탈리아 문물과 정교한 테이블 매너를 본격적으로 전하여 이후 프랑스가 부르봉(Bourbon) 왕조시대에 유럽 궁정 문화를 주도할 때 프랑스식 궁정문화의 기초를 확립하였다.

포크는 10세기부터 아랍문화권의 귀족들이 사용하였으나, 포크의 뾰족함은 유럽인들에게 신성모독적이라 여겨 금지되어 있었다. 포크의 역사는 고대 로마 시대부터 유래하였으나 요리기구로 사용될 뿐 유럽의 식탁에서 사용하지는 않았다. 고기를 썰어 손으로 먹고, 빵도 손으로 집어 먹는 유럽인들이 식사할 때

그림 3-5
카트린느 드 메디치 공주와 앙리 2세의 결혼식

처음 만나는 식문화와 푸드 코디네이션

사용하는 도구는 칼과 스푼이었고, 포크는 16세기 궁정에서도 매우 귀한 도구였다. 귀족들은 은에 구리를 첨가한 소재로 만든 백랍이나 은식기를 사용하였으나 일반 서민들에게 은포크는 사치품이었고 주철로 된 칼과 나무스푼을 사용하였다. 일부 군주들은 자신들의 지위를 상징하고자 금으로 된 식기를 사용하기도 하였다. 포크에 관한 최초의 기록은 14세기 이탈리아에서 등장하였으나 17세기에 와서야 엘리트 계층의 식탁에서 일반적 식기가 되었다. 17세기 후반까지도 영국인들과 유럽 내 최고 상류 사회였던 베르사유 궁전에서는 손가락을 식사도구로 사용하였다.

카트린느에 의해 식탁용 포크와 나이프의 식기류가 도입되어 식탁예절도 달라졌다. 식탁에 센터피스로서 꽃을 장식하여 음식과 자연의 향을 어울리게 차려내는 테이블 세팅의 개념이 생겼고 꽃이 없는 겨울철에는 실내에 좋은 향수 냄새가 나게 하였으며, 냅킨과 테이블 클로스도 식사예절과 테이블 세팅에 꼭 필요하였다. 르네상스시대의 새로운 인본주의적 엘리트 계층은 식탁에서의 사교의 중요성과 훌륭한 취향을 강조했으나 궁전 군주들은 변함없이 식탁의 위용과 화려한 볼거리를 중요시하였다. 메디치가의 연회에서는 공작 30마리가 테이블에 등장하기도 하였는데 대항해시대를 거치며 신세계에서 칠면조가 들어오면서 유럽의 식탁에서 공작의 자리를 대체하였다. 르네상스시대에서 식탁은 가장 훌륭한 사교의 장으로 발전하였고 식탁을 어떻게 차리느냐보다는 테이블 매너를 규정하는 것이 매우 중요하였다. 세련된 테이

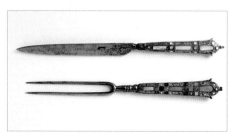

그림 3-6
프랑스산 진주 구슬을 사용한
포크와 나이프
(1500년대 후반)

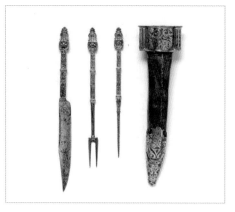

그림 3-7
프랑스 강철 및
철도금 포크
(1550~1600년)

블 매너는 사교와 교양이 있는 엘리트 계층에게 중요한 덕목이었다. 16세기 초 프랑수아 1세(Francois I) 때에는 요리 기술이 더욱 발전하였으며 '앙브와즈 성'에서 시작한 프랑스 르네상스의 세련미가 요리에까지 전해져 예술의 경지에 이르렀다. 현대의 디저트 뷔페와 같은 세팅이 르네상스시대부터 유래되었다.

르네상스 후반인 15~16세기에 걸쳐 현대의 프랑스와 네덜란드, 벨기에 접경지역인 플랑드르 지역에서 활동하였던 플랑드르화파(Flemish primitives) 화가들은 사냥으로 잡은 새, 토끼, 바닷가재를 주방이나 식품 저장실 또는 야외에 놓아둔 장면을 그렸는데, 이 그림의 음식 재료들은 르네상스시대의 의학 기반에 따라 함께 먹으면 건강에 도움이 되는 것들이었다.

르네상스 초기 보카치오의 『데카메론』이라는 소설에는 흑사병을 피해 피렌체를 탈출한 열 명의 남녀가 하루 한 개씩 열 개의 이야기를 이어가는데, 여덟째 날 세 번째 이야기에 '벤고디'가 있다. 데카메론의 벤고디는 파스타에 대해 묘사한 가장 유명한 근대 이전의 이야기로 알려져 있다. 파르메산 치즈의 산과 마카로니 언덕, 닭 육수로 흐르는 강과 그 육수와 같이 흐르는 라비올리, 물 한 방울 섞이지 않은 화이트 와인이 흐르는 샘 이야기를 통해 당시 먹거리에 대한 환상과 세속에서 바라는 절대 굶지 않는 사회에 대한 갈망을 나타내었다.

르네상스 음식문화에서 듀럼밀로 제분한 세몰리나로 만든 면을 파스타라 하는데, 건조 파스타는 장거리 교역 상품으로 생산되어 매우 중요하였다. 시칠리아는 광대한 듀럼밀 경작지가 있고 지중해 한복판에 위치한 제노바와 나폴리는 파스타 교역의 최적의 장소였다. 듀럼밀의 듀럼은 '딱딱하다'는 뜻으로 듀럼밀의 글루텐 단백질 함량이 월등히 높아 듀럼밀 빵은 만들기가 어렵고 시간이 많이 소요된다. 일반 빵용 밀가루는 강수량이 많고 서늘한 곳에서 자라나, 듀럼밀은 강수량이 적고 고온 건조한 지역에서도 잘 자라 아랍문화에서 많이 먹는 쿠스쿠스를 만들기에도 적합했다. 건조파스타는 빵보다 저장성이 크므로 르네상스시대 이후 항해하는 모든 배들이 파스타를 싣고 항해를 나서기로 했으며, 17세기에 압출 프레스식 파스타 제조기계가 나오며 다양한 모양과 질감의 파스타 대량생산의 기초가 되었다.

르네상스 이탈리아시대의 유명한 화가이자 조각가인 채식주의자 레오나르도 다빈치의 르네상스식 식이요법

● 식욕 없이 먹지 말며, 가볍게 식사하리.
● 잘 씹어 먹고, 잘 익혀 먹고, 아주 간소히 먹어라.

● 식탁을 떠나자마자 서있고, 점심을 먹은 뒤에 바로 잠들지 마라.
● 술은 절제할 것이며, 자주 마시되 적게 마시고 식사 외에나 공복에는 절대 마시지 말 것이며, 화장실에 가는 것을 늦추지 마라.

3) 바로크시대(Baroque, 17세기)

바로크는 '찌그러진 진주'라는 뜻으로 바로크 미술이 르네상스 미술의 균형과 조화를 불균형과 혼란으로 이끌었다고 하여 붙여진 이름이며 클래식의 전형적 상징이라 할 수 있다. 프랑스 태양왕 루이 14세(Louis XIV)가 전성기를 맞으면서 공개연회, 화려한 식탁, 엄청난 스케일의 향연, 무용이나 연극 등 모든 연회

그림 3-8
루이 14세

그림 3-9
얀 베르메르(Jan Vermeer)의 〈연인과 물병〉
(1665년)

를 관객 있는 행사로 진행시키며 왕권을 과시하고 정치적 수단으로 이용하였다. 식사 전후 손 씻는 관습을 만들었으며 핑거볼 등도 여전히 이용하였다. 절대 왕권을 완성한 루이 14세 시대에는 예술 분야 외에도 궁중 예절과 음식 문화가 꽃을 피우고 1651년 '바렌(Varenne)'이 체계적으로 기술해 놓은『프랑스 요리(Cuisinier Francais)』책을 편찬하면서 요리의 법칙과 조리법이 발달하였다. 냅킨 접기 예술이 생겼으며 고가의 식기가 등장하고 우아한 분위기를 연출하였으나 공개연회의 반발로 소인원이 서로 마주 보고 식사하는 스타일이 생겨나기도 하였다.

4) 로코코시대(Rococo, 18세기)

로코코시대는 비대칭적, 여성적 화려함과 환상적 곡선 등으로 엘레강스의 전형적 상징이 되는 시기이다. 여성미가 강조된 레이스, 자수, 실크 등 화려하고 고급스러운 장식이 유행하였고 화려한 테이블 클로스와 금은 커틀러리를 사용하였다. 로코코시대에는 여성 헤어스타일과 같은 끄와피르(coiffure) 장식으로 연회테이블을 장식한다는 말이 생겨날 만큼 여성적 식탁 장식이 유행하였다.

**그림 3-10
마담 드 퐁파두르**

루이 15세 왕의 애첩이었던 마담 퐁파두르(Madame de Pompadour, 1721~1764년)의 영향으로 그릇에 여인의 얼굴을 새기는 '세브르 자기'가 만들어지기도 하였다. 세브르 자기 중에서 마담 퐁파두르 얼굴이 가장 대표적으로 많이 그려졌다. 로코코 귀족들은 커피와 차, 초콜릿 등을 애용하면서 레스토랑과 카페문화로 점점 발전하기도 하였다. 우아하고 편안한 분위기의 살롱에서 가벼운 식사 중심의 야식도 유행하였다.

5) 신고전주의, 근대고전주의시대(Neoclassicism, 18세기 말)

나폴레옹 황제 취임이 있던 시대이다. 지나친 장식에 대한 반작용으로 순수하
고 본질적 조형미를 지향하는 신고전주의 양식이 나타났으며, 프랑스 요리의
황금시대였다. 프랑스 혁명으로 왕실에서 쫓겨난 요리사들이 레스토랑을 차리
기 시작하였고 중산층도 다양한 테이블 연출이 가능해지게 되었다. 마리 앙투
안 카렘(Marie-Antoine Careme, 1784~1833)'은 프랑스 요리예술의 시조로 요리에
건축요소를 접목한 천재 요리사이며 파티에서 기술을 익혀 17세에 이미 일급
요리사가 되었고 요리사 모자를 창시하기도 하였다. 러시아식 서비스처럼 따뜻
한 음식은 따뜻하게, 찬 음식은 차게 서빙하였고 '더 가볍고, 혀에 닿는 감촉이
좋고, 위에 부담주지 않는 음식'과 같은 요구에도 부합하도록 음식을 만들었다.
엠파이어 스타일이 유행하였고, 산업혁명으로 대량생산이 가능하였으며, 장식
이 많은 가구와 도자기를 사용하였다.

그림 3-11
나폴레옹 황제

그림 3-12
마리 앙투안 카렘

6) 빅토리아시대(Victoria, 1837~1901)

빅토리아시대는 엔틱의 전형적인 상징으로 분위기는 바로크시대와 비슷하였다. 영국의 빅토리아 여왕은 64년간 재위하며 역사상 최고 전성기를 맞이하였다. 왕자와 공주가 9명이었으며, 이들은 유럽 각곳의 왕족과 혈연을 맺어 대영제국의 왕권을 강화하였다. 빅토리아 양식이 탄생되었을 정도로 장식적 · 신비적 양식과 건축에 힘이 들어가고 호화 찬란하였다. 또한 산업화와 도시화가 진행된 시기이기도 하다.

7) 아르누보시대(Artnouveau, 19세기 말~20세기 초)

바로크와 로코코시대 등을 지나 식탁의 방식이나 서비스도 다양하게 변하였으며 그 시대의 경제적 흐름에 맞추어 19세기 말부터 20세기 초 유럽과 미국에서 유행한 '새로운 예술'이라는 의미의 아르누보가 나타났다. 아르누보는 인간성 회복과 자연과의 조화를 목표로 한 양식으로 산업혁명 이후 대량생산으로 만들어진 기계화되고 획일화된 제품에 반발하여 생기게 되었다. 자연에서 유래된

그림 3-13
아르누보시대를 상징하는 식기와 그림

아름다운 곡선을 디자인의 모티브로 삼았으며 자주색을 비롯한 따뜻한 색감을 주로 사용하였고 장식성과 수공예적인 곡선미를 살린 것이 특징이었다. 장식예술 및 조형예술의 지배적인 예술 양식의 대표화가인 알폰스 뮈샤(Alfons Maria Mucha, 1860~1939)는 아르누보 태동기부터 쇠퇴기까지 수많은 작품과 디자인을 선보였다. 그는 아르누보시대를 대표하는 체코의 화가이자 세기말의 보헤미안(bohemian)이다. 사라 베르나르의 연극인 〈지스몽다(Gismonda)〉의 광고용 포스터 하나로 당대 최고의 배우와 6년 동안 계약한 것으로 유명하다. 구스타프 클림트(Gustav Klimt, 1862~1918)도 이 시대 대표 미술화가 중 한 사람이다. 아르누보의 테이블웨어에는 곤충이나 화초, 일본적인 수련, 대나무 등이 이용된 티포트, 접시, 은제 티포트, 커틀러리 등이 만들어졌다. 한 시대를 풍미한 문화였으나, 1910년 이후 기능성과 사회성을 중요시하게 되며 아르누보가 퇴색되어 갔다.

8) 아르데코시대(Art deco, 1925~1930)

1925년 파리의 '현대장식 미술, 산업미술 국제전'에서 유래된 아르데코는 아르누보 양식과 반대로 직선이나 입체를 살린 기하학적인 모양, 압도적인 색채에는 정확히 계산된 아름다움과 세련미를 바탕으로 하였다. 아르데코의 테이블웨어는 심플하거나 기하학 모양의 도자기, 직선적인 미를 가진 모던한 분위기의 커틀러리 등을 이용하였다. 특히 도자기, 유리, 금속공예에서 검은색이나 빨간색을 추구하고 이 양식의 전형과 뚜렷한 지구라트(ziggurat)들이나 다른 기하학적 모티브들을 위해 빨간색, 검은색 그리고 은색 등을 사용하였다. 아르데코 예술가들은 은색의 효과를 내는 데 주로 크롬(chrome)을 사용하였고, 유리를 이용하여 반짝거림(bright)이나 단단하게 날이 세워진 모습을 연출하기도 하였다. 이러한 색들을 더욱 두드러지도록 하기 위해 강한 녹색이나 오렌지색을 사용하고 테두리색으로 검은색을 사용하였다. 오리엔탈리즘의 영향을 받아 어두운 색 대신 노란색, 담홍색, 청회색, 짙은 군청색 등을 사용하기도 하였다.

아르데코 디자인은 간결하고 이국적인 장식을 강조한 것이 특징이다. 간결

**그림 3-14
곡선을 기하학화하여
기계적 대량생산 체계에
디자인을 적용한 사례**

함을 위해 형태를 제한하였고, 이국적인 장식을 위해 나뭇잎이나 식물 넝쿨의 모양을 패턴화하고 기하학적으로 표현하였다. 또한 강하고 단순한 형태를 강조하기 위해서 밝고 어두운 색상을 대조, 뚜렷한 색상 대비를 선보였으며 소재 자체의 아름다움을 추구하였다.

9) 모던과 현대(Contemtorary)

현대에 사용되고 있는 양식은 정확히 확정지을 수 없으나 여러 학자들의 의견에 따라 새로운 예술을 목표로 하는 모더니즘, 전통주의와 과거양식의 부흥으로 다양성을 실험하는 포스트 모더니즘, 각 시대의 여러 특징이 절충된 스타일인 퓨전스타일의 다원주의, 그리고 최소한의 예술로 단순미와 절제미를 강조하는 미니멀리즘으로 크게 나눌 수 있다. 현대인이 담백하고 세련된 식문화를 추구하는 이유는 엘리트의 상징이기 때문이기도 하다. 먹는다는 것은 함께 식사하는 사람들과 공유하는 일상을 경험하는 것으로서 식사와 함께하는 문화를 경험하는 것이다. 음식에 비중 있는 소비를 한다는 것은 경제적인 여유와 문화적 취향이 있어야만 가능한 일이며, 소비자의 미식 감각, 이야기 거리 및 문화적 취향이 뒷받침되어야 하는 일이다.

우리나라에서도 여성의 사회진출이 확대되면서 경제적 여유와 함께 단체급식과 외식산업이 현저히 발달하였으며 이에 음식소비에 대한 비중이 가파르게 증가하였다. 이는 국내외 경쟁력 있는 산업시장 규모통계를 통해 살펴보아도 알 수 있다. 유통을 제외한 2019년 국내 식품외식산업의 시장규모는 270.9조 원, 세계 식품외식산업은 7.8조 달러로 집계되었는데 이는 동일한 시기 국내 콘텐츠산업 시장규모인 58.1조억 원, 세계 콘텐츠 산업 규모인 2.4조 달러와 비교해보면, 식품외식산업이 가파른 성장세의 콘텐츠 산업보다 국내는 약 4.7배, 세계적으로는 3.3배의 큰 규모로 성장을 멈추지 않는 산업 분야임을 나타내었다. 식품외식산업은 2021년 자동차 산업규모인 76.6조 원과 비교해도 약 3.5배 더 큰 산업 시장이면서 코로나 팬데믹 등 경제성장 둔화요인과 상관없이 꾸준히 성장하는 시장임을 알 수 있다.

음식문화는 '현대'와 '전통'이 공존하면서 서로 상호작용하는 우리 일상생활의 현장이다. 현대적으로 1980년대까지는 다양한 향신료와 조미료의 이용이 유행하여 이를 이용한 요리들은 향신료 및 조미료에 의한 강한 맛을 추구하였고 이는 캐주얼한 뉴욕 아메리칸 스타일로 잘 나타났다. 1990년대는 대량생산과 자동화에 따라 음식에서도 싸고 간편하며 편리한 패스트 푸드(fast food), 일품요리, 백화점 식품매장의 반조리 식품, 레토르트 식품이 성행하였다. 한편으로는 깔끔하면서도 간소한 일본식 젠 스타일(zen style) 요리에 대한 관심도 있다. 각 시대의 여러 특징이 절충된 스타일인 퓨전이라고 하는 다원주의와 최소한의 예술미로 단순미와 절제미를 강조한 미니멀리즘이 주목을 받고 있기도 하다.

현대 사회의 특징은 생활의 모든 영역이 복잡하고 다양해지는 것이나 과거와의 단절을 통한 전혀 새로운 사회가 창조되는 것은 아니며 복잡한 사회 속에 그 나라만의 문화적 전통이 살아 숨 쉬는 것으로 볼 수 있다. 우리의 현대 생활에서도 민족 고유의 전통은 살아 있으며 서구식 주택에 살고 서양화된 의상을 입으면서도 주식으로 빵과 고기보다는 밥과 반찬을 주로 먹는 고유한 음식 문화의 전통이 유지되고 있다.

2000년대에는 안전하고 위생적인 식재료를 가지고 엄마의 손길처럼 정성스럽게 만들어 맛있게 먹는 슬로 푸드(slow food)에 대한 관심과 함께 정찬용 테이블에 대한 관심도 커지고 있었다. 미국을 중심으로 건강을 고려한 음식에 대한 관심과 유행이 시작되면서 웰빙 붐과 함께 사람들은 건강에 좋은 음식이나 기분이 좋아지는 음식에 관심을 갖기 시작하였다. 슬로 푸드는 패스트 푸드의 반대되는 개념으로 슬로 푸드 운동을 통해 탄생되었다. 슬로 푸드 운동은 1986년 미국의 패스트 푸드의 대명사인 맥도날드가 이탈리아 로마에 진출하여 큰 인기를 얻게 되자, 맛을 표준화하고 전통음식을 소멸시키는 패스트 푸드의 이탈리아 진출에 대항하기 위한 것으로 전통적 식사에 의한 먹는 즐거움과 전통음식을 보존하기 위하여 나오게 되었다.

전통음식은 문화상품으로 개발되어 일상 속에서 향유되어야만 그 우수성을 성공적으로 세계에 알릴 수 있다. 20세기 후반은 정치, 경제 및 문화 면에서 초강대국인 미국이 세계의 음식문화를 주도하여 미국식 패스트 푸드나 패밀리 레스토랑이 세계적으로 부상하게 되었다. 그러나 21세기에 들어서면서 패스트 푸드의 쇠락과 아시아식 슬로 푸드의 부상이 뚜렷한 움직임으로 나타나고 있다. 21세기는 포스트 모던시대에서 기계가 사람처럼 스스로 생각하고 판단하여 행동하도록 하는 컴퓨터 시스템인 인공지능(AI, Artificial Intelligence), 클라우드 컴퓨터가 스스로 빅데이터를 분석하고 가공해서 새로운 정보를 얻거나 미래를 예측하는 머신러닝(machine learning) 및 컴퓨터가 축적된 데이터를 분석하고 데이터를 학습하여 결론을 도출하는 딥러닝(deep learning 또는 representation learning) 컴퓨터 시스템을 지혜롭게 이용하는 시대이다. 인간과는 달리 지칠 줄 모르는 이 컴퓨터 시스템의 진화와 활용은 인간에게 인문학적 사고와 삶의 질 향상 및 관련 문화를 발전시킬 수 있는 여유와 시간을 허용하게 되었고 이에 따라서 음식문화도 '빠르게 많이'에서 벗어나 '천천히 건강하게'로 다시 그 방향을 바꾸어 발전

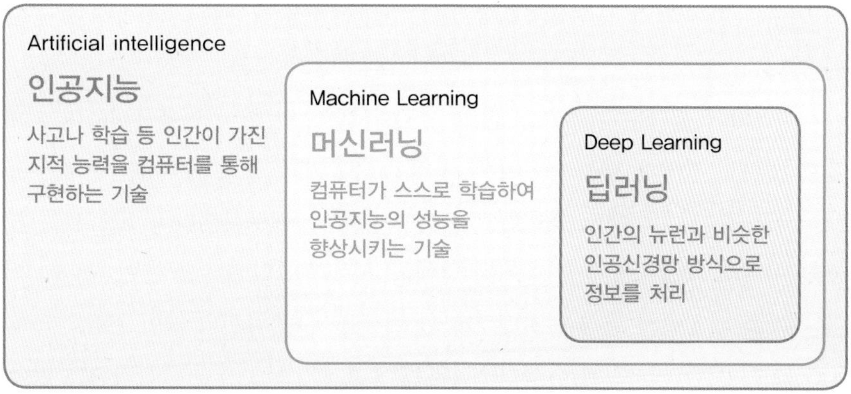

그림 3-15
인공지능, 머신러닝 및 딥러닝의 관계

하고 있다.

건강과 환경 중심이 향후 음식문화의 커다란 흐름이며 여기에 발전된 컴퓨터 시스템으로 세계가 한 마당이 되어 간다는 지구촌의 세계화에 의해 탄생한 새로운 지도층들은 상호 간의 다양한 음식을 더 쉽게 받아들일 것이다. 이미 유기농 아시안 푸드는 세계적 각광을 받으면서 글로벌화가 낳은 컨템포러리 퀴진이 되기도 하였다. 실제로 동물성 육수와 지방을 많이 쓰는 전통적인 프랑스 요리조차 스타일이 변하여 요즘 세계에서 잘 나가는 프렌치 셰프들은 기름기 없이 담백한 프랑스 요리를 선보이고 있기도 하다.

우리나라에서도 전 세계적으로 맛을 동질화하고 표준화하려는 것에 대해 대응하면서 전통미각과 건강음식에 대한 관심이 커지고 있다. 대표적 슬로 푸드로 알려진 우리 전통음식은 기존의 편리성 위주의 음식에 비해 조리 과정이 복잡하고 조리 시간도 길어 바쁜 현대생활과 함께 실생활에서 동행하기 어려운 점이 있는 것은 사실이다. 그러나 전통한식이야말로 건강 지향적인 식재료와 조리법을 적용하고 있다는 장점이 있어 이를 스토리텔링화하면서 사람과 사람의 원만한 교류의 장을 이끌어내는 시도가 필요하다. 다른 나라의 음식과 특히 차별화된 우리의 김치, 나물 등은 세계적으로도 웰빙 시대에 맞는 우수한 음식들로 더 체계적·단계적·정책적 홍보를 하여 세계화할 필요가 있는 우리 전통음식이다. 건강과 장수에 대한 연구가 활발해지며 식생활 습관과 문화에 대한 연구와 함께 건강 장수식으로서 우리 음식에 대한 연구도 더 활발히 할 필요가 있다.

　우리의 식생활은 과거보다 많이 서구화되었으며 한국 전통음식들이 이미 많이 사라져 김치와 같은 음식이 특히 젊은 층을 대상으로 거부되는 문제가 보도되기도 한다. 그럼에도 불구하고 우리 음식에서 '신토불이(身土不二)'라는 구호는 아직도 대중들에게 여러 가지 면에서 호소력이 있다. 지구촌이 하나가 되는 세계화 과정에서 환경과 지속 가능한 미래를 위해 자신의 땅이 호흡하고 숨쉬도록 해야 한다는 지역적 생태주의의 중요성에는 모두가 동감하기 때문이다. 다양한 경제와 문화의 요인이 융합되어 전 세계 식문화의 흐름은 서양으로부터 동양으로 향하는 중이며, 케이드라마, 케이푸드, 케이팝으로 지구촌과 한층 더 가까워진 한류와 함께 한국형 아시안 컨템포러리 퀴진들이 세계인들의 관심의 대상이 되고 있다. 한국 음식은 영양학적·조리과학적인 측면에서 그리고 문화적인 측면에서 볼 때 분명 세계적인 음식이 될 수 있는 가능성이 많으며, 이미 세계 음식문화 흐름 속에서 한국 음식은 그 자체로 세계가 주목하고 있는 훌륭한 문화상품이 되고 있다. 이를 위해 우리 전통음식을 문화상품으로 개발하려는 다양한 교육과 홍보는 계속되어야 할 것이다.

4장

한식

상
차
림

우리나라는 상차림을 위해 사계절에 따라 생산되는 곡류, 두류, 생선, 채소 등을 사용하여 다양한 부식을 만들었고 장류, 김치, 젓갈 같은 발효식품을 만들었으며, 시식(時食)과 절식(節食)을 생활화하였고 지역마다 특산물을 활용한 향토음식을 활용하였다. 중앙아시아에서 한반도에 정착한 맥족(貊族)을 선조로 하는 우리 민족은 B.C. 3000년경 청동기시대에 잡곡 농사를 시작하였고, B.C. 400년경 철기시대와 고조선시대를 거쳐 농경사회의 기반을 갖추었다. 삼국시대부터 농업기술이 발달하여 쌀을 대표로 하는 곡물의 생산이 늘었고 장, 젓갈, 채소 절임, 포 등의 찬물 가공법과 구이, 찜, 무침과 같은 조리법이 발달하여 밥을 주식으로, 반찬을 부식으로 하는 한식 상차림을 형성하였다. 상차림을 위해 맷돌, 연자매, 절구, 무쇠 솥, 시루 같은 조리도구를 발전시키며 식생활에 많이 사용하였다. 고려시대에는 숭불사상으로 육식이 금지되어 차와 채소음식이 발달하였고, 혼례, 제례, 불교행사에 고려청자 등을 사용하면서 식기문화의 발전이 있었다. 조선시대에는 유교 문화가 정착되면서 효(孝)를 근본으로 조상을 섬기는 섬김과 배려의 식생활이 상차림을 할 때 중요하게 나타났으며, 현재와 같은 한국의 전통 식생활을 바탕으로 하는 상차림 체계가 성립되었다. 이와 같이 우리나라는 자연적·역사적 배경과 사회·문화적 환경이 어우러져 계절과 지역의 특성을 살린 음식으로 차린 상차림이 발달하였으며, 밥과 반찬으로 구성한 밥상차림이 일상식이 되었다.

1. 한식 상차림의 일반적 특징

한식 상차림은 밥 중심 주식과 반찬 중심의 부식을 명확히 구분하여 시시때때로 목적에 따라 반찬의 수를 정한 상을 차렸으며 젓가락, 숟가락을 이용하고 좌식 테이블을 사용하였다. 전통 한국 상차림은 한 상에 준비된 음식을 한꺼번에 모두 차려내는 공간 전개형 상차림이다. 우리나라 상고시대 상차림을 그림이나 벽화를 통해 살펴보면 대개 입식 차림이었고, 고려시대에도 상탁 위에 음식을 담은 쟁반을 놓아 상차림을 하였으며 조선시대에 와서야 앉아서 식사하는 좌식 상차림으로 고정되었다. 조선시대의 상차림은 유교 이념을 근본으로 한 효(孝)와 섬김이 바탕이 된 대가족 제도의 영향을 받았고, 음식을 담는 그릇도 상차림에 따라 규격화되었다. 한식 반찬에 다양한 양념(藥念)을 사용하는 것은 음식의 맛·향·색을 내기 위한 기본목적과 함께 약을 짓는다는 생각으로 몸에 유익한 영양소를 음식에 첨가한다는 의미가 있다.

음양오행설(陰陽五行說)에 따라 오색오미(五色五味)의 음식을 만들기 위해 오색을 맞추고자 다양한 맛과 색을 지닌 '복합 양념법'을 사용하였으며, 음식이 오색이 갖추어지지 않는 경우 '고명'을 올려 그 색과 맛을 맞추려고 하였다. 대표적으로 많이 쓰였던 고명으로는 미나리(靑), 붉은 고추(赤), 달걀노른자 지단(黃), 달걀흰자 지단(白), 석이버섯(黑) 등이 있다. 오늘날 오색오미를 갖춘 한식 상차림은 우리가 필요로 하는 다양한 영양소를 균형 있게 함유하여 전 세계적으로도 맛과 건강을 상징하는 상차림으로 주목받고 있다. 한식 상차림의 일반적 형식과 원칙은 다음과 같다.

2. 한식 상차림의 형식과 원칙

- 전형적인 한국의 전통 상차림은 공간 전개형이다.
- 상 윗부분의 오른쪽에는 국물이 있는 음식을 담고 왼쪽에는 마른 음식을 놓는다.
- 상 아랫부분의 오른쪽에는 찌개나 국 같은 국물 있는 음식을 놓는다.
- 상의 중간 부분에는 마른반찬이나 조림 등을 놓는다.
- 여러 명이 식사를 할 경우 간장, 초고추장, 새우젓 등의 소스는 개인별로 준비해놓는다.
- 두 명 이상이 식사를 할 경우 김치는 중앙에 놓고 더운 음식과 찬 음식은 서로 대각선으로 놓아 서로가 음식을 집기에 불편하지 않아야 한다.
- 시간 전개형으로 순서에 따라 음식이 나올 경우에는 찬 반찬류, 마른반찬류, 국물이 없는 더운 음식, 국물이 있는 더운 음식 순으로 상에 내놓는다.
- 반찬의 종류는 각기 다른 조리법으로 사용하며, 재료나 색상을 고려해서 중복되지 않도록 신경을 써야 한다.
- 수저는 국물 있는 그릇 가까이 반드시 오른쪽에 놓는다.
- 식사하는 사람의 수에 따라 외상 또는 겸상으로 나누고, 맛과 영양을 고려하여 재료와 조리법을 선택하고 상차림을 한다. 손님에게는 계층에 관계없이 누구에게나 외상으로 대접한다.
- 상은 둥근 모양이나 네모진 것을 쓰고 음식을 차릴 때에는 반드시 음식 높이를 일정하게 한다.
- 반상 차림 시 음식을 담은 그릇의 뚜껑은 반드시 덮어서 제공한다.
- 식사를 마치면 식기가 모두 치워진 상태에서 차와 후식을 제공한다.

그림 4-1
다양한 한식 상차림

---

1) 한식 상차림의 분류

상차림은 한 상에 차려지는 주식 및 부식의 종류와 가짓수, 그리고 배열 방법을 의미한다. 상차림의 종류를 보면 주식에 따라 반상·죽상·면상·주안상·다과상·교자상 등이 있다. 일상식에는 반상·죽상·면상·만두상·떡국상이 있으며, 손님 대접용 상차림에는 주안상·교자상·다과상이 있다.

(1) 반상차림

주식인 밥과 탕(국), 김치를 기본으로 차리는 상이다. 나이 어린 사람에게는 밥상, 어른에게는 진짓상이라고 하며, 임금님 밥상은 수라상이라고 한다.

표 4-1 첩수에 따른 반찬 종류

구분	기본(첩수에 들어가지 않는 음식)							쟁첩(첩수)에 들어가는 음식										
	밥	탕(국)	김치	장류	조치(찌개)	찜(선)	전골	나물 생채	나물 숙채	구이	조림	전류	마른반찬	장과	젓갈	회	편육	수란
3첩	1	1	1	1				택1		택1				택1				
5첩	1	1	2	2	1			택1		1	1	1		택1				
7첩	1	1	2	3	2	택1		1	1	1	1	1		택1		택1		
9첩	1	1	3	3	2	1	1	1	1	1	1	1	1	1	1	택1		

그림 4-2
첩수에 따른 한식 상차림

전통 반상차림은 상에 놓이는 음식의 종류와 수, 즉 첩수에 따라 구분된다. 첩은 뚜껑이 있는 반찬 그릇을 의미하며 밥, 탕(국), 김치, 찌개, 장 등을 제외한 반찬 그릇의 수를 말한다. 뚜껑이 있는 반찬 그릇을 쟁첩이라 하며 쟁첩에 담은 반찬의 가짓수에 따라 3첩 · 5첩 · 7첩 · 9첩 · 12첩 반상으로 나뉜다. 3첩과 5첩은 서민들의 상차림이었고 이 중 5첩은 여유가 있는 서민층의 상차림이었다. 7첩과 9첩은 반가(班家)의 상차림이었다.

7첩 반상차림의 예를 들면, 첩수에 들지 않는 기본적인 음식으로 밥 · 탕

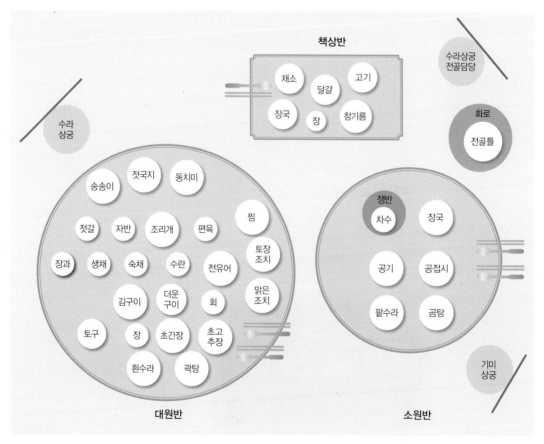

그림 4-3
수라상 반배도
출처: 한복려(1995). 궁중음식과 서울음식. 대원사

(국) · 김치 · 장류 · 찌개 · 찜(또는 전골)을 올리고, 첩수에 포함되는 반찬으로 생채 · 숙채 · 구이 · 조림 · 전류 · 마른반찬(장과 또는 젓갈), 회(또는 편육)를 상에 올린다. 반찬은 재료, 조리법, 색상, 온도 등을 고려하여 재료들이 겹치지 않도록 하며 영양의 균형을 맞추는 것이 중요하다.

궁중 음식은 12첩 반상으로 임금님만 드실 수 있는 수라상 차림이다. 조선 시대에는 동성동본의 결혼이 금지되어 있어 왕가와 사대부가의 혼인이 이루어지면서 궁중과 사대부 간 음식의 왕래가 잦아졌으며, 전국에서 들어온 특산품이 진상됨에 따라 이들 고급 식재료가 조리기술이 뛰어난 주방 상궁과 대령숙수(待令熟手)에 의해 조리되면서 수라상이 발달 · 전승되었다. 기미 상궁, 전골 담당 상궁, 수라 상궁의 3명이 임금의 식사를 도왔다. 수라상은 대원반, 소원반, 책상반의 3개의 상에 차린다. 담백한 음식용 · 기름진 음식용의 수저 2개, 토구 등으로 구성되었다.

(2) 죽상차림

이른 아침에 간단히 차리는 상으로 죽을 주식으로 하여 차린 상차림이다. 짜고 맵지 않은 반찬을 올리며 젓국이나 소금으로 간한 맑은 찌개류, 나박김치 · 동치미 등의 김치류, 육포 · 북어무침 등의 마른 찬류 중에서 두 가지 정도 반찬을 곁들인다.

**그림 4-4
면상차림**

(3) 면상차림

밥을 대신하여 주식으로 차리는 면상 · 만두상 · 떡국 등의 상차림으로, 점심 또는 간단한 식사 때 차린다. 전유어, 잡채, 배추김치, 나박김치 등의 반찬을 곁들인다.

(4) 다과상차림

차나 음청류를 마시기 위한 상차 림 혹은 주안상이나 교자상을 차 릴 때 나중에 내는 후식상이다. 각 색편, 유밀과, 유과, 다식, 숙실과, 생실과, 화채, 차 등을 상에 올려 차린다.

그림 4-5
다과상차림

(5) 주안상차림

술을 대접하기 위해 차리는 상이다. 술과 함께 전골, 찌개 등의 국물 있는 음식, 전유어, 회, 편육, 생채, 김치, 과일, 떡 등을 술안주로 상에 올려 대접한다.

(6) 교자상차림

교자상은 명절이나 잔치와 같이 많은 사람이 모여 식사를 하기 위해 장방형의 큰상에 함께 차려 내는 상차림이다. 주식으로 냉면, 온면, 떡국, 만둣국 중 계절 에 맞는 것을 선택하고 탕, 찜, 전유어, 편육, 적, 회, 겨자채, 잡채, 구절판, 신선

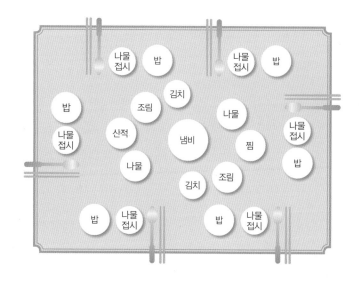

그림 4-6
교자상차림

로 등을 반찬으로 곁들인다. 배추김치, 오이소박이, 나박김치, 장김치 중에서 두 가지쯤 선택하여 상에 올린다.

3. 한국의 시절식 상차림

우리나라는 기후 · 계절과 밀접한 관계가 있는 농경 위주의 생활을 하였고 세시가 뚜렷하므로 세시풍속이 발달하였다. 절식(節食)은 명절 때 해먹는 음식을 말하고, 시식(時食)은 계절마다 신선한 재료로 만들어 먹는 음식을 말한다. 이러한 절식과 시식의 풍습은 사계절 자연의 변화에 순응하며 살아온 우리 민족 문화의 한 특징이기도 하다. 조선시대 세시풍속에 관한 문헌으로는 『경도잡지』, 『동국세시기』, 『열양세시기』 등이 있다.

그림 4-7
김홍도의 〈타작〉:
1745~1818년 이전,
조선시대

우리나라는 설날, 정월 대보름, 중화절, 입춘, 삼월 삼짇날, 사월 초파일, 단오, 유두일, 삼복, 칠석, 추석, 중양절, 시월 무오일, 동지 등 절기 때마다 음식을 만들어 즐겼다. 각 시절마다 그 계절에 나는 식품을 사용하여 음식을 만들어 먹음으로써 몸을 보양하고 재앙을 예방하며 조상을 숭배하고자 하였다. 현재도 흔히 먹는 대표적 시절식에 대해 알아본다 **표 4-2** .

표 4-2 한국의 시절과 시절식

월	시절		시절식
1월	설날	음력 1월 1일	떡국, 만두, 편육, 전유어, 육회, 느름적, 떡찜, 잡채, 약식, 장김치, 배추김치, 정과, 식혜, 수정과, 강정 등
	정월 대보름	음력 1월 15일	오곡밥, 9가지 묵은 나물, 밥쌈(복쌈), 귀밝이술, 약식, 유밀과, 원소병, 부럼, 나박김치 등
2월	중화절	노비의 날	송편을 만들어 노비에게 나이만큼 줌
	입춘	음력 12월 말~정월 초, 양력 2월 4일/5일	오신반: 눈 밑에서 갓 난 파, 갓, 당귀(승검초), 순무(무), 생강의 채소를 무친 매콤한 나물(비타민 보충, 춘곤증 이김)
3월	삼짇날	음력 3월 3일, 성묘일	약주, 생실과(밤, 대추, 건시), 포(육포, 어포), 절편, 조기면, 화면, 탕평채, 화전(진달래), 진달래 화채 등
4월	한식	동지부터 105일째, 양력 4월 4일/5일	찬 음식 먹는 날, 메밀국수, 약주, 생실과(밤, 대추, 건시), 포(육포, 어포), 절편, 유밀과 등 주과해병면자로 차례 드림
	초파일	음력 4월 8일, 석가탄신일	느티떡, 쑥떡, 국화적, 양색주악, 생실과, 숭어회, 도미회, 화채(가련수정과, 순채, 책면), 미나리강회, 도미찜 등
	곡우	음력 3월 중, 비가 내려 못자리 내는 날	나무에 물이 오르면 위장병에 좋은 고로쇠 수액을 즐김, 알배기조기, 봄조개는 가을낙지라는 대합탕, 도미전, 민물고기회 · 탕 등
5월	단오	음력 5월 5일, 일 년 중 가장 양기 왕성한 날, 여름 시작	증편, 수리취떡, 생실과, 앵두편, 앵두화채, 준치만두, 준치국, 제호탕(갈증해소 한방음료) 등
6월	유두	음력 6월 보름, 동쪽으로 흐르는 물에 머리 감는다는 뜻, 물맞이	수단(水團), 건단(乾團), 상화병(霜花餅), 연병(連餅), 수교위, 밀쌈, 유두면(밀가루로 만든 유두면을 먹으면 여름 내내 더위를 먹지 않는다고 함) 등
7월	칠석	음력 7월 7일	깨절편, 밀국수, 밀전병, 주악, 규아상, 흰 떡국, 깻국탕, 영계찜, 어채, 생실과, 참외 등
	백중날	음력 7월 15일, 일손 놓고 쉬는 날	채소, 과일, 술, 밥 등 100가지 실과를 차려놓고 초제(醮祭)를 지냄
	삼복	-	증편, 복숭아화채, 복국, 장어국, 육개장, 삼계탕, 임자수탕 등 더운 음식(여름 한더위에 이열치열로 몸을 다스림) 등
8월	한가위	음력 8월 보름	토란탕, 가리찜(닭찜), 송이산적, 잡채, 햅쌀밥, 배숙, 나물, 김구이, 생실과, 송편, 밤단자, 배화채 등
9월	중양절	음력 9월 9일, 가장 큰 양수인 9가 중복되는 날, 삼짇날 왔던 제비가 강남 가는 날	국화주, 국화전, 화채, 양고기면, 꽃떡, 특히 면은 백면 등
10월	무오일	단군이 하늘 문을 열고 세상으로 내려와 우리 민족의 조상이 되었다는 달인 10월은 상달이라 하여 일 년 중 가장 좋은 달로 생각, 10월 상달의 떡은 추수 감사의 뜻이 담긴 절식	무시루떡, 감국전, 무오병, 유자화채, 생실과 등, 대추, 감, 밤도 저장하여 두면서 겨울 채비
11월	동지	양력 12월 21일/22일/23일, 일 년 중 밤이 가장 길고 낮이 가장 짧은 날, 아세 또는 작은 설이라 부르기도 함	동지 팥죽을 쑤어 먹어야 나이를 한 살 더 먹는다고 함. 팥죽, 동치미, 생실과, 경단, 식혜, 수정과 등
12월	그믐	-	골무병, 주악, 정가, 잡과, 식혜, 수정과, 떡국, 만두, 완자탕, 골동반(비빔밥), 갖은 전골, 장김치 등, 섣달 그믐날 저녁에 남은 음식을 해를 넘기지 않는다는 뜻으로 비빔밥을 만들어 먹음

1) 설날 절식

설은 음력 1월 1일이다. 원단(元鍛), 세수(歲首), 원일(元日), 신원(新元), 정초라고도 부른다. 설은 한 해가 시작된다는 뜻에서 모든 일에 조심스럽게 첫발을 내딛는 가치와 중요성이 큰 명절로 현재까지 이어져왔다. 그래서 설날을 '삼가는 날'이라고 해서 바깥 출입을 자제하고 집안에서 지내면서 일 년 동안 무탈히 지낼 수 있게 해주기를 신에게 빌어왔다. 설날 아침에는 일찍 일어나서 '설빔'을 입고 돌아가신 조상들께 절을 드리는 차례를 지낸 뒤, 나이가 많은 어른들부터 새해 인사인 '세배'를 한다. 세배를 할 때에는 서로의 행복을 빌고 축복해주는 '덕담'을 주고받는다.

(1) 떡국

떡국 한 그릇을 먹어야 한 살을 더 먹는다는 말이 있다. 충청도에서는 쌀가루를 반죽해 가래떡처럼 길게 늘여 생떡국을 끓이고, 개성 지방은 가래떡을 가늘게 비벼 늘여서 나무칼로 누에고치 모양으로 만들어 조랭이떡국을 끓인다. 북쪽 지방은 떡국 대신 만둣국을 끓이거나 만두를 삶아서 초간장에 찍어 먹는다.

(2) 대표 음식

떡국, 만둣국, 갈비찜, 떡사태찜, 닭밤찜, 제육불고기, 너비아니구이, 불고기, 떡산적, 쇠고기장산적, 나박김치, 각종 전(대구전, 완자전, 호박전, 표고전, 피망전, 풋고추전 등), 잡채, 삼색나물, 약과, 수정과, 식혜, 과일 등으로 상차림을 하여 가족과 식사하고 세배 온 손님도 대접한다.

2) 대보름 절식(상원 절식)

대보름은 음력 1월 15일이다. 이날은 신라시대부터 이어져 온 명절로 정월 14일 저녁에는 오곡밥과 묵은 나물을 먹는다. 대보름의 음식으로는 약식, 오곡밥, 부

처음 만나는 식문화와 푸드 코디네이션

럼, 묵은 나물, 귀밝이술, 복쌈 등이 있다.

(1) 오곡밥

대표적인 대보름 음식은 약식이지만 오곡밥(五穀飯)이 대중적이다. 오곡밥은 쌀, 조, 수수, 팥, 콩을 섞어 지은 밥이다. 다른 성씨를 가진 세 집 이상의 밥을 먹어야 그 해의 운이 좋다고 하여 여러 집의 오곡밥을 나누어 먹는 풍습이 있다.

(2) 부럼

부럼은 생밤, 호두, 은행, 잣 등 견과류를 말한다. 보름날 이른 새벽에 집에서 깨는 대로 부럼을 껍질째 한 번에 깨물어서, 먹지 않고 내던지며 '부럼이요'라고 말하면 일 년 내내 무사태평하고 종기나 부스럼이 나지 않으며 이빨이 튼튼해진다는 풍습이 있다.

(3) 묵은 나물

호박고지, 가지, 박고지, 취, 고비, 고사리, 도라지, 무청, 버섯 등 아홉 가지를 말리거나 묵혀두었다가 나물로 하여 먹는다. 이 아홉 가지 묵은 나물을 먹으면 여름 더위를 타지 않는다고 하였다.

(4) 귀밝이술

보름날 아침 오곡밥을 먹기 전에 귀밝이술을 한 잔 마시면 한 해 동안 귀가 밝아지고 정신도 맑게 지낸다는 풍습이 있다. 귀밝이술은 이명주(耳明酒)라고도 하는데, 귀가 밝아져서 일 년 내내 기쁜 소식만 전해 들으라는 의미가 있으며 정초에 웃어른들 앞에서 술을 들게 되면 술버릇도 배운다는 것에서 비롯된 풍습이다.

(5) 복쌈

복쌈은 김구이나 배추를 삶아 밥을 싸서 먹은 밥쌈을 말한다. 이렇게 밥을 싸서 먹음으로써 일 년간의 복을 싸서 밖으로 흩어지지 않게 한다는 의미가 있다.

3) 단오 절식

단오는 음력 5월 5일로 설·추석과 함께 우리나라 3대 명절에 속한다. 고려시대에 남자들은 공차기, 편싸움 등을 하였고 여자들은 그네뛰기를 하였는데, 이런 풍습은 조선시대까지 이어졌다. 단오날 오시(午時)에 쑥과 익모초를 뜯어 말려 두었다가 일 년 내내 약용으로 쓴다. 단오의 대표적인 절식으로 수리취떡이 있다. 수리취떡은 수리취를 짓이겨 멥쌀가루에 섞어 녹색이 나면 반죽하여 쪄서 쫄깃하게 친 떡을 굵게 가래떡처럼 비빈 후 수레바퀴 모양의 떡살로 문양을 낸 절편을 말한다.

4) 삼복(三伏) 절식

하지로부터 세 번째 경일(庚日)이 초복, 네 번째 경일이 중복, 입추가 지나서 첫 번째 경일이 말복이다. 이때가 여름 중 가장 더운 시기이며 사람들은 더위를 잘 이겨내기 위해서 몸을 보호하는 음식을 먹는 풍습이 있었다.

(1) 삼계탕
영계(어린 약병아리)나 어린 오골계에 인삼, 대추 등을 넣고 푹 끓여서 만든다. 또는 영계에 찹쌀, 인삼, 대추, 마늘 등을 넣고 푹 끓여서 만들기도 한다.

(2) 육개장
육개장은 소고기의 양지머리, 사태 부위와 파, 숙주, 고사리, 토란대 등의 채소를 넣어 얼큰하게 푹 끓인 음식으로, 무더운 여름철 원기회복에 좋다. 예로부터 제허백손(諸虛百損)을 보(補)한다는 소고기는 단백질, 지방산, 각종 비타민 등을 함유한 영양이 풍부한 보양 식재료이다. 느끼하지도 않고 매콤하며 감칠맛까지 있어 입맛을 당기는 육개장은 무더운 여름철 땀을 흘리며 먹는 복중(伏中)의 대표 음식이었다.

5) 추석

음력 8월 15일은 추석 또는 팔월 한가위라고 하는데 우리나라의 최대 명절이기도 하다. 추석에는 추수한 햇곡식으로 햅쌀밥을 짓고 송편을 빚는다. 밤, 대추, 감, 사과 등 햇과일로 조상께 차례를 지내며 성묘를 한다.

(1) 오려송편
올벼로 찧은 오려쌀로 만들어서 오려송편이라고 한다. 쑥, 송기(소나무의 속껍질), 치자로 맛과 색을 달리한다. 송편소로는 거피팥, 햇녹두, 청대콩, 깨 등을 사용한다. 강원도 지방은 쌀 대신 감자녹말로 송편을 빚기도 한다.

(2) 토란탕
토란은 추석 때부터 나오기 시작하며 흙 속의 알이라 하여 토란(土卵)이라 한다. 또한 연잎 같이 잎이 퍼졌다 하여 토련(土運)이라고도 한다. 토란을 준비하여 다시마와 쇠고기를 넣고 맑은 장국을 끓인다.

6) 동지

음력 11월은 일반적으로 동짓달이라고 하는데, 그 이유는 11월에는 24절기의 하나인 동지가 반드시 들기 때문이다. 양력으로는 12월 21, 22, 23일경으로 일 년 중 밤이 가장 길고 낮이 가장 짧은 날이다. 동지를 작은 설이라 하고 동지 팥죽을 쑤어 먹어야 나이를 한 살 더 먹는다고 하였다. 동지가 음력 11월 초순에 들면 애동지라고 하며, 이때 아기가 있는 집에서는 팥죽 대신 떡을 해먹는 풍속이 있다.

(1) 팥죽

사당(祠堂)에서 동지 팥죽을 놓고 차례를 지낸 후 방, 마루, 광 등에 팥죽을 한 그릇씩 떠 놓고 대문이나 벽에 팥죽을 뿌린 다음에 먹는다. 이 풍습은 팥이 색이 붉어 잡귀를 없애주고 액을 막아준다는 데서 나온 것이다. 삶은 팥에 물을 넣고 한참 끓인 뒤 쌀을 넣고 죽이 퍼지면 익반죽한 새알심을 넣은 다음 다시 끓인다. 동지 팥죽에는 반드시 먹는 사람의 나이대로 찹쌀로 만든 새알심을 넣어서 먹는 풍습이 있다.

(2) 타락죽

타락이란 말린 우유를 의미한다. 고려시대 때 몽골과의 교류 후 국가의 상설기관으로 유우소(乳牛所)가 생겼는데 조선시대에 타락색(駝酪色)으로 이름이 바뀌었다. 타락죽은 곱게 쌀을 갈아 체에 밭쳐 물을 붓고 된죽을 쑤다가 우유를 넣고 덩어리 없이 풀어서 만든다. 궁중에서는 동지 절식으로 우유와 타락죽을 내 공신에게 내려 약으로 썼다고도 한다.

4. 통과의례 상차림

사람이 태어나서 죽을 때까지 행하는 의식을 통과의례라 하는데, 이때마다 음식을 갖추어서 의례를 지켰다. 즉, 사람들은 탄생, 백일, 돌, 관례, 혼례, 회갑, 회혼례, 상례, 제례 등과 같은 통과의례를 거치게 되는데 그때마다 내려오는 특별한 상차림이 있다. 현재까지 우리의 식생활에서 차려지는 상차림은 다음과 같다.

그림 4-8
큰상차림

1) 큰상

생일, 회갑, 결혼 등의 큰 경사가 있을 때 차리는 상으로, 음식을 쌓아 올린 높이의 치수는 5치, 7치, 1자 1치, 1자 3치, 1자 5치 등 홀수로 하였다. 큰상은 음식을 높이 고이므로 고배상이라 하며, 그 자리에서 먹지 않고 바라만 보는 상이라는 의미로 망상이라고도 하였다. 큰상을 차리고 부모님의 바로 앞에 드실 음식을 따로 차린 상을 내는데 이를 입매상이라고 하며 주로 장국상으로 차렸다. 입매상은 밥 대신 국수, 만둣국, 떡국을 주식으로 하며 식사 후 먹을 떡이나 조과, 생과 등도 같이 차렸다.

기본이 되는 큰상은 그림 4-8 과 같다.

2) 백일상

출생 후 백일이 되는 날을 축하하기 위해 차리는 상이다. 백일상은 흰쌀밥, 고기미역국, 푸른색 나물, 백설기, 붉은팥 차수수 경단, 오색 송편 등으로 상을 차렸다. 백설기는 신성함, 오색 송편은 만물의 조화, 붉은 팥고물 차수수 경단은 나쁜 일을 막아주는 의미가 담겨 있다.

3) 돌상

아기가 태어나서 만으로 한 해가 되는 날을 돌이라 한다. 돌상에 차리는 음식과 물건에는 아기의 장수, 자손의 번성, 다재다복의 의미가 담겨 있다. 돌상에는 아기를 위해 새로 마련한 밥그릇과 국그릇에 흰쌀밥과 미역국을 담고 푸른색 나물, 백설기, 인절미, 오색 송편, 붉은팥 차수수 경단, 생과일 등의 먹거리를 상 위에 차렸다.

　돌잡이로 쌀, 국수, 대추, 흰 무명실, 돈 등을 놓고, 그 외에 남자아이면 칼, 활, 화살, 책, 종이, 붓 등, 여자아이면 청실·홍실, 바늘, 가위, 자 등을 놓았다. 돌잡이는 돌상 앞에 무명천을 놓고 아기를 그 위에 앉히고 돌상 위의 물건을 잡아보도록 하는 것이며, 사람들은 아기가 먼저 잡는 물건에 따라 아기의 장래를 점치며 즐거워하였다. 무명실과 국수는 장수를, 쌀은 먹을 복을, 대추는 자손 번영을, 종이·붓·책은 학문이 탁월하기를 바라는 의미로 놓았다. 활은 남자가 용감하고 무술에 능하기를, 청실·홍실과 자는 여자가 바느질을 잘하기를 기원하는 뜻으로 놓았다. 이는 옛 풍습으로, 요즈음은 남녀가 똑같은 교육을 받고 있으므로 돌상에 놓는 물건들이 시대상을 반영하여 달라지고 있다.

그림 4-9
돌상차림　돌상차림 예

기본 돌상차림

4) 수연례

아랫사람이 태어난 날을 생일(生日)이라 하고 웃어른의 태어나신 날은 생신(生辰)이라 한다. 수연은 웃어른의 생신에 자녀들이 술을 올리며 장수를 비는 의식이며 아랫사람이 있으면 누구든지 수연례를 행할 수 있다. 그러나 이전부터 사회 활동을 하는 자녀들이 부모를 위해 수연 의식을 행하려면 어른의 연세가 60세는 되어야 할 것으로 생각하여 60세 생신부터 의미 있는 수연례의 명칭을 붙여서 감사의 마음을 담아 축하 행사를 하곤 하였다.

수연례의 명칭에서 만 60세 생신을 회갑연(回甲宴)이라 하여 이날은 큰 잔치를 벌였다. 회갑 상차림은 고배상(高排床)이라 하여 높게 상을 고였는데 조과(造果)와 생과(生果)는 약 45cm, 육물(肉物)은 약 36cm를 고였다. 가풍에 따라 음식을 차리고 의례를 행하는데 회갑에는 어느 쪽 부모의 생신이든 부부가 같이 앉아서 축수를 받았으며 만약 혼자일 경우에는 형제나 동서가 앉았다. 자손들

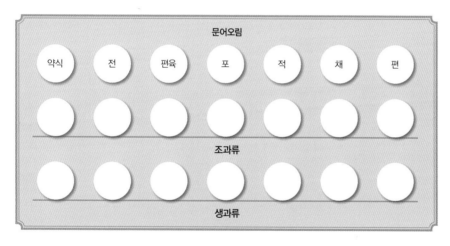

문어오림

| 약식 | 전 | 편육 | 포 | 적 | 채 | 편 |

조과류

생과류

주전자　　주전자

술잔　　술잔

그림 4-10
회갑 상차림

이 술잔을 올리고 큰절을 드리는 의례가 끝나면 가무를 즐기면서 음식도 푸짐하게 대접하였다. 회갑연 다음 큰 잔치로 70세에는 칠순 잔치, 80세에는 팔순 잔치, 90세에는 구순 잔치까지 있었으며, 혼인한 지 60년이 되면 회혼례(回婚禮)라 하여 아주 성대한 잔치도 벌였다.

표 4-3 수연례의 종류

종류	의미
육순(六旬)	• 60세 때의 생신 • 열(旬)이 여섯(六)이란 말이고 60갑자(六十甲子)를 모두 누리는 마지막 나이
회갑·환갑 (回甲·還甲)	• 61세 때의 생신 • 60갑자를 다 지내고 다시 낳은 해의 간지가 돌아왔다는 의미
진갑(陳·進甲)	• 62세 때의 생신 • 다시 60갑자가 펼쳐져 진행한다는 의미
미수(美壽)	• 66세 때의 생신 • 옛날에는 66세의 미수를 별로 의식하지 않았으나 77세, 88세, 99세와 같이 같은 숫자가 겹치는 생신을 이름 붙였으면서 66세를 지나칠 수는 없었음 • 또한 대부분 직장인은 만 65세에 정년으로 퇴직한 상태가 되므로 66세는 모든 사회 활동이 성취되어 은퇴하는 나이이면서도 아직은 여력이 있으니 참으로 아름다운 나이이므로 '美壽'라 하였고, 또 '美' 자는 六十六을 뒤집어 쓰고 바로 쓴 자여서 그렇게 이름 붙였음
칠순·희수 (七旬·稀壽)	• 70세 때의 생신 • 옛글에 '사람이 70세까지 살기는 드물다[人生七十古來稀]'라는 데에서 '희수'란 말이 생겼는데 그런 뜻에서 '희수'라 한다면 '어른이 너무 오래 살았다'는 의미가 되어 자손으로서는 죄송한 표현임. 따라서 열이 일곱이라는 뜻인 '칠순(七旬)'이 좋음
희수(喜壽)	• 77세 때의 생신 • '喜' 자를 초서로 쓰면 七十七이 되는 데서 유래함
팔순(八旬)	• 80세 때의 생신 • 열이 여덟이라는 말
미수(米壽)	• 88세 때의 생신 • '米' 자가 八十八을 뒤집고 바르게 쓴 데서 유래
졸수·구순 (卒壽·九旬)	• 90세 때의 생신 • '卒' 자를 초서로 쓰면 九十이라 쓰이는 데서 '졸수'라 하는데 '卒'이란 '끝나다, 마치다'의 뜻이므로 그만 살라는 의미가 되어 자손으로서는 입에 담기 민망하므로 오히려 열이 아홉이라는 '구순(九旬)'이 좋음
백수(白壽)	• 99세 때의 생신 • '白(흰 백)' 자가 '百(일백 백)' 자에서 '一(하나)'를 뺀 글자이기 때문에 99를 의미함

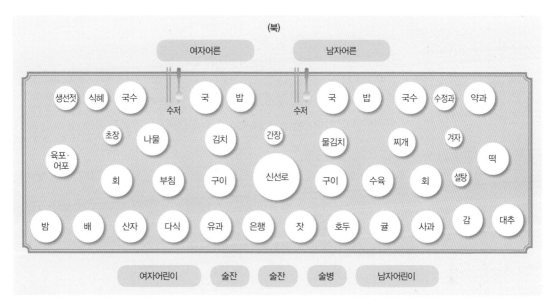

그림 4-11
수연례 상차림

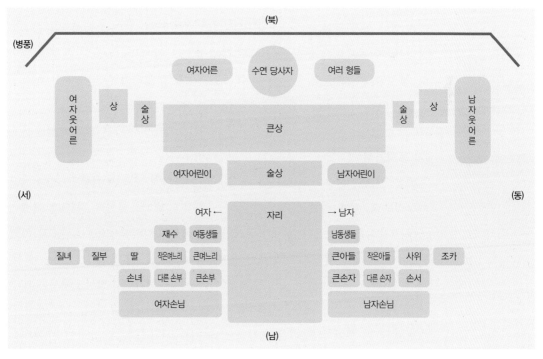

그림 4-12
수연례 자리 배치도

5) 혼례음식

오늘날 대부분의 사람들은 서양식으로 혼례를 치르고 우리나라 전통 혼례의식은 일부만 따르는 실정이다. 혼례음식 및 상차림에는 봉치떡(봉채떡), 교배상, 폐백음식, 큰상 등이 있다. 혼례의 단계마다 의식이 다르고 사용하는 음식도 달랐다. 혼례음식은 많이 간소화하여 납폐의식 때의 봉치떡과 폐백을 드릴 때 준비하는 음식만이 지금까지 이어지고 있다. 혼례음식은 전통을 살리면서 현대인의 생활과 예의에 적합하게 맞춰 준비하는 것이 바람직하다.

(1) 봉치떡(봉채떡)
납폐는 신랑집에서 함을 보내 신부집에서 받는 일로, 이때 신랑집과 신부집에서는 봉치떡을 준비했다. 요즘은 주로 신부집에서 준비하며 찹쌀 3되, 붉은팥 1되로 시루떡 2켜만을 시루에 앉히고 대추 7개를 떡 윗부분의 중앙에 놓고 함이 들어올 시간에 맞추어 쪄서 준비하였다. 함이 들어오는 시간에 북향으로 돗자리를 깔고 상을 놓았으며 상 위에 붉은색의 천을 깔고 그 위에 떡시루를 얹어놓았다. 함이 들어오면 함을 받아 시루 위에 놓고 북향에 두 번 절한 후 함을 열었다. 봉치떡의 찹쌀은 찹쌀처럼 부부의 금슬이 잘 화합하라는 의미이고, 붉은 팥고물은 화를 피하라는 뜻이며, 7개의 대추는 아들 7형제를 상징한다.

(2) 폐백음식
혼례를 치르고 신부가 시부모와 시댁의 친척들에게 처음 인사를 드리는 예를 행하였는데, 이때 신부 쪽에서 준비하는 음식을 폐백음식이라 하였다. 폐백에 쓰이는 음식은 지방마다 차이가 있지만 일반적으로 대추와 쇠고기 편포로 하였다. 서울에서는 시부모님께 편포나 육포, 밤, 대추, 엿, 술 등을, 시조부님께 닭, 대추, 밤 등을 준비하였다. 전라도에서는 대추와 꿩 폐백을, 경상도에서는 대추와 닭 폐백을 올렸다. 폐백음식은 청홍색 겹보자기로 그릇째 싼다. 포는 청이 겉으로, 대추는 홍이 겉으로 나오게 싸고 네 귀를 매지 않는 풍습이 있다. 두꺼운 백지를 4~5cm 너비로 오려 둥글게 붙여 만든 근봉띠로 청홍 보자기의 네 귀를 올려서 모아 끼웠다. 이렇게 하면 네 귀가 모아진 채로 늘어져 보기에도 좋고, 결혼 생활 내내 서로 잘 이해하며 잘 살라는 뜻도 된다.

6) 차례상과 기제사상

조상께 제사를 올리는 제사상은 통과의례의 관혼상제 중 하나로 아주 경건하게 치르는 의례이다. 제사상은 설날과 추석에 차리는 차례상이 있고 돌아가신 날을 추모하는 의미의 기제사상이 있다. 차례상에는 설날에는 떡국을, 추석에는 송편을 올리고 기제사상에는 메(밥)를 올리는 기존의 상차림 원칙이 있다. 한편 2022년 추석을 맞이하여 성균관에서는 간소화된 차례상 표준화 방안을 발표하기도 하였으므로 기존의 차례상차림 원칙과 간소화된 방안을 같이 알아보기로 한다.

(1) 차례상차림의 원칙

① 밥과 국의 위치: '반서갱동'으로 밥은 서쪽, 국은 동쪽에 놓는다. 산사람의 상차림과 반대로 제사자의 입장에서 밥은 왼쪽, 국은 오른쪽이 되게 놓는다. 숟가락과 젓가락은 중앙에 놓는다.

② 생선과 고기의 위치: '어동육서'로 생선은 동쪽, 고기는 서쪽에 놓는 것이 원칙이므로 제사자의 입장에서 생선은 오른쪽, 고기는 왼쪽에 놓는다.

③ 제수의 머리와 꼬리의 위치: '두동미서'로서 머리와 꼬리가 분명한 제수는 머리가 동쪽, 즉 오른쪽(제사자의 입장)으로 가고 꼬리는 왼쪽(제사자의 입장)으로 가게 놓는다. 그러나 서쪽이 상위라 하여 머리를 서쪽으로 놓는 지방도 있다.

④ 과일의 위치: '홍동백서'로서 붉은 과일은 동쪽, 흰 과일은 서쪽에 놓는다. 실제 제사에서는 집집마다 약간씩 다르다.『사례편람』의 예서에서는 보통 전열의 왼쪽에서부터 대추, 밤, 배, 감(곶감)의 순서로 놓고 배와 감은 순서를 바

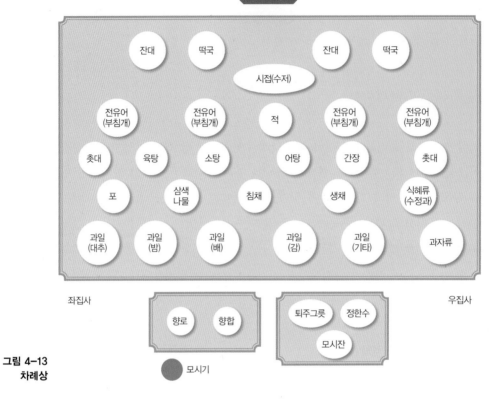

그림 4-13 차례상

꾸기도 한다. 전열의 오른쪽에는 유과, 약과 등의 과자류를 놓는다.

⑤ 적의 위치: '적전중앙'으로 적은 상의 중앙인 3열의 가운데에 놓는다. 예전에는 술을 올릴 때마다 적을 즉석에서 구워 올렸으나 지금은 다른 제수와 마찬가지로 미리 준비하여 제상의 한가운데에 놓는다.

(2) 간소화된 차례상차림 표준안

성균관 의례정립위원회는 그간의 연구와 설문조사 결과를 바탕으로 2022년 추석에 맞추어 차례음식 가짓수를 간소화하는 표준화 방안을 발표하였다. 차례상의 음식 가짓수는 송편, 고기구이(炙), 김치, 과일, 나물, 술잔 등 6개가 적당하며 최대 아홉 가지가 넘지 않도록 하는 것이 차례상 간소화 및 표준화 방안의 내용

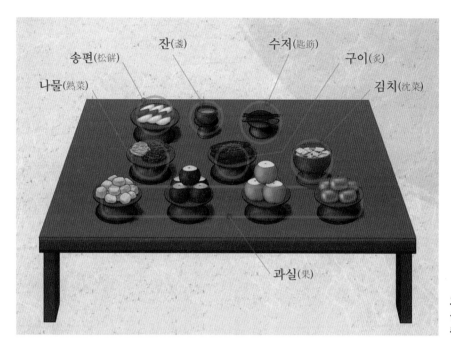

나물(熟菜)　송편(松餅)　잔(盞)　수저(匙筯)　구이(炙)　김치(沈菜)

과실(果)

그림 4-14
성균관 의례정립위원회의
추석 차례상 표준안 진설도

이다.

옛 문헌에 의하면 퇴계 이황 선생은 차례상에 기름에 튀긴 유밀과를 올리지 말라는 유훈을 남겼고 명재 윤증 선생도 기름으로 조리한 지짐이 전을 차례상에 올리지 말라고 하였다. 즉, 차례상에 기름에 튀긴 유밀과나 전과 같이 지진 음식을 올리는 것은 오히려 예의가 아니라는 것이다. 성균관 측에 따르면 흔히 제사를 지낼 때 '홍동백서(붉은 과일은 동쪽에 흰 과일은 서쪽에)'나 '조율이시(대추, 밤, 배, 감)' 등 음식 차리는 기존의 방법을 지켜야 한다고 생각하나 이는 예법 책과 문서에는 없는 표현이므로 과일 놓는 방법도 편하게 놓으면 된다고 한다. 또한 차례를 지내고 성묘를 가거나 차례를 지내지 않고 바로 성묘를 가는 것 등의 순서도 가정마다 자유롭게 정하면 된다고 하였다.

성균관의 조사 결과에 의하면 일반 국민 40.7%가 차례를 간소화하자고 답을 하였으며 20대에서는 응답 결과 1순위로 차례에는 남녀가 공동으로 참여하기를 원한다고 하였다. 이와 같은 제안은 차례 의식을 포함하는 가정의례 양식의 경제적 부담과 남녀 및 세대 갈등을 해결하면서 그 내용과 의미를 충실하게 하는 방향으로 개선되어 가고 있음을 나타낸 것이다.

(3) 기제사상차림의 원칙

기제사상은 가가례(家家禮)라 하여 가문과 지방에 따라 조금씩 다르지만 일반적으로 제물을 올릴 때는 제사상 북쪽에 병풍을 치고 우(右)를 동쪽, 좌(左)를 서쪽으로 하여 어동육서(漁東肉西), 좌포우혜(左脯右醯), 홍동백서(紅東白西), 조율이시(棗栗梨枾)로 제기(祭器)에 담고 제사상의 탕은 삼탕, 삼적, 오탕, 오적 등으로 형편에 맞게 준비한다. 과일은 삼색으로 하며, 복숭아는 원칙적으로 올리지 않는다. 또한 제사 음식에는 고춧가루를 사용하지 않는다. 그리고 제수용품은 짝을 맞추지 않고 홀수로 놓는다. 기제사상차림 역시 가정의례 양식 표준안에 의거하여 해당 가족의 합의로 개선해나갈 수 있을 것이다.

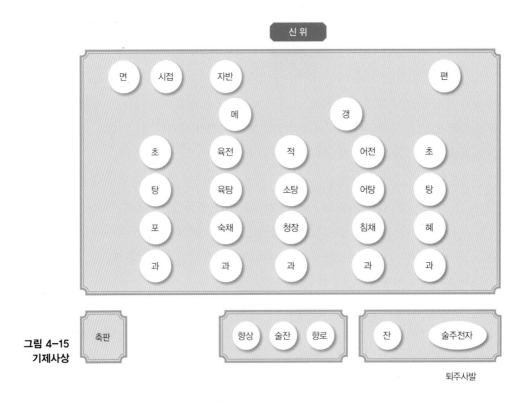

그림 4-15
기제사상

5. 외국인을 위한 한식 상차림

외식산업에서는 한식의 공간전개식의 한상차림에 쇼를 곁들인 것이나 시간전개식의 코스식 한정식 차림이 외국인들에게 좋은 반응을 얻고 있다. 외국인을 집으로 초대할 경우 깔끔하게 주 메뉴를 정하고 한상차림이나 코스식 한식 차림으로 정성껏 대접한다면 잊지 못할 추억을 공유할 수 있는 기회가 될 수도 있겠다.

1) 공간전개형 한상차림 식단

한국형 상차림으로 모든 음식이 상 위에 한꺼번에 차려져 나오는 식단을 말한다.

표 4-4 및 그림 4-16 에서 공간전개형 계절별 한식 상차림의 한 예를 볼 수 있다.

표 4-4 외국인을 위한 계절별 상차림의 예

계절	밥	국	반찬	김치	양념장	후식
봄	비빔밥	냉이토장국	새우전, 양파전, 더덕생채, 호박선	백김치	초간장, 약고추장	호박떡, 식혜
여름	흰밥	삼계탕	겨자채, 오이갑장과, 감자전, 풋고추전	깍두기	겨자즙, 초간장, 파, 소금, 후춧가루	증편, 오미자화채
가을	고구마밥	김치찌개	버섯나물, 생선구이, 쇠갈비찜	배추김치	간장	송편, 인삼차
겨울	조랭이떡국	–	해물파전, 북어보푸라기, 도토리묵무침	보쌈김치, 동치미	간장, 초간장	경단, 수정과

그림 4-16
외국인을 위한
계절별 상차림의 예

2) 외국인을 위한 시간전개형 코스식 상차림

외국인을 배려하여 수저와 함께 포크, 나이프 및 냅킨을 식탁 위에 놓는 상차림을 준비할 수 있다. 시간전개형 코스식 상차림은 프랑스, 미국, 중국 등 외국에서 볼 수 있으며 음식의 주와 부에 따라 순차적으로 제공한다. 우리나라의 다양한 전통음식 중에서 외국인들이 좋아하는 음식을 선택한 뒤 3첩, 5첩, 7첩, 9첩, 12첩 반상차림을 활용하여 맛, 영양, 시각적으로 훌륭한 상을 차릴 수 있다. 예를 들면 나물, 김치, 젓갈, 간장류는 기본으로 하고 냉채, 밥과 찌개, 후식 순으로 구성된 3첩 반상을 활용한 3종 코스를 만들거나 냉채, 전류, 육류구이, 밥과 맑은국, 후식 순으로 구성된 5첩 반상을 활용한 5종 코스를 만들 수 있다. 또한 죽, 냉채, 전류, 육류구이, 찜류, 밥, 후식 순으로 구성된 7첩 반상을 활용한 7종 코스를 내거나 국, 전류, 육류구이, 해산물구이, 잡채, 생선찜, 육류볶음, 밥, 후식 순

처음 만나는 식문화와 푸드 코디네이션

으로 구성된 9첩 반상을 활용한 9종 코스를 내놓을 수 있다. 마지막으로 12첩 반상을 활용하여 죽, 신선로, 냉채, 전류, 편육, 구절판, 육류구이, 해산물찜, 잡채, 오리고기, 밥, 후식 순으로 12종 코스를 내어 화려하고 다양하게 상차림을 할 수 있다.

표 4-5 외국인을 위한 시간전개형 다양한 한식 코스 상차림표의 예

코스	3코스	5코스	7코스	9코스	12코스
1	겨자채	잣죽	호박죽	전복죽	녹두죽
2	무맑은장국, 흰밥	생선전	탕평채	오이선	어채
3	경단, 식혜	불고기, 상추	표고전	월과채	구절판
4		배추속대국, 완두콩밥	대하찜	빈대떡	죽순채
5		다식, 인삼차	떡갈비	너비아니	북어전
6			두부전골, 흰밥	화양적	도미찜
7			매작과, 수정과	닭찜	송이산적
8				해물전골, 콩밥	전복찜
9				호박떡, 배숙	신선로
10					쇠갈비구이
11					버섯전골, 흰밥
12					오미자화채, 강정
기본 반찬	무생채, 갈비찜, 호박전, 나박김치	잡채, 시금치나물, 배추김치	오이생채, 오징어젓, 보쌈김치	더덕생채, 삼합장과, 열무김치	배추김치, 장김치, 석류김치
양념장	초간장, 겨자즙	초간장, 쌈장	초간장	초간장	초간장, 겨자즙

출처: 한식재단

6. 상차림 예절

식사 예절은 우리 음식, 중국 음식, 서양 음식, 일본 음식, 기타 인스턴트 음식 등 음식의 종류에 따라, 또한 어떤 장소에서 어떤 목적으로 어떤 사람과 함께하는가에 따라 다르다. 그러나 식사 예절의 기본은 나라나 민족에 따라 크게 다르지 않다. 어느 나라 음식이든 공통되는 기본적인 예절이 있다.

1) 식사 전 예절

- 식사 전에 위생상 손을 씻는다.
- 식사 전에 제공되는 물수건으로는 손만 닦아야 한다. 가볍게 손을 닦은 물수건은 잘 접어서 식탁 옆에 놓아둔다.
- 자리를 잡으면 허리와 어깨를 펴고 단정하게 자세를 바로 한다.
- 윗사람과 여러 사람이 함께하는 회식 자리에서는 반드시 윗사람이 식사를 먼저 시작하기를 기다린 후에 수저를 들어야 한다.
- 밥은 양성을 나타내므로 먹는 사람의 왼쪽에, 국은 음성을 나타내므로 오른쪽에 배치한다.
- 간장, 고추장 등 기본 조미료는 상의 중앙이나 먹는 사람에게 가까이 배치한다. 개인용은 따로 놓기도 한다.
- 국물이 있는 음식은 손님이 오른손잡이라면 오른쪽에 식지 않고 먹기 쉽도록 가깝게 놓는다.
- 부피가 작고 양이 적은 반찬은 가까이 놓고 부피가 크고 양이 많은 것은 멀리 놓는다.

2) 식사 중 예절

- 맛있는 반찬만을 골라 먹거나 젓가락 등으로 뒤적거리며 집었다 놓았다 하면 상대방에게 불쾌감을 준다.
- 한꺼번에 많은 음식을 입 안에 넣지 않는다.
- 가시나 찌꺼기는 한곳에 가지런히 모아서 여러 사람이 함께 쓰는 식탁이 지저분해지지 않도록 한다.
- 음식을 먹을 때 소리를 내지 말고, 다른 사람에게 입 안 음식이 보이지 않도록 하며, 수저가 그릇에 부딪쳐 소리를 내지 않도록 한다.
- 뜨거운 음식을 먹을 때 후후 소리 내어 불어 먹으면 안 된다. 일본에서는 우동이나 소바를 먹을 때만 예외적으로 후루룩 소리내어 먹는 면치기를 식사 예절로 인정하고 있기는 하나 과도한 소리에 모두 관대한 편은 아니다.
- 물을 입에 머금고 입가심 소리를 내는 것은 큰 실례가 된다.
- 음식을 먹을 때 몸을 앞으로 굽히거나 한 손으로 턱을 괴지 않는다. 몸을 뒤로 젖히며 음식을 입에 넣거나 혀를 내밀어 먹는 것 등도 삼간다.
- 몸을 단정히 하고 앉아 음식을 입에까지 가져다 먹는 것이 바른 자세이다.
- 음식을 먹을 때 말을 해야 할 경우는 입안에 음식물이 없게 하여야 하며 윗사람이 무엇을 물어서 대답을 해야 할 때에는 먹던 것을 삼키고 나서 수저를 놓고 말한다.
- 식사를 마칠 때에도 윗사람과 보조를 맞추며 먼저 수저를 놓지 않는다.

3) 식사가 끝났을 때 예절

- 윗사람이 아직 식사 중일 때에는 먼저 자리에서 일어나지 않는다.
- 수저는 국그릇에 걸쳐 놓았다가 윗사람이 음식을 다 먹고 난 후에 얌전히 수저를 상 위에 내려놓는다.

- 식사를 마치면 "잘 먹었습니다."하고 인사를 한다. 인사말하는 습관은 평소에 익힌다.

4) 다과상차림의 예절

전통적인 차를 마시거나 대접하는 예절은 복잡하고 까다롭기도 하다. 현대를 살아가며 흔히 접하게 되는 다과를 준비하거나 대접할 때와 다과를 받았을 때 서로 지켜야 할 예절이 있다.

- 손님에게 차를 대접할 때는 준비된 차의 종류를 말하고 어떤 차를 원하는지 의견을 묻는다.
- 탁자 위에 차를 올릴 때는 먼저 쟁반을 탁자 위에 내려놓은 다음 두 손으로 찻잔 받침을 들어 손님에게 놓는다.
- 손님의 뒤편에서 찻잔을 놓을 때는 손님의 왼쪽 뒤에서 앞쪽으로 놓는다. 오른쪽으로는 손님이 언제라도 움직일 수 있기 때문이다.
- 찻잔의 손잡이는 손님이 바라보는 쪽에서 오른쪽으로 놓고, 찻숟가락도 손잡이가 손님 입장에서 오른쪽으로 가도록 놓는다.
- 손님이 차를 다 마시면 빈 잔은 오래 두지 말고 즉시 치운다. 쟁반을 탁자 위에 놓고 두 손으로 들어서 치운다.
- 손님의 바로 앞에서는 자신의 뒷모습을 보이지 않는다.
- 차에 설탕이나 우유를 넣고 찻숟가락으로 저은 다음에는 찻숟가락을 찻잔의 뒤에 놓는다.
- 설탕이나 우유가 담긴 그릇의 뚜껑을 열 때는 뚜껑의 안쪽이 바닥에 닿지 않도록 뒤집어 놓는다.
- 찻잔이나 찻숟가락이 부딪치는 소리가 나지 않도록 한다.
- 오른손으로 손잡이를 들고 왼손으로 찻잔 밑을 받치듯이 잔을 들고 마신다.
- 마시는 소리가 나지 않아야 하며 뜨겁다고 후 하고 불거나 찻숟가락으로 떠

먹지 않는다.

- 차는 맛을 보며 조금씩 마신다.
- 다 마시면 찻잔을 조금 뒤쪽으로 밀어놓으며 "잘 마셨습니다."라는 인사를
  한다.

5장

일본·중국

상
차
림

한국과 일본 및 중국은 식생활에서 밥을 기반으로 젓가락을 사용한다는
공통점이 있고, 서로 인접하여 있어 상호 영향을 주고받으며 각각 고유
식문화를 바탕으로 상차림을 발전시켜왔다. 이 전 장에서 밥을 주식으로
하여 국과 반찬을 곁들이는 한식 상차림에 대하여 알아보았으며, 본
장에서는 섬나라 일본의 해산물을 위주로 하는 식문화를 바탕으로 하는
일식 상차림과 대가족이 식탁에 둘러앉아 주로 볶음요리를 각자 그릇에
덜어 먹는 식문화로 발전한 중국식 상차림의 특징을 자세히 알아본다.

1. 일본 상차림

일본은 지리적으로 아열대권에 위치하며 이모작이 가능한 곡물문화 중심으로 주·부식의 구분이 뚜렷하다. 일본의 상차림은 외상을 기본으로 하며 일즙삼채, 이즙삼채로 구성된다. '즙'은 국을 의미하고, '채'는 반찬을 뜻한다. 식사 시에는 젓가락만을 사용한다. 일본요리 메뉴의 원형은 무로마치시대(1336~1573년)에 무가(武家)의 예법과 함께 확립되었다. 요리의 특징은 크게 관동과 관서 지역으로 나뉘며, 수많은 지진과 폭풍을 견디면서 계절음식을 먹을 수 있음에 감사하는 마음이 식탁에, 자연 앞에 겸손한 마음이 요리에 표현되어 있다.

1) 일본 상차림의 일반적 특징

일본 상차림에서는 산수(山水)의 법칙을 지키고 요리한 음식을 예쁘게 담아내는 '모리쯔께' 하는 것도 요리의 한 부분이라 생각하여 입과 눈으로 요리를 먹는 것을 소중히 여긴다. 음식을 준비할 때는 재료 본래의 맛을 지키며 식품의 조화, 색, 형태에 맞추어 전체적으로 미각, 형태, 감성이 어우러진 음식이 되게 만든다. 일본요리의 상차림은 밥, 국, 쓰케모노인 무, 배추, 오이 등의 채소와 그 밖의 식품의 소금절임, 설탕절임 반찬을 기본으로 한다. 보통 혼젠 요리나 가이세키 요리에서는 기본적인 요리 외에 3~11가지를 더 올리고, 요리 사이에는 술을 권하며, 술이 끝난 후에 밥, 과일, 과자 및 더운물을 준비한다. 재료는 햇것, 제철의 것, 해산물, 수조육 등을 자유로이 조합하여 사용하며 중심요리, 중심으로 도입하는 요리, 여운을 남기는 후식요리 등으로 단계적인 변화를 주어 준비한다. 관혼상제에 따른 요리의 명칭과 식기의 색이 구분되어 있고 식기의 소재는 칠기, 도자기, 대나무, 유리 등으로 다양하다. 일본의 최근 일상 식단은 밥, 국, 쓰케모노 외에 조림, 튀김, 구이, 무침 등으로 구성되며, 밥을 주식으로 할 경우 식생활의 서구화 영향으로 커틀릿, 로스트치킨, 샐러드 등과 중국의 샤오마

그림 5-1
일본 현지의 다양한
일식 외식 상차림

이 등의 반찬이 많아지고 있다.

2) 일본 상차림의 분류

(1) 혼젠(本膳, 본선) 요리

정식 상차림으로 화려하고 예술적인 요리를 중심으로 차린다. 주로 관혼상제 때에 차려진 정식 식단이며 의식 요리로서, 상차림이 매우 복잡하나 일본 음식의 기초적인 식단으로 구성된 요리이다. 에도시대(江戸時代, 1603~1867년)에 이르러 혼젠 요리의 형식이 갖추어졌고 메이지시대(明治時代, 1868~1912년)에 들어오면서 민간인들에게 보급되기 시작하였다. 상차림용 식탁은 주로 검은색으로 다섯 가지 종류로 구성된다. 향응 형식의 첫 번째 상을 혼젠이라고 하며, 두 번째 상은 니노젠, 세 번째 상은 산노젠, 네 번째 상은 요노젠, 다섯 번째 상은 고노젠이라고 한다. 상(膳, 젠)의 수는 메뉴(献立, 곤다테)의 즙(汁, 시루)과 반찬(菜, 사이)의 수에 의해서 결정되며 즙이 없는 상은 와끼젠(脇膳), 야키모노젠(燒き物

膳)이라고 한다. 상은 다리가 붙어 있는 개인의 각상(角膳, 가꾸젠)을 사용하고 식기는 대부분 칠기그릇(塗(リ)物, 누리모노)을 사용한다. 식단의 기본은 일즙삼채(一汁三菜), 이즙오채(二汁五菜), 삼즙칠채(三汁七菜) 등이 있으나, 일즙오채(一汁五菜), 이즙칠채(二汁七菜), 삼즙구채(三汁九菜) 등으로 수정된 것도 있다. 혼젠요리는 향응 형식의 정통 일본요리로, 상의 구성 및 먹는 방법에 따른 예절과 방법을 중요하게 여겨왔으나 시대의 변화와 함께 많이 사라지고 의례적인 요리에 자취가 약간 남아 있을 뿐이다. 점차 새로운 연회용 요리인 가이세키요리(會席料理)로 변화되어 현재에 이르고 있다.

알아두기

삼즙칠채 구성의 혼젠 요리 상차림 식단의 예

- **첫 번째 상**: 혼젠(본선) → 일즙(一汁)인 된장국(味汁, 미소시루)과 사시미(刺身), 조림요리(煮物, 니모노), 일본김치(香物, 고노모노), 밥(飯)으로 구성한다.
- **두 번째 상**: 니노젠(二の膳) → 두 번째 국물인 맑은국(清し汁, 스마시지루), 5종류 정도를 조린 조림요리, 무침요리(和え物, 아에모노), 초회(스노모노, 酢の物) 등을 작은 그릇에 담아 곁들여 낸다.

- **세 번째 상**: 산노젠(三の膳) → 앞에 제공되지 않은 국물요리 하나와 튀김요리(揚げ物), 조림요리, 사시미(刺身) 등으로 구성한다.
- **네 번째 상**: 요노젠(四ノの膳, 與の膳) → 생선 통구이(姿燒, 스가타야끼) 등으로 구성한다.
- **다섯 번째 상**: 고노젠(五の膳) → 선물로 가지고 갈 수 있는 것으로 구성하며 밥과 고구마를 달게 졸인 것, 어묵 등의 물기가 많지 않은 요리들로 구성한다.

(2) 차가이세키 요리(茶懷石料理, 차회석 요리)

차를 마시는 다석(차석)에 제공하는 요리로서 차는 보약이고 장수에 도움이 된다 하여 약석(藥石)이라고 하였다. 무로마치시대 중기에 이르러 차를 즐기는 풍조가 유행했으며 현재의 다도 형태가 이루어졌다. 당시 선종의 승려들은 수업 중에는 점심식사 이외의 먹는 것이 금지되었으나, 식사를 하지는 않고 공복감을 씻으며 자기의 몸을 유지하고 병에 걸리지 않게 하기 위해 적은 양의 가벼운 죽만은 먹는 것이 허락되었다. 이것을 약석(藥石)이라고 한다. 차회석 요리는 수도 중의 동자승이 허기진 배를 달래기 위해 따뜻한 돌을 배에 품었다는 데서 나온 이름이다. 차의 맛을 충분히 볼 수 있도록 공복감을 겨우 면할 정도로 배를 다스린다는 의미가 있으며 차와 같이 대접하는 식사라고 할 수 있다. 차회석 요리에 사용되는 재료는 사계절의 계절감을 가장 중요하게 여긴다. 적은 양이지만 먹기 쉬우며, 맛있고 섬세하고 화려하게, 만드는 사람의 성의가 가득한 요리를 만들어 대접한다.

---

(3) 가이세키 요리(會席料理, 회석 요리)

복잡하고 규칙이 까다로운 혼젠 요리의 형식을 모태로 하여 일반인들이 간편하게 이용할 수 있도록 변화된 요리로, 오늘날에는 결혼 피로연이나 공식 연회 등에서 많이 사용하는 손님 접대용 상차림이다. 에도시대부터 이용하였으며, 하이쿠(일본 고유의 단형시)를 읊는 모임을 시작으로 발전하였다. 술과 식사를 중심으로 한 연회식 요리로서 현대의 주연요리(酒宴料理)의 주류를 이루고 있다. 간단한 것은 3채부터 시작하며, 5채가 되면 즙물(汁物)은 2즙이 되고 7채, 9채, 11채 등의 홀수로 증가한다. 밥과 고노모노는 형식보다는 시각·후각·미각을 통해 아름답고, 향기로우며, 맛있는 것을 전제로 한다. 가정에서는 5품과 7품 정도가 적당하며 가장 많이 사용된다. 회석요리의 메뉴 작성 시 계절감을 살리며, 재료에 변화를 갖게 하고, 오미오감(五味五感)을 적용한다. 다양한 술과 함께 나오므로 요정 요리라고도 한다.

알아두기

가이세키 요리의 구성

● 선부(先付, 센쓰께)[소부(小付, 고쓰께), お通し(오도오시), 猪口(쵸쿠, 멧돼지 입)]: 식사가 시작되면서 가장 먼저 나오는 무침이나 산뜻한 맛을 내는 요리를 말하며 적은 양을 작은 그릇에 낸다. 차회석에서의 점심(点心)의 뜻으로 한입 크기의 찐 밥이나 스시 등을 낸다. お凌ぎ(오시노기, 가벼운 식사)라고도 한다.

● 전채(前菜)[젠사이(ぜんさい)]: 중국 요리와 서양 요리에서 영향을 받은 요리로서 보통 3~7품의 요리를 낸다. 적은 양이지만 재료와 맛이 중복되지 않도록 하여 간단한 술 안주용과 식욕 촉진제로 내게 된다. 양식에서 애피타이저의 역할이다.

● 마시는 국물(椀盛)[스이모노(すいもの)]: 맑은 국이다. 일본 요리 중에서 계절감을 가장 중요시하는 요리이며 맑은 국의 맛을 보고 요리의 수준을 안다고 할 정도로 중요하다. 간을 약간 약하게 하여 앞서 맛을 본 강한 맛을 내는 음식에 적응된 입맛을 중화하여 다음 음식의 새로운 맛을 음미할 수 있도록 하는 역할을 한다.

● 회(お造り)[오쯔꾸리(おつくり), 刺身(さしみ)]: 생선회, 사시미라고도 한다. 간혹 육류나 채소가 사용되는 경우도 있으나 주로 어패류가 주가 되는 일본의 대표적인 요리라고 할 수 있다. 사시미라는 이름은 조리한 생선의 지느러미를 그 생선의 살에 꽂은 것이 어원이 되었다고 한다. 생선에 따라 칼을 사용하는 방법과 만드는 방법이 다양하여 일본요리의 정수라고 할 수 있다. 간장을 주로 곁들임으로 사용하나 된장, 초간장, 초고추장, 마늘, 생강 등을 곁들여 먹기도 한다.

● 구이요리(燒物)[야키모노(やきもの)]: 직접 또는 간접구이를 총칭한다. 옛날에는 축하상(祝う膳, 오이와이센)의 메뉴에 들어가는 요리를 흰 비단이나 금 종이, 가다랑어가루 등으로 꾸며 선물하는 것을 야키모노라고 하였는데, 야키모노라는 말은 여기에서 나왔다. 요리의 재료에 따라 꽂이 꿰는 방법, 불의 조정, 굽는 순서 등이 다르다.

● 조림요리(煮物)[니모노(にもの)]: 일반적으로 관서지방에서는 국물이 많고 담백한 맛을 내는 반면, 관동지방에서는 국물이 적고 농후한 맛을 내게 간을 하는 것이 특징이다. 희게 졸이는 방법, 달고 짜게 졸이는 방법, 튀겨서 졸이는 방법이 있으며, 전분을 이용한 조림 요리, 간장을 이용한 조림 요리 등이 있다.

● 추가로 제공하는 요리(追肴, 오이자카나): 전체적인 요리의 양이나 상황을 봐서 추가로 내는 요리로서 튀김, 찜, 무침, 초, 회 등의 요리를 추가하여 내는 것이다.

● 식사(食事, 쇼꾸지), 止椀(도메완, 마지막 내는 국물), 香物(싱꼬, 일본김치): 어느 정도 흥흥이 끝날 때쯤 식사가 제공되는데 흰밥과 된장국, 초밥, 죽, 면 등 전체적으로 요리의 양을 생각하여 메뉴를 구성한다. 도메완은 이제 요리가 끝났다는 것을 넌지시 알리는 국물이다.

● 과일(果物)[구다모노(くたもの)]: 주로 계절적인 과일을 많이 사용한다.

● 단것(甘味)[아마이모노(甘いもの)]: 차와 함께 단 음식을 제공한다. 차는 잎차를 많이 이용하지만 일본의 고급 음식점에서는 가루 녹차를 많이 사용한다.

● **3품 식단**: 밥, 국, 니모노(조림) 또는 야키모노(구이), 무코즈케(생선회), 고노모노(밑반찬)

● **5품 식단**: 밥과 고노모노 위에 스이모노(맑은 장국), 니모노, 무코즈케, 야키모노, 쵸쿠

● **7품 식단**: 5품 식단 외에 아이우오(찜, 튀김)와 스노모노(초무침)를 곁상에 올린다. 7품 식단에는 술이 나오므로 전채 요리가 나온다.

● **9품, 11품 식단**: 7품 식단 외에 아게모노(튀김), 무시모노(찜), 아에모노(부침) 등을 낸다.

(4) 정진 요리(精進料理, 쇼우징 요리)

정진 요리는 다도가 보급되는 전후에 서민에게 전달되었다. 불교의 '불살생'의 계율과 연관되어 어패류 및 육류와 파·마늘을 넣지 않은 사찰의 채소 중심 요리가 발전된 것으로 두부, 대두 가공품, 채소, 해초 등을 조화시킨 요리이다. 불교 전래 시 중국의 불교 승려가 일본에 귀화하던 일이 많아, 대두(大豆)를 활용하는 청국장(納豆)이나 두부튀김 등을 사용하는 사찰의 독특한 요리인 정진 요리가 보급되었다. 정진 요리란 유정(有情, 동물)을 피하고 무정(無情, 식물)인 채소류, 곡류, 두류, 해초류만으로 조리했다는 뜻으로, 좋은 음식(미식, 美食)을 피하고 검소한 음식(조식, 粗食)을 하는 것을 의미한다.

식단은 혼젠 요리의 형식으로서 1즙 3채, 1즙 5채, 2즙 5채, 3즙 7채 등의 기본에 따라 구성한다. 주로 사원에서 발달하였으며 무침, 절임 등이 담긴 사발과 함께 1인분씩 상을 낸다. 정진 요리의 중심지는 교토이다. 정진국(精進汁, 쇼우징지루), 정진튀김(精進揚, 쇼우징아게)이라는 용어는 식물성 재료만으로 만들어진 국 또는 튀김이라는 뜻으로 이용되고 있다.

(5) 후차 요리(뽑茶料理, 보채요리)

차를 마시고 난 다음의 식사로 채소, 기름, 녹말가루를 사용한 중국식 요리이다. 일본요리는 개개인의 상을 준비하나 후차요리는 4인 1탁(四人一卓)으로서 네 사람이 한 상에서 가운데 한 그릇에 요리를 담아 놓고서 덜어 먹는다. 에도시대

중기에 중국으로부터 전래되어 중국식 정진 요리라는 이름으로 퍼지기 시작하였다. 일본에 귀화한 스님인 잉겐젠시(隱元禪師)로부터 처음 전해져서 대대로 귀화한 스님에 의하여 이어졌는데, 그 영향이 후차 요리에 그대로 남아 있다. 중국처럼 원형 탁자로 요리를 즐긴다. 후차 요리는 불교정신의 영향으로 살아 있는 재료는 사용하지 않는 것이 원칙이며, 영양을 고려하여 두부, 깨 및 다양한 채소와 건어물을 조리한다. 자연의 색과 형태를 활용하여 아름답게 꾸미며 선종의 간단한 조리법을 도입해 넣은 것이 특징이다.

(6) 탁복 요리(卓袱料理, 싯포쿠 요리)

이 요리는 형식상 포르투갈, 네덜란드 요리의 방법이 많이 이용되었으나 중국요리와 일본요리를 혼합하여 일본 사람이 좋아하는 요리로 만든 것이다. 그 내용은 시대의 경과에 따라 점점 변화하고 있다. 무로마치시대의 1571년, 나가사키(長岐) 항이 개항되고 당나라를 시작으로 포르투갈, 네덜란드 등 외국과의 교류가 활발하게 되어 독특한 문화가 나가사키에 꽃피게 되었다. 이와 같이 이국과의 교류를 통해 자유로운 분위기를 체험한 나가사키 사람들이 당시의 복잡한 일본요리 형식을 탈피하여 개방적인 요리로의 변혁을 시도하여 현재의 싯포쿠 요리를 확립시켰다. 나가사키의 대표적인 요리로서 탁복의 탁(卓)은 식탁을, 복(袱)은 식탁을 덮는다는 의미를 갖고 있다. 몇 사람의 손님이 식탁을 중심으로

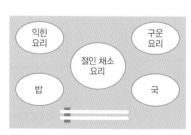

일즙삼채의 기본 일식 상차림

그림 5-2
일식 상차림

최신 혼젠 요리를 응용한 일식 외식 상차림

앉아 큰 그릇에 담은 요리를 나누어 먹는 것으로 먹는 방법, 식기 · 요리의 배치 방법 등은 중국 형식 그대로인 호화로운 요리이다.

3) 일본의 시절식 상차림

(1) 1월 1일(正月)

일본인은 정월인 1월 1일에 신사에 가서 일 년의 신수를 알아본다. 음식은 불을 사용하지 않고 미리 만들어 합에 넣어 먹는 '오세치 요리(御節料理)'와 '조오니' 라는 떡국을 먹는다. 가짓수가 많은 오세치 요리는 며칠 만에 만들 수 없기 때문에 12월 초순부터 시작하여 한 가지씩 순차적으로 준비해야 한다. 오세치 요리는 국물이 없게 만들고 좋은 한 해가 되도록 기원하며 정성을 모아 만드는 음식이다. 색깔의 조화를 중요시하여 아름답고 화려하게 만들고 찬합에 담아야 한다. 완성된 재료를 어떻게 담을 것인가를 구상하고, 어떻게 자를 것인지도 생각해야 한다.

오세치 요리는 함축된 의미를 내포하고 있는데 청어알은 자손 번영을, 고구마조림은 복이 가득하기를, 멸치조림은 옛날 밭에 비료로 사용한 데서 유래하여 풍작을 기원하는 것이고, 검정 콩조림은 부지런히 건강하게 살아가기를, 다데마끼와 다시마말이는 문화를 높인다는 의미가 있고, 연근조림은 앞날을 볼 수 있는 지혜의 눈을 갖는다는 의미가 있으며 쿠와이(쇠기나물)는 인생의 희망을, 초로기(두루미냉이)와 등을 굽힌 새우는 장수를 기원하는 의미가 있다.

알아두기

오세치 요리로 구성한 4단 도시락 차림의 예

● **1단**: 축하하는 술안주를 중심으로 담는다.
● **2단**: 권해서 집어먹을 수 있는 안주를 중심으로 담는다.

● **3단**: 구이요리와 조림요리를 색채를 아름답게 조화시켜 담는다.
● **4단**: 초무침 요리나 그 밖의 냄새나 향기가 나지 않는 음식을 담아낸다.

(2) 3월 3일(ひな祭リ, 히나마쓰리)

'모모노세쿠'라고도 하며 3, 5, 7세의 여자아이들의 날이다. 붉은 천이 덮인 제단 위에 전통 인형, 과자, 떡, 복숭아, 술 등을 올려놓고 딸의 건강과 행복을 기원하는 전통축제이다. 온 가족이 모여 지라시스시 등을 나누어 먹고 복숭아꽃 장식을 하는 날이다.

(3) 5월 5일(こどもの日, 코도모노히)

'코이노보리'라고도 하며 남자아이들의 날로 힘의 상징인 잉어 모양의 풍선을 날리는 날이다. '가시와모치'라는 떡갈나무 잎으로 감싼 찰떡을 먹는다. 떡갈나무 잎은 겨우내 가지에 붙어 있다가 새싹이 나올 때에 떨어진다고 하여 자손 번영을 기원하는 뜻이 있다.

(4) 하지(土用の丑の, 도요노우시노히)

삼복 복날로 장어덮밥(우나기)을 먹는 날이다. 장어에는 단백질, 지방, 비타민 A, 철, 인 등이 풍부하여 성장발육과 생식기능, 인체면역력, 시력 등에 좋다. 또한 칼로리가 높으나 불포화지방산과 단백질이 많이 함유되어 있어 성인병 예방, 허약 체질의 원기회복에 탁월한 효과가 있다. 빨간 깃발에 '토용의 날'이라 써서 알린다.

(5) 8월 15일(お月見, 오츠키미)

8월 중추절로 헤이안시대에 궁중놀이로 시작되었다. 궁중에서는 월병과 모치를 즐겼으며 밤과 감을 차렸다는 점에서 우리의 추석과 비슷하다. 에도시대부터 서민들에게도 사랑받기 시작했다.

(6) 동지(冬至, 도오지)

12월 22일로 팥죽을 먹거나 호박에 팥을 넣은 호박 조림을 먹기도 한다. 호박에는 녹말, 카로틴이 풍부하며 비타민 B_1, B_2, C가 포함되어 있어 체내의 점막을 튼튼하게 해주어 감기에 대한 저항력을 길러준다. 또한 일본인들은 동지에 유자로 목욕을 하는데 이는 혈액순환을 촉진시켜 감기를 예방해주는 효과가 있다.

(7) 연월(年越)

12월 31일로 제야 '도시고시'라고 하며 해를 넘기기 전에 밤참으로 음식을 먹었고 도쿄는 소바, 오사카는 우동 등의 면을 먹었다. 면 음식을 먹는 것은 끊어지기 쉬운 면의 성질로 악재들을 정리하고 새로운 시작을 한다는 것을 의미한다.

4) 일본식 상차림 세팅과 코디네이션의 아이템

(1) 상차림 세팅

식단 구성, 즉 상차림의 구성을 일본요리의 전문 용어로 콘다테(獻立表, こんだて)라고 한다. 메뉴를 구성할 때는 먼저 음식을 접하는 사람의 상황이 어떠한가를 파악하는 것이 중요하다. 즉, 행사의 성격, 연령, 성별, 건강 상태, 기호도 등을 확실히 아는 것이 좋다. 계절에 따른 시장의 상황, 조리하는 주방의 활용 가능한 상태, 조리사의 능력 등을 고려하여 식단 구성을 해야 한다. 일본 상차림의 기본적 세팅은 **그림 5-3**과 같다.

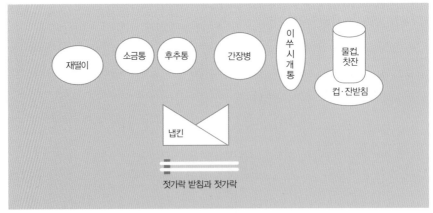

그림 5-3
일본 상차림 기본 세팅

(2) 코디네이션의 아이템

일본 상차림에 사용하는 리넨류는 목적에 따라 면, 아사 등 도메스틱 컬러의 소재를 사용한다. 기본적 테이블 세팅은 개인용 식탁이다. 테이블웨어는 상황에 따라 칠기, 도자기, 유리 식기 등을 이용한다. 커틀러리는 테이블웨어와 맞추어 상황별로 칠기, 목재 젓가락을 선택한다. 글라스류는 상황에 따라 도자기, 유리, 칠기의 술잔을 사용하며 센터피스는 테이블 세팅과 어울리는 도자기나 칠기 제품의 화기를 사용한다. 휘기어류를 이용할 때는 상차림 목적, 풍습, 행사에 어울리는 것을 선택한다. 어태치먼트는 풍습이나 행사의 소재를 나타낼 수 있는 것을 이용한다.

5) 식사의 예절

- 식사를 위해 착석을 할 때 좌식인 경우 발로 방석을 건드리지 않는다. 앉는 자리에 상·하석이 있으므로 권해주는 자리에 앉는다.
- 뚜껑이 있는 식기류는 식사 전에 왼쪽에 있는 것은 열어서 뚜껑을 왼쪽에, 오른쪽의 것은 오른쪽에 둔 후에 식사를 한다.
- 젓가락(はし, 하시)을 잡을 때는 두 손을 사용하는 것이 예절이다. 젓가락을 사용할 때는 한쪽은 자신이, 다른 한쪽은 신이 먹는다는 의미로 양쪽을 사용하며, 한 손으로 들고 다른 한 손으로 받쳐서 사용하고 놓을 때도 받쳐서 내려놓는다. 명절에만 사용하는 젓가락이 따로 있다.
- 젓가락으로 멀리 있는 그릇을 끌어당기거나, 음식물을 젓가락 대 젓가락으로 주고 받는 것, 자신의 젓가락으로 공동의 음식을 집어 먹는 것, 젓가락으로 이것저것 눌러 보는 것은 절대 금물이다.
- 국은 두 손으로 들어 젓가락으로 건더기를 건져 먹은 후 국물을 마신다. 국물을 마실 때는 젓가락으로 건더기를 누르고 마신다. 국에 밥을 말아 먹지 않는다.
- 숟가락은 우동국물, 달걀찜(차완무시)을 먹을 때 사용한다.

- 국뿐만 아니라 작은 식기류에 담긴 음식은 들고 먹어도 된다. 이때 두 손으로 받쳐 들고 마시거나 먹는다.
- 초밥은 물수건으로 손을 닦은 후 손으로 먹거나 젓가락으로 먹는다. 스시용 간장은 한 번에 조금씩만 따른다.
- 튀김요리는 무즙을 첨가한 양념장과 먹고 생선회(사시미)는 위에 와사비를 얹어 간장을 찍어 손으로 받쳐 먹는다. 생선회가 개인 접시로 나올 때에는 맛이 담백한 흰 살 생선부터 기름진 맛의 붉은 살 생선 순으로 먹는다.
- 상차림에서 생선을 놓을 때는 왼쪽으로 머리가 가게 놓는다. 한쪽을 다 먹으면 뒤집지 않고 가시를 발라서 '가이시'라는 이름의 종이에 담는데, 생선 가시 이외에도 씨나 열매 등을 담기도 한다. 특히 기모노를 입는 모임에서는 가이시를 넣어서 자신의 생선 가시나 씨앗 등 뱉었던 것들을 싸가지고 돌아온다.
- 식사가 끝나면 차로 젓가락의 끝을 씻어서 제자리에 놓는다.
- 차를 마실 때는 찻잔을 두 손으로 들어 왼손으로 찻잔 바닥을 받치고 오른손으로 찻잔을 감싸쥐고 소리가 나지 않도록 마신 다음 뚜껑을 덮는다.
- 일식에서 과일(미즈가시)을 낼 때는 손으로 먹는 밀감과 포도를 제외한 다른 과일들은 포크로 먹을 수 있도록 손질해서 차리므로 포크를 사용해서 먹는다.

2. 중국 상차림

중국은 5천 년 역사를 지닌 국가로, 현재 전체 인구 중 약 90% 이상의 다수를 차지하는 한족과 55개 소수민족으로 구성된 56개 민족의 다양성이 원동력인 국가이다.

처음 만나는 식문화와 푸드 코디네이션

1) 중국 상차림의 일반적인 특징

중국은 양쯔강 이북과 이남의 기후가 크게 다르기 때문에 그곳에 사는 사람의 생활환경도 많이 다르다. 흔히 양쯔강을 경계로 하여 남과 북으로 구분한다. 대개 양쯔강 이남은 강남(江南) 지역이라 하는데 비교적 늦게 개발되었다. 강남의 남방은 수천 년을 두고 개척해서 살기 시작한 곳으로 기후도 북방에 비해 따뜻한 아열대여서 산출되는 식재료들이 풍부하고 다양하다. 남방은 쌀이 많이 나오고 강과 호수가 많아 생선도 풍부하여 쌀밥이 주식이며 신선한 채소와 생선을 중심으로 하는 요리가 다양하다. 식재료가 항상 풍부하다 보니 재료 본연의 맛을 살려 맛을 내는데, 소금이나 매운 양념을 사용하기보다는 음식을 자연 그대로 익혀 먹으면서 신선함과 단맛을 주로 사용하고 싱겁다는 특징을 나타낸다. 강남 지역은 따뜻하여 살기는 좋지만 습도가 높아 질병이 많다고 알려져 있기도 하다. 중국 문화의 중심지는 양쯔강 북쪽으로 강북(江北) 지역이라는 말 대신 북방 지역이라는 표현을 잘 쓰고 있다. 북방 지역은 소맥, 옥수수, 수수 등이 많이 재배되어 다양한 밀가루 음식과 옥수수를 원료로 하는 술이 많이 전해오고 있다. 북방 지역에서는 추운 겨울 동안 음식 재료를 오래 저장하기 위한 방법으로 맵고 짠 보존 식품들이 발달하기도 하였다.

중국 상차림의 원칙은 크게 대원(大圓)사상, 고온 단시간 숙식 조리, 기름에 볶는 요리, 녹말가루의 상용, 다양한 식재료를 이용한 화려한 조리, 간단한 조리 도구로 요약하여 설명할 수 있다.

(1) 대원사상

중국 음식의 일반적인 특징은 원형이 중심이 되어 접시, 테이블, 딤섬, 센터피스 등을 둥글게 만든다는 것이다. 중국의 테이블은 대원(大圓)사상으로 인해 주로 원탁 테이블을 쓴다.

(2) 고온에서 단시간 숙식 조리

고온에서 단시간에 강한 화기를 사용하여 숙식 조리하는 방법은 음식에 살균효과를 낸다. 과거에는 특히 전쟁 시에 탈이 나지 않게 하는 효과를 내었다. 미리 밑간을 하고 조리하여 재료가 너무 익거나 덜 익지 않고 식품 고유의 맛을 살릴 수 있게 한다.

(3) 기름에 볶는 요리

중국요리에서 대부분 기름을 많이 사용하게 된 계기는 중국 서북방의 농경이 적합한 황토지대에서 이루어졌던 농경생활에서 찾을 수 있다. 기름에 볶는 요리는 비교적 긴 시간의 강도 높은 노동력 및 작업과 어울리는, 농사에 도움이 되는 음식이었다. 기름에 볶는 것은 조리 시간이 짧고 물기가 없으며, 한 번 조리한 음식을 비교적 장기간 보존할 수 있고, 남은 음식을 재가열해도 처음 조리했던 맛이 간단하게 살아나는 실용적이고 효과적인 조리법이다. 또 이렇게 조리하면 조리 과정에서 재료의 오미배합(伍味配合)이 맛을 좋게 하며 칼로리와 영양을 높이고 음식의 변질을 막는 효과가 있다.

(4) 녹말가루의 상용

녹말가루는 중국요리의 뜨거운 온도를 유지시킬 수 있어 많이 사용한다. 또한 녹말가루는 식품의 수분과 조리에 사용하는 기름이 분리되지 않게 도와주는 역할을 한다.

(5) 다양한 식재료를 이용한 화려한 조리

식재료는 엄격하고 다양하게 선택한다. 선택된 다양한 식재료는 정교하고 세밀하게 작은 크기로 잘라서 불 가감에 주의하여 풍요롭고 화려한 외양을 갖추도록 조리한다.

(6) 간단한 조리기구와 식기

중국은 일찍부터 도자기가 발달하여 차와 음식의 도구로 도자기를 이용했다. 음식을 먹을 때는 간단하고 사용법이 쉬운 중국식 숟가락인 탕츠를 개인 접시 위쪽에 가로로 두며 사용한다. 식기는 붉은 칠기를 사용하고 젓가락이나 냅킨에도 붉은색을 선호하며 젓가락은 오른쪽에 세로로 놓는 것이 원칙이나 요즈음은 가로로 놓기도 한다.

2) 중국 상차림의 분류

중국요리는 크게 황하 유역과 북방 지역의 산둥 요리의 영향을 받아 형성된 북방요리와 장강(長江)유역, 회하(淮河)유역, 상강(湘江)유역, 주강(珠江)유역의 요리를 일컫는 남방요리로 구분하기도 한다. 중국 음식을 '남첨북함 동랄서산(南甜北鹹, 東辣西酸)'으로 요약하여 표현하기도 하는데, 이는 남쪽 음식은 달고 북쪽 요리는 짜며 동쪽 요리는 맵고 서쪽 요리는 신맛이 있다는 뜻이다. 이 표현은 중국 전체가 아닌 과거 중원 지역, 즉 하남성 일대를 기준으로 본 것으로 실제 중국 음식은 서쪽에 있는 사천 요리가 가장 맵다.

중국인의 주식을 살펴보면 대개 남방인들의 경우 쌀밥(米飯, 미판)과 중국식 설떡인 니앤까오 등과 같이 쌀로 만든 음식이 주식이다. 북방인들은 소 없는 찐빵(饅頭, 만토우), 중국식 밀전병(烙餠, 라오빙), 소가 든 찐빵(包子, 빠오즈), 둘둘 말아서 찐 빵(花卷, 화쥐앤), 국수(面條, 미앤티아오), 밀가루를 반죽하여 얇게 민 다음 잘게 저민 고기나 채소 따위를 넣어 싼 만두(餃子, 쟈오즈) 등의 밀가루 음식을 즐겨 먹는다. 주식에다가 돼지고기, 생선, 닭, 오리, 쇠고기, 양고기, 채소, 콩 등의 재료를 이용한 부식을 조리하여 맛과 영양적으로 균형과 조화를 고려한 식생활을 실천한다.

중국에서는 아침식사를 집에서 만들어 먹기보다는 밖에서 구입하여 먹는데, 주로 밀가루로 만든 유조(油條, 요우티아오)나 전병(煎餠, 지앤빙)과 같은 음식과 쌀로 만든 죽이나 콩으로 만든 두장(豆醬, 또우지앙) 등을 사 먹는다. 중국인의 점심시간은 보통 2~3시간으로 충분하여 직장과 집이 가까우면 집으로 돌아가 간단히 점심식사를 만들어 먹으며 저녁에는 대체로 가정에서 가족들과 함께 식사를 한다. 중국의 개혁·개방 이후 대도시에서 경제적으로 성공한 많은 사람들의 수가 급격히 증가하면서 외식 산업이 크게 발달하기도 하였다.

중국요리를 지역적으로 전통 요리별로 분류하여 특징을 요약하면 다음과 같이 나눌 수 있다.

(1) 지역 요리의 분류

중국 사람들이 좋아하는 요리를 4대 요리(四大菜系)와 8대 요리(八大菜系)로 구분하기도 하는데 이를 요리 체계(菜系, 차이시)라고도 한다. 춘추전국시대의 한족 음식문화에서 남쪽과 북쪽 요리의 맛이 특히 지역적으로 다른 특징을 보이는데, 당과 송나라시대를 지나며 남쪽과 북쪽 음식은 각각의 음식 체계를 갖추게 되었다. 4대 요리는 중국요리의 부흥기라 할 수 있는 청(淸)나라시대 초기에 가장 영향력 있는 지방의 요리로서 광둥 요리(廣東菜, 광둥), 산둥 요리(山東 혹은 魯菜, 산동 혹은 노채), 사천 요리(川菜, 쓰촨), 강소 요리(江蘇 혹은 淮揚, 강쑤 혹은 회양)를 말한다. 그리고 청나라시대 말기에 저장 요리(浙菜), 안후이 요리(徽菜), 푸젠 요리(閩菜), 후난 요리(湘菜)의 4대 지방 요리가 합쳐져 청나라 초의 4대 요리와 함께 중국 한족 음식 문화의 8대 요리가 되기도 하였다. 여기에 북경(北京)과 상해(上海) 요리를 더해 10대 요리로 분류하고 있다. 오랜 역사와 광활한 땅을 지닌 중국의 요리는 오늘날 우리나라에도 영향을 미쳐 중국 4대 요리인 산둥, 강소, 사천 및 광둥 요리와 북경 및 상해 요리가 잘 알려져 있으며 이들 지역 대표 요리의 특징을 다음과 같이 요약하여 설명할 수 있다.

① 산둥 요리

산둥성(山東省)은 산둥 반도에 위치하고 있으며 황하(黃河) 하류, 황해(黃海), 보하이해(渤海)와 닿아 있다. 산둥(山東)이라는 이름은 고대로부터 전해져 내려오는 것으로, 고대 중국에서는 타이항 산맥의 동쪽을 산둥이라고 불렀다. 산둥 요리는 중국 8대 요리 중 하나로 노채(魯菜, 루차이)라고도 했으며, 송나라 때에는 북식(北食)이라고도 하였다. 원·명·청나라 때에는 산둥 출신 요리사들이 궁궐로 들어가면서 산둥 요리가 궁중요리의 중심이 되었다. 청나라 때에는 산둥 요리가 자체적인 요리 계통을 이루어 황하 유역, 기타 북방 지역 및 동북까지 영향을 미쳐 북방 요리의 대표가 되었다. 청나라시대 말부터 중화민국 초기에는 그 영향권이 동북아 지역까지 확대되면서 북방채(北方菜)라고 불리기도 했다.

산둥 요리는 재료의 선택이 광범위하고 육류와 해산물을 많이 사용하며 고온에서 단시간 조리하는 볶음 요리가 많고 요리 본연의 맛을 살리는 데 중점을 두는 것이 특징이다. 신선하고 짠맛이 주된 맛이고 시고 달고 매운 맛을 사용하기도 한다. 산둥 요리는 제남(齊南)과 교동(膠東) 반도 지역의 지방 요리로 구분되는데 제남 요리는 조리법이 독특하고 다양하며 제탕이 유명하다. 교동 요리

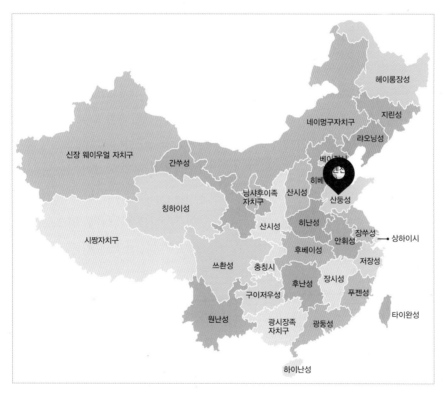

그림 5-4
중국 산둥성의 위치

는 해산물이 유명하며 깨끗하고 신선한 원래의 맛을 중요시한다. 대표적인 산둥 요리로는 살아 있는 붉은 잉어를 뜨거운 냄비에 넣고 튀긴 간(건)작홍린어(干(乾)炸紅鱗魚), 대파와 해삼 불린 것을 볶아낸 총소해삼(葱燒海蔘), 뜨거운 설탕 시럽에 사과를 입혀낸 요리인 발사평과(拔絲苹果) 등이 있다.

② 강소 요리

강소 요리(江蘇菜系)는 초기에 회양 요리라고도 했다. 명·청시대에는 양주에서 소금 운송을 하는 등 배가 지나는 길에 반드시 정박하여야 했으므로 강소 지역에 상인이 운집하여 경제가 번영하였다. 이에 따라 외식산업이 발달하여 요리사가 많았으나 철도가 개통된 뒤에는 운하 교통이 쇠퇴하여 회양의 요리사가 외부로 빠져나가게 되었다. 강소 요리는 해산물 재료를 많이 사용하고 썰기가 섬세하며 불의 세기와 가열 시간을 중시하며 재료 본연의 맛을 내어 짜면서도 단맛을 내는 특징이 있다. 푹 삶아 뼈를 발라낸 음식도 모양이 흐트러지지 않을 정도로 요리가 우아하고 아름답다.

　대표적 강소 요리는 회양 요리, 금릉 요리, 소석 요리 및 서해 요리로 구분할 수 있다. 회양 요리는 대운하의 중추인 양주, 회음, 회안 일대의 요리로 재료가 풍부하고 맛이 담백하다. 예로부터 양주의 칼 다루는 기술은 최고였다고 하며, 회안과 회음은 장어 요리가 특히 유명하다. 금릉 요리는 남경지방을 중심으로 한 요리로 경소채(京蘇菜)라고도 한다. 남경 요리의 냉채는 색이 아름답고 열채는 맛이 진하며, 생선과 새우 요리 및 오리 요리도 유명하다. 남경 요리는 여러 지방의 장점만을 취해 변화시킨 것으로 민물고기를 다람쥐 모양으로 튀겨 탕수 소스를 얹은 요리(松鼠魚, 송서어) 등이 대표적이다. 소석 요리는 소주와 무석(無錫) 지방의 요리를 말하며 맛이 달고 뒷맛이 짜며 기름과 간장을 많이 사용한다. 서해 요리는 서주와 연운항 일대 지방의 요리로 순박하고 실용적이며 신선하고 짠맛이 주를 이룬다.

그림 5-5
중국 강소 지역의 위치

③ 서방 요리(사천 요리)

사천 요리는 사천(四川, 쓰촨), 귀주(歸(州, 구이저우), 운남 혹은 후난(雲南 혹은 湖
南) 등 사천성을 중심으로 한 장강 중상류 지역에서 발달한 산악지대 요리로 천
채(川菜)라고도 한다. 중국 내륙 중심의 사천성은 다른 지방과 다소 멀었기 때문
에 음식도 오랫동안 독창적으로 발달하였다. 사방이 산으로 둘러싸여 있고 양
자강 중상류에 위치하며 강이 도시를 가로지르고 흘러서 토지가 비옥하고 식재
료가 풍부하다. 또한 바다가 멀고 더위와 추위가 심한 고랭지 지방으로, 궂은 날
씨를 이겨내기 위해 향신료를 많이 쓴 요리가 발달해왔으며 특히 매운맛을 내
는 특징이 있다. 사천성은 문물이 풍부하고 재료가 다양하나 채소류는 많이 나
는 반면 어패류는 나지 않는다. 사천 요리는 고추, 산초, 후추, 술지게미(향조, 香
糟), 두반장, 파, 생강, 마늘 등의 조미료와 향신료 사용이 많다. 특히 후추, 고추,

그림 5-6
중국 사천 지역의 위치

산초의 삼초를 많이 사용하여 향과 맛이 진하고 얼얼하며 매운맛이 강하다. 또한 기름기는 적은 편이고 육수 사용이 섬세하다는 특징이 있다. 다양한 색채미의 전채요리가 발달하였으며 양질의 암염이 생산되어 소금절이와 저장식품이 많다. 대표적인 요리에는 마파두부(麻婆豆腐, 마풔또우푸)와 어향육사(魚香肉絲, 위씨앙로우쓰)가 있는데, 그중 어향육사는 돼지고기, 죽순, 버섯, 파, 생강 등의 채소와 간장, 식초, 소금, 설탕, 고추기름 등 많은 재료에 전분과 육수를 넣어 만든 걸죽한 요리이다. 사천 요리는 청나라시대 후기에 해외로 진출하여 광동 요리와 함께 중국요리를 대표하는 요리가 되었다.

④ 광둥 요리(남방 요리)

광둥 요리는 월채(粤採)라고도 하며 춘추전국시대에 형성되기 시작하여 진시황이 중국을 통일하고 세력을 지금의 광둥성이 있는 영남 지역까지 확장하면서 발전하였다. 복건, 광둥, 광주, 홍콩 등 주강 유역 해안선에 면한 지방의 요리로, 해산물 요리가 유명하며 회 요리도 있다. 이곳은 중국과 해외 각국이 연결되는 주요 통로이며 육상과 해상을 연결하는 무역이 활발하여 대부분의 진귀한 화물이 광주를 통하여 내륙으로 유입되었다. 조정에서 좌천되어 광둥 지방에서 벼슬을 하는 일도 많았기 때문에 그때 함께 따라온 요리사들이 북방 각지의 다양한 음식 문화를 광둥 지방에 전하기도 하였다. 아편전쟁 이후 유럽의 선교사와 각국 상인들이 많이 들어와 서양의 조리 기술을 전파했던 역사적 배경 속에서 광둥의 요리사들은 중국 각 지방 요리의 장점과 서양 요리의 재료와 조리법도 잘 받아들여 균형 있고 이국적인 요리도 발달시키면서 광둥 요리를 더욱 풍부하게 발전시켰다. 광둥 요리는 지역적으로 중국 남부 연안의 풍부한 어패류

그림 5-7
중국 광둥 지역의 위치

와 아열대성 채소를 사용하여 맛이 신선하고 담백하며 대체적으로 간을 싱겁게 하고 기름을 적게 쓰는 특징이 있어서 오늘날 가장 대중적이면서도 최고의 중국요리라는 인정을 받고 있다.

광둥 요리는 천하의 먹을거리는 모두 광둥에 모여 있다고 하는 식재광주(食在廣州)라는 말이 있을 정도로 재료가 풍부하여 재료 사용의 범위가 넓고 맛이 깨끗하고 신선하다. 또한 시원하고(爽) 부드러우며(嫩) 서로 맛과 영양이 어우러지는 양생(養生)의 효과도 중히 여긴다. 살아 있는 재료를 사용하는 신선한 요리와 계절에 따른 제철 요리를 중요하게 여기는 것도 광둥 요리의 큰 특징이다. 버터, 케첩, 굴소스 등과의 접목으로 서구풍의 색채와 함께 변화를 크게 주는 요리가 많다. 대표 요리로는 광둥식 탕수육, 상어지느러미찜, 볶음밥 등이 있고 전 세계적으로 유명한 딤섬도 광둥 요리이다.

⑤ 북경 요리

중국을 여행할 때 흔히 과거의 중국은 서안(西安)을 보면 되고 미래의 중국은 상해(上海)가 대표이며 현재의 중국은 북경(北京)이라고 요약하기도 한다. 중국의 수도이기도 한 북경은 중국 요리의 수도이기도 하여, 수백 년간 정치의 중심이었던 북경의 주요 거리에는 각 지방의 대표 음식이 모두 모여 있다. 중국 북방 요리는 그 지역에 살던 기마 민족의 영향을 받아 육류와 밀가루 음식이 많다. 또한 북방 지역은 초원도 많아서 이 지역 사람들은 야생 초식동물을 식재료로 먹었다. 민족이동을 통해 한반도에 살아온 기마 민족의 후손인 우리 민족도 육류를 좋아하여 긴 겨울 동안 신선한 채소가 부족한 식생활을 하였다. 그래서 북경 요리는 우리나라의 음식과 맛이 비슷하고 우리나라 사람들의 입맛에 잘 맞는다고 한다. 이러한 북경 요리를 징차이(京菜)라고 하는데, 북경 요리는 베이징(北京)을 중심으로 남쪽으로 산둥성, 서쪽으로 타이위안까지의 요리를 포함한다. 북경은 중국 각지에서 우수 식재료의 진상품이 모이던 곳으로, 우수한 요리사들이 각 지역의 장점만을 받아들였으며 명·청의 궁정 요리와 접목하여 사치스러운 요리 음식문화를 발달시킨 곳이다. 중국 요리의 별칭인 '청요리'가 유

**그림 5-8
중국 북경 지역의 위치**

래된 곳이기도 하다. 청나라시대의 만한전석은 요리의 화려함과 호사스러움의
극치를 보였던 중국요리의 진수라 할 수 있다.

　북경은 지리적으로 한랭한 북방에 위치한 만큼 추운 기후 때문에 몸을 따뜻
하게 할 수 있는 요리가 요구된다. 따라서 석탄을 이용하여 강한 화력으로 짧은
시간에 조리하는 튀김(炸) 요리와 볶음(炒) 요리 등을 돼지, 오리, 양 등의 식재
료에 접목한 칼로리가 높은 육류 요리가 발달했다. 또한 맛이 진하고 많은 향신
료와 재료를 통째로 사용하는 냄비요리도 발달하였다. 밀도 많이 생산되어 면
류와 만두 종류가 많은 것도 특징이다. 대표적인 음식으로는 북경 오리 구이가
있으며 우리나라에서 흔히 볼 수 있는 중국음식점은 대부분 이 북경의 요리법
을 따르고 있다.

그림 5-9
중국 상해 지역의 위치

⑥ 상해 요리

양쯔강 유역의 음식을 총칭해서 상해(상하이) 요리라고 한다. 상해 지역은 바다, 강, 호수가 많아 어패류, 새우 요리 등 해산물 요리가 많고 조미료로 설탕과 간장을 많이 쓰기 때문에 단맛이 농후하고 기름기가 많고 맛이 진하면서도 깨끗하다는 특징이 있다. 또 색이 화려하고 선명하도록 음식을 만드는 것도 특징이다. 외국문물의 수입이 이루어지는 주요 상업도시였던 상해는 아편전쟁 이후 외국의 진출기지가 되었다. 이곳은 술과 장류의 특산지로, 장류를 써서 만든 독특한 요리가 많다.

(2) 중국 궁중 요리와 가정 요리의 특징

① 궁중 요리

중국의 궁중 요리는 오랜 역사만큼 다양하고, '색, 향, 맛'이 어우러진 음식이다. 다양한 토산품, 진상품으로 재료와 요리법이 다양하며 서서 먹는 것이 특징이다. 중국 궁중 요리는 크게 남방맛(南味)과 북방맛(北味)의 두 가지로 나눌 수 있다. 남방맛은 진링(金陵), 이두(益都) 등의 지역 요리가 대표적이며 북방맛은 창안(長安), 뤄양(洛陽)과 베이징(北京) 등지의 요리로 대표된다. 중국 궁중 요리의 대표는 청나라 때의 궁중 요리이다. 청나라 궁중 요리는 주로 산둥(山東) 요리와 만(滿)족 요리, 수항(蘇杭) 요리 등의 특색을 지닌 요리로 몇 가지 특징이 있다.

첫째, 재료의 선택이 다양하고 고급스럽다. 시중에서 보기 드문 재료를 사용하여 만든 궁중요리는 산해진미 맛을 보인다. 둘째, 요리의 조형미를 강조하여 요리의 모양이 매우 아름답다. 셋째, 요리의 종류를 다양하게 하여 몇 가지 요리를 정교하게 한 그릇에 먹기 좋게 담는다. 넷째, 요리를 담는 그릇이 정교하여 금, 은, 옥, 수정 등으로 만든 그릇을 사용한다.

현재까지 대표적인 궁중 요리는 '만한전석(滿漢全席)'이다. '만한전석'은 청나라 정권을 잡은 만주족의 만주풍 요리와 한족의 한족풍 요리를 함께 갖춘 호화 연회 요리이다. 만한전석의 모든 요리는 한 세트씩 정해진 순서에 따라 제공되며 연회는 하루 두 번씩 사흘에 걸쳐 진행된다. 한 차례는 네 개의 세트로 구성돼 있으며, 세트마다 주된 요리 하나에 네 개의 보조 요리가 함께 나온다. 따라서 하루에 20여 가지의 주요리, 보조요리와 함께, 곁들이는 찬 음식, 건과류, 꿀전병(蜜餞), 디저트(點心), 과일 30~40가지를 포함해 약 60여 종의 요리로 구성되며 사흘에 걸친 연회에는 모두 180여 종의 요리로 구성된다. 청나라 만한전석에 관한 기록을 보면 손님이 연회장에 들어오면 겉옷을 벗고 얼굴을 씻은 다음, 차를 마시면서 간단한 디엔신(딤섬)을 먹는데 이것을 도봉(到奉)이라고 한다. 도봉이 끝나면 다시 차를 마시고 호두 등을 먹으면서 대화를 즐긴다. 곳곳에 온갖 과일과 볶은 은행알, 말린 리치, 연꽃 씨 등이 놓여 있다. 이때를 대상(對相)이라고 한다. 손님들이 자리에 앉으면 먼저 화려하게 스타일링된 과일을 올리고 찬 고기 안주와 함께 술을 내오는데, 술은 여러 종류가 마련되어 있어 각자 취향대로 마실 수 있었다. 알코올 도수는 약하였고 부드러운 소흥주(紹興酒)를 곁들였으며 찬 고기 요리 모듬과 더운 고기 요리를 안주로 하였다.

② 가정 요리

중국인들이 집에서 먹는 일반 가정식의 재료는 대부분 그 지역에서 생산되는 것으로 특이한 점 없이 평범하면서 맛있고 값싼 것이 특징이다. 일반적으로 중국인들은 저녁 식사를 가장 중시하며 아침 식사는 비교적 간단하다. 중국인들의 아침 식탁에서 가장 흔히 볼 수 있는 것은 포자(包子)나 만두(饅頭), 묽은 죽, 짠지를 곁들인 것이다. 또한 혼돈(混沌)과 열탕면(熱湯麵), 쌀밥과 볶음 요리도 있다.

표 5-1 중국 아침 식탁에서 가장 흔히 보이는 다양한 만두

구분	특징
포자(包子)	소를 넣은 찐빵, 왕만두 모양의 두툼하고 둥근 만두
만두	소를 넣지 않아 아무것도 들어 있지 않은 밀가루 덩어리로, 북방에서는 밥이나 식빵처럼 주식으로 쓰임
교자(餃子)	밀가루를 반죽하여 발효시키지 않고 만드는 것으로 우리나라의 물만두, 군만두, 찐만두 같은 것

유조(油條)와 두장(豆漿)도 전형적인 아침 식사 중의 하나인데 집에서 만들지 않고 대부분 가게에서 구입하여 먹는다. 우유와 시리얼, 빵, 달걀, 햄으로 구성된 서양식 아침 식사 역시 많은 중국 도시인들의 아침 식사 메뉴이다. 달걀과 두부는 아침 식사 중 주된 단백질 섭취원으로 조리 방법도 간단하다. 점심과 저녁 식사는 쌀, 밀가루의 주식과 볶음 요리, 탕, 죽을 곁들인다. 가정에서의 요리는 일반적으로 주부가 담당하지만, 맞벌이 부부의 경우 남자도 주방에서 요리를 한다. 대다수 민족의 경우 유제품 음료를 즐기지 않아 그 종류가 많지 않으나, 서북(西北) 지역의 소수민족 거주지에서는 유제품이 가장 중요한 일상 음료이다.

면 음식을 위주로 식사를 하는 지역에서는 밀가루, 옥수숫가루, 수수가루, 콩가루, 메밀가루, 귀리가루를 사용해 다양한 면 요리를 만든다. 국수를 조리할 때 가장 중요한 것은 양념이다. 주된 양념으로는 자장, 타로(打鹵), 찍어서 먹는 양념 등이 있다. 그 다음으로 중요한 것은 고명인데, 고명의 종류는 철에 따라 다르다. 쌀을 주식으로 하는 가정에서 따끈한 쌀밥과 다양한 음식을 먹기 위해 다양한 조리 방법으로 음식을 만들어 먹었다.

일상생활에서 중국인들은 생선이나 고기보다는 경제적이고 실용적인 제철 채소를 더 많이 소비한다. 무, 청경채, 두부는 가정마다 없어서는 안 되는 음식이다. 배추, 시금치와 같이 줄기와 잎을 먹는 채소는 '푸른 채소(靑菜)'라는 이름으로 통칭하는데, 일반적으로 차게 무치거나, 볶거나, 삶는 방법으로 조리한다. 채소에 약간의 고기나 달걀을 함께 넣어 볶아 먹을 수도 있다.

간단한 두부 조리법으로는 조미료를 넣어 차게 무치거나 끓는 물에 삶은 후 간장이나 참기름과 같은 양념에 찍어 먹는 것이 있고, 기름에 지진 다음 양념을 뿌리거나 푸른색 채소와 같이 삶기도 한다. 잘 알려진 마파두부는 두부를 깍둑썰기하여, 볶은 다진 고기를 넣고 끓인 뒤에 고추기름과 산초나무 열매가루를 넣어 만드는 요리이다.

콩나물이나 다양한 콩으로 만든 요리도 일상 가정 식탁에 나오는 단골 메뉴이다. 중국의 가정에서 보편적으로 먹는 훈식(葷食)은 닭, 오리, 생선, 양, 돼지, 소와 같은 육류인데, 그중 돼지고기는 한족 위주의 대다수 민족들이 가장 일반적으로 먹고 있는 육류이다. 과거에는 고기를 구하기가 어려웠으나 지금은 자주 먹을 수 있게 되어 돼지고기와 관련된 조리법도 함께 발달했다. 돼지고기 볶음, 홍소육(紅燒肉), 백절육(白切肉), 회과육(回鍋肉), 구육(扣肉), 미분증육(米粉蒸肉), 수자육(水煮肉) 등은 대부분 일반 가정에서도 만들 수 있다.

중국에서는 닭을 맛있는 음식으로 여기고, 계탕(鷄湯)을 몸을 보양하는 식품으로 생각한 풍습이 전해진다. 닭을 조리하는 방법에는 청증(淸蒸), 청돈(淸燉), 홍소(紅燒), 백참(白斬), 황민(黃燜) 등 수십 가지가 있고 닭고기 메뉴로만 책을 써도 한 권은 될 정도이다. 북방 지역에서 오리의 가격은 닭에 비해 매우 비싸 북방 사람이 보통 가정에서 직접 오리 요리를 해 먹는 경우는 적고 '북경식 오리구이(北京烤鴨)'는 오리구이 전문 음식점에 가야만 먹을 수 있다. 생선 조리법도 다양하며, 소고기와 양고기의 경우 가장 많이 사용하는 조리 방법은 얇게 썰어 끓는 신선로에 담가 익혀 먹는 방법이다.

3) 중국의 시절식 상차림

중국에서도 설이나 명절에 주로 먹는 전통적인 고유음식이 있다. 주요 명절과 대표 음식은 다음과 같다.

(1) 춘절(春節): 음력 1월 1일

중국 최대의 명절인 춘절은 4천여 년의 역사를 가지고 있는 새해맞이 명절이자 봄맞이 축제이기도 하다. 한 해의 농사를 마무리하고 하늘과 조상에 감사의 뜻을 표하며 새해의 풍작과 안녕을 기원하였던 데서 유래했다고 한다. 공식적인 휴무일은 3일이지만 춘절 앞뒤 날까지 포함하여 보통 7일간 쉬는데, 길게는 한 달을 쉬는 곳도 있다. 춘절에는 중국 거리에 홍등이 늘어서고 각 대문에는 길한 문구를 써넣은 붉은 춘련(春联)을 장식한다. 춘절의 대표 음식에는 물만두(餃子, 지아오즈) 등이 있다.

(2) 원소절(元宵节): 음력 1월 15일

음력 정월 보름의 원소절은 중국의 춘절(春節) 이후 첫 번째로 맞이하는 전통 명절이다. 고대 중국인들은 밤을 '샤오(宵, 소)'라 하였기에 정월 보름을 원소절이라고 부르게 되었다. 사람들은 원소절에 일 년 중 처음으로 보름달을 보기 때문에 이날 밤 밖에 나가 달을 보며 모든 일이 원만하기를 기원한다. 또한 등불에 불을 밝히며 구경하고 온 가족이 모두 한곳에 모여 등롱 수수께끼를 푸는 활동을 즐긴다. 원소절의 대표 음식에는 새알심 모양의 찰떡(元宵, 위엔샤오) 등이 있다.

(3) 단오절(端午节): 음력 5월 5일

단오절은 '중우(重吾)', '뚜안양(端陽)', '티엔중지에(天中節)' 등으로 부르기도 한다. 중국의 단오절은 우리나라와 이름은 비슷하지만 그 풍습은 전혀 다르다. 중국의 단오절은 2천여 년 전 초나라 애국 시인 굴원(屈原)을 기리기 위한 날이며, 덥고 습한 날씨로 발생할 수 있는 각종 질병을 예방하려는 액막이의 차원에서 시작되었다. 이날은 용 모양의 보트에 20명 정도의 인원이 타서 용선경기(赛龙舟)로 속도대결을 하며 즐긴다. 단오의 대표 음식에는 찹쌀을 댓잎이나 갈잎에 세모나게 싸서 찐 찹쌀떡(綜子, 쫑즈) 등이 있다.

(4) 중추절(中秋节): 음력 8월 15일

가을의 가운데 있는 날이라는 의미인 중추절은 한국의 추석과 같은 날이다. 중국의 속담에는 '8월 15일에 달은 가장 둥글고 중추월병은 맛있고 달다(八月十五月正圓, 中秋月饼香又甜)'라는 말이 있다. 한국처럼 가족이 모두 모여 달을 보고 소원을 비는 풍습이 있으며 등롱을 구경하고 월병을 먹는다. 중추절의 대표 음식에는 달처럼 생긴 떡과자인 월병(月餠, 위에빙) 등이 있다.

(5) 납팔절(腊八节): 음력 12월 8일

중국의 전통명절 중에서 가장 큰 명절은 춘절로 정월 초하루뿐 아니라 납팔절과 음력 섣달 23일인 작은 설, 섣달 그믐, 정월 초하루, 보름까지 지내야 설을 다 쇠었다고 할 수 있다. 중국어로 음력 12월을 납월(腊月)이라 하여 음력 12월 8일을 납팔절이라 부르며 설의 시작이라고도 할 수 있다. 또한 납팔절은 석가모니가 깨달음을 이룬 날(성도재일)로 불자들의 명절로도 전해진다.

음력으로 섣달은 일 년 중 마지막 달로, 다가오는 설을 맞이하기 위해 사람들은 바삐 움직이기 시작하며 특히 집안을 청소하고 쇼핑을 하면서 설음식을 장만한다.

납팔절의 대표 음식에는 여러 가지 종류의 쌀·콩·과일 등을 넣어 만든 죽(臘八粥, 라빠조우) 등이 있다.

4) 중국식 테이블 세팅과 코디네이션의 아이템

중국식 테이블은 보통 둥근 원탁으로, 가운데에 돌릴 수 있는 회전 원판이 있다. 이 원판 위에 요리가 가득 담긴 큰 접시를 올려놓고 원판을 돌려가며 뷔페 스타일로 각자 덜어서 먹는다. 테이블 세팅은 1인분씩 한다. 사람 수대로 왼쪽에 개인 접시와 국물용 그릇을, 오른쪽에 젓가락과 숟가락을 놓는다. 중국요리는 다양한 소스가 곁들여지는 음식이 많아서 소스 그릇과 교체용 개인 접시, 볼 등을 여유 있게 준비해두는 것이 좋다.

(1) 테이블 세팅

호텔이나 레스토랑에 마련된 중국식 연회요리에서 한 장짜리 메뉴는 채단, 두 장이 접혀 있는 것은 채보라고 한다. 때와 장소에 따라 준비되는 요리의 수와 종류가 다르나 연회요리는 1개의 식탁당 대개 8명에서 12명으로 구성되며 보통 한 탁자에 8~10가지 요리가 올라온다.

　　정식 중국 음식은 서양요리처럼 정해진 코스가 있다. 입맛과 소화 기능을 도울 수 있도록 코스 순서를 정하는데, 기본은 차가운 음식에서 점차 따뜻한 음식으로 대접하며 연회 중심요리를 낸 뒤 나머지 요리가 나온다. 짜고 담백한 것을 먼저 제공하고 달고 진한 요리는 나중에 내는 것도 고려한다. 일반적으로 전채, 두채와 대채, 탕채, 첨채로 구성된다. 정식 코스에서는 먼저 쳰사이라고 하는 전채 요리가 나온다. 이는 술안주 등 차가운 음식류(冷盤)의 냉채요리가 나오는 것으로 주요리를 먹기 전에 앞서 입맛을 돋우고 소화액 분비를 도와준다. 냉채 다음으로는 샥스핀이나 제비집 등 고급재료를 이용한 따뜻하고 부드러운 맑은 탕요리가 나온다. 중국요리의 주요리는 해물과 육류로 구성된 두채와 대채(大茱 또는 大件)이다. 두채는 본 요리의 시작 요리로 해물 요리를 내는데, 부드러운 해물 음식으로 위에 부담을 덜 줄 수 있다. 해물 요리를 두 가지쯤 맛보고 나면 고기 요리가 나온다. 고기 요리 다음에는 두부 요리가 배치되어 부드러운 음식으로 위를 편안히 하는 것을 도와준다. 이어서 채소 요리가 준비된다. 주요

그림 5-10
중식 상차림용 원탁 테이블

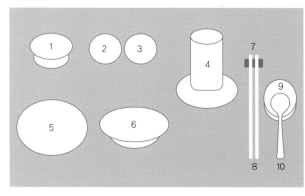

1. 수프볼
2·3. 소스용 그릇, 후추통
4. 찻잔 혹은 술잔
5. 크고 납작한 개인접시, 메
   인 혹은 국물 없는 요리용
6. 밑이 오목한 국물 요리용
7. 젓가락 받침
8. 젓가락
9. 수저 받침
10. 탕츠(중국식 수저)

그림 5-11
중국식 상차림 기본 세팅

리가 나오는 사이에는 주요리에 영향을 주지 않는 가벼운 따뜻한 요리를 낸다. 그 다음으로 탕채(湯茶)로서 밥, 수프와 국이 나온다. 그 후에 나오는 첨채인 디저트는 단맛이 강한 후식으로 소화효소 분비를 도우며, 맨 마지막으로는 자연 그대로인 과일을 먹으며 몸이 다시 자연 상태를 익히도록 돕는다.

(2) 코디네이션의 아이템

중식 상차림에 일반적으로 이용되는 리넨류는 면이나 아사 소재를 사용한다. 테이블웨어의 소재는 백자, 청자, 청화백자, 경덕진 등으로 개인적으로 사용하도록 준비하는 것이 원칙이다. 대개 개인별로 평평한 접시 2장, 볼, 수프 접시를 사용한다. 커틀러리류는 젓가락과 탕을 먹는 스푼인 탕츠를 사용한다. 일찍부터 유리를 받아들인 중식 테이블 세팅에서 글라스류는 도자기와 유리제품 모두 사용 가능하다. 센터피스는 상차림 목적에 어울리는 요리 자체나, 꽃이나 복숭아 등 과일을 이용할 수 있다. 휘기어류나 어태치먼트(attachment)는 풍습이나 행사에 어울리는 소재를 이용한다.

5) 상차림 예절

- 원탁에 둘러앉아 먹는 방식이다.
- 원탁형 테이블 가운데에 돌릴 수 있는 회전 원판이 있다.
- 한 그릇에 한 가지 요리를 모두 담아낸다.
- 요리의 가짓수는 인원수만큼으로 하거나 한 가지 정도 많게 한다. 가급적 짝수로 한다.
- 식사 시 젓가락을 사용한다.
- 술잔이 1/3가량 줄어들었으면 수시로 첨잔을 한다.
- 조리 방법의 중복을 피하고 볶음, 찜, 튀김 등 다양하게 준비한다.
- 술 주전자, 차 주전자의 입 부분을 사람 쪽으로 향하지 않게 한다.
- 중국 음식에 이용하는 술은 라오쥬(老酒)라고 하는데 따뜻하게 혹은 차게 해서 대접한다.
- 차를 마시는 것을 얌차(飮茶)라 하며 찻잎이 들어 있는 채로 내는 것이 정식이다. 찻잔의 뚜껑을 조금 열어 찻잎이 나오지 않도록 한 다음 찻잔에 입을 대고 마신다.

- 냅킨과 물수건이 함께 제공되는 경우 물수건으로 얼굴을 닦는 일은 절대 금한다.

6) 식사 예절

편안한 중국 사람들의 연회를 보면 큰 소리를 내기도 하고 음식 찌꺼기를 테이블 위에 어질러놓는 경우가 있기도 한데 이것은 그 연회에 참석한 사람들이 많은 음식을 흥겹게 즐긴 척도로서 미덕이 되기도 한다. 그러나 예로부터 중국은 '예의 나라'라고 할 만큼 식사에 대해 엄격한 격식이 있다. 격식을 갖추어야 하는 경우에는 엄격한 격식을 따라야 한다.

중국의 테이블 매너에서 독특한 점은 주인이 문이나 입구 쪽에 앉으며 주인을 기준으로 대각선의 왼쪽이 주석으로 그날의 가장 중요한 손님인 첫 번째 귀빈의 자리가 된다는 것이다. 첫 번째 귀빈의 왼쪽은 차석으로 두 번째 귀빈의 자리가 된다.

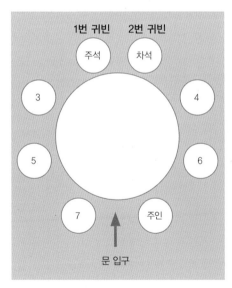
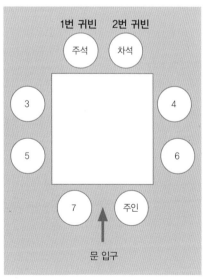

그림 5-12
중국식 테이블의 착석 순서

집으로 초대를 받은 경우 먼저 차를 마시면서 별실에서 기다린다. 예로부터 원칙은 주인이 먼저 먹은 후 대접하는 것이었으나, 요즈음은 만일 손님을 초대했다면 요리를 손님 앞에 먼저 놓아 주인보다 먼저 먹게 한다. 또한 초대한 쪽에서 손님의 접시에 음식을 떠주는 것도 기본적인 예절이다. 중국 식탁의 식사는 음식 접시를 중심으로 둘러앉아 덜어 먹는 가족적인 분위기이다. 개인 접시에 덜어 담은 음식이 남는 것은 실례가 되므로 처음부터 적당히 덜어 먹어야 하며, 주인은 새 요리가 나올 때마다 새 접시를 쓰도록 배려하기도 한다. 젓가락으로 음식을 찔러 먹어서는 안 되며, 식사 중에 젓가락을 사용하지 않을 때는 접시 끝에 걸쳐놓고, 식사가 끝나면 젓가락 받침대에 처음처럼 올려놓는다. 숟가락은 탕을 먹을 때에만 사용하는데 탕을 먹고 난 뒤에는 반드시 숟가락을 엎어놓는다. 요리나 쌀밥 혹은 면류를 먹을 때에는 젓가락을 사용하며 밥이나 면류, 탕류를 먹을 때 고개를 숙이지 않으므로 필요하다면 고개를 숙이는 대신 그릇을 들고 먹는다.

한 가지 음식을 먹은 다음에는 한 모금의 차로 입안에 남아 있는 음식의 향과 맛을 제거하고 새로 나온 음식을 즐기도록 한다. 차의 폴리페놀(polyphenol) 성분에 의한 다양한 생리활성기능 중에는 지방분해 효과가 있어 중국 사람들이 기름진 음식을 먹고도 비만을 예방할 수 있는 것은 이 차 덕분이라고 홍보가 되어 있기도 하다.

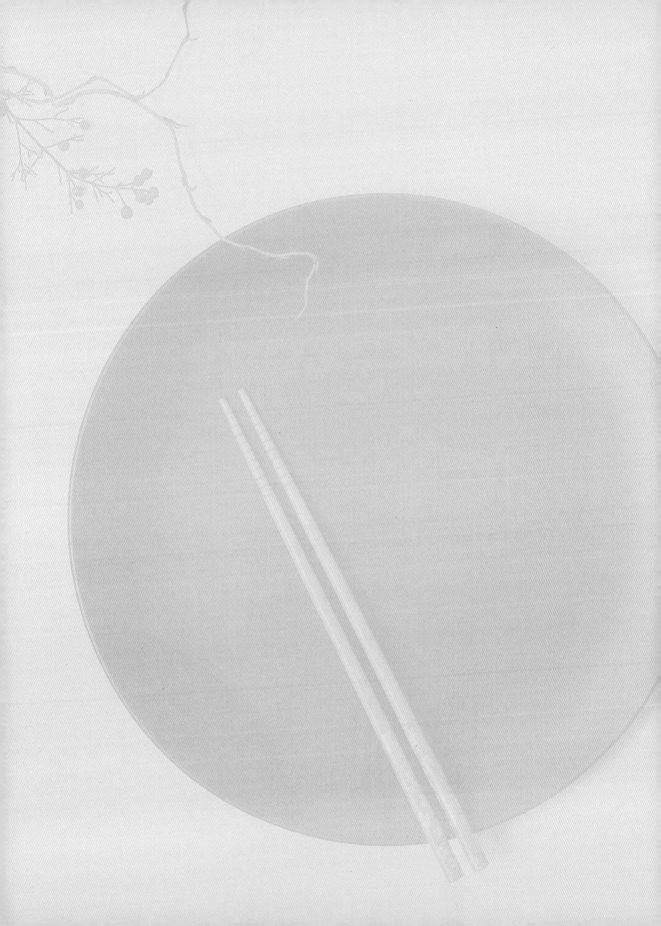

6장

서양

상차림

서양 상차림은 나라와 상차림 목적에 따라 다양하며 북미와 유럽을 중심으로 발달하였다. 서양식 상차림은 크게 식사시간에 따라 조식 상차림, 브런치 상차림, 점심 상차림 및 저녁 상차림으로 나눌 수 있고, 일품요리 등으로 가능한 일상식 상차림과 풀코스의 정식 정찬 만찬 상차림으로 구분할 수도 있다. 각 나라마다 식사 목적에 따라 당시 식문화를 반영한 테이블 세팅을 완성한 후에 음식이 나오며, 식사 형태에 따라 상차림이 달라지고 음식을 먹는 데 사용하는 식기류도 달라진다. 정찬 상차림의 일반적 식사 순서는 주요리 전에 전채요리를 시작으로 수프가 나올 수 있고 주요리, 후식요리의 순으로 순차적으로 식사를 하게 된다. 주요리는 샐러드, 빵 등 곁들임 음식과 함께 주로 단백질 식품으로 생선이나 육류를 로스팅하거나 구이를 한 요리가 나오고 이후 후식으로 마무리한다. 서양 상차림은 일상식 상차림과 정찬 상차림에 따라 상차림 구성 내용이 매우 달라지므로 각각의 상황을 고려해야 한다. 정찬은 요리가 시간 전개식으로 순서에 따라 한 가지씩 나오며 각 요리별로 사용하는 포크와 나이프가 다르다. 서양 상차림으로 대표되는 나라인 이탈리아, 프랑스 및 영국의 상차림을 알아보도록 한다.

1. 서양 상차림 세팅 방법

서양 상차림은 일상식 상차림과 정식 정찬 상차림이 특히 다르다. 정식 상차림에 해당하는 디너 세트는 일상 상차림보다 여러 종류의 식기를 갖추어야 한다. 일반적으로 육류 등의 주요리(main dish)를 담는 큰 접시, 생선 요리용 중간 접시, 수프 볼, 샐러드 볼, 빵 접시, 커피잔 등이 있다.

서양 상차림 세팅을 할 때는 식탁보를 깔고 그 위에 식사도구를 세팅한 후 음식을 제공하는 형식을 취한다. 먼저 한 사람이 차지해야 할 범위를 정하고 자리를 잡으며 접시는 식탁 끝에서 5cm 정도 들여놓고 세팅한다. 나이프와 포크는 기본적으로 식사의 순서를 고려하여 바깥쪽부터 안쪽으로 사용할 수 있도록 배치한다. 나이프의 날은 접시 쪽을 향하게 두고 손잡이의 끝들은 접시의 끝과 나란히 일치시킨다. 후식용 스푼이나 포크는 큰 접시 위쪽 공간에 아이스크림용 스푼, 과일용 나이프, 포크, 커피스푼 등을 사용 순서에 따라 바깥쪽부터 안쪽의 순서로 놓는다. 빵 접시는 포크 위쪽에 놓으며 버터나이프를 함께 놓는다. 글라스는 주식용 나이프와 스푼 위쪽에 놓는데, 대체로 스템웨어(stemware)로 된 물잔과 와인잔이 놓인다. 고기 요리에는 와인잔에 적포도주를 곁들이며 생선 요리일 때에는 백포도주를 곁들인다.

정찬 상차림의 예로서 주요리를 담는 큰 접시 위에 중간 접시, 그 위에 수프 볼을 올려놓기도 한다. 우리나라에서는 후식용 포크와 스푼을 주식용 큰 접시 위쪽에 가로로 세팅하는 경우가 많은데 이는 우리나라의 경우 커피를 후식으로 많이 마시기 때문일 수 있다. 커피는 반드시 후식으로만 마시는 것이 아니라 식사 도중에 주식과 함께 마시기도 한다. 메인 접시를 중심으로 왼쪽은 빵과 버터, 오른쪽은 음료 위치임을 기억하면 특히 원탁 테이블의 자리에서 타인의 접시나 잔을 사용하는 실수를 막을 수 있다.

정성이 들어간 식탁은 사람을 행복하게 한다. 테이블 세팅은 고급 그릇을 정해진 법칙에 따라 늘어놓기만 하는 것이 아니라, 사람을 배려하는 마음을 담은 정성스러운 세팅을 하여 식사에 모인 사람들이 행복하게 식사하도록 준비하는 과정을 만드는 것이다. 식탁을 세팅하기 전 식공간과 식기를 깨끗하게 하고 때와 장소, 식탁을 준비하는 목적에 맞게 아름다운 식탁을 꾸밀 수 있도록 한다. 테이블 세팅은 더 즐겁게 식사를 하기 위한 것이다. 테이블의 멋스러움에 너무 집착하여 손님들을 하염없이 기다리게 한 채 실용성 없는 테이블웨어로 식사 자체를 불편하게 하면 안 된다. 자연스러우면서 즐겁게 식사를 도와줄 수 있는 식탁으로 디자인하는 것이 올바른 테이블 세팅의 목적이다.

1) 일상식 상차림

서양식 일상 상차림 세팅용 기본식기는 25~27cm 크기의 디너 접시, 21cm 샐러드 접시, 21cm 디저트 접시, 약 16cm 정도의 시리얼 볼, 9cm 전후의 머그잔 등 다섯 가지 종류이다. 아침 식사로 빵과 커피를 먹을 때에는 샐러드 접시, 시리얼 볼, 머그잔 정도를 세팅하면 충분하다. 아침 식사에 디너 접시를 사용하기도 하나 대개 일품요리를 먹는 점심 식사에 디너 접시 하나 정도를 사용하는 것이 일반적이다. 일상 상차림용 디너에서는 점심 식사와 비슷하게 일 인당 디너 접시 한 장을 사용하는 것이 대부분이며 손님 초대 상차림일 때는 디너 접시 위에 샐러드 접시를 겹쳐 사용하기도 한다. 아침 식사는 식욕을 돋우고 소화가 잘되는 간편한 음식으로 구성한다. 토스트나 크루아상, 베이글 등의 빵, 시리얼, 달걀, 베이컨, 소시지, 과일, 우유, 주스, 커피, 홍차 등을 이용할 수 있다. 점심 식사는

**그림 6-1
서양식 일상 상차림**

처음 만나는 식문화와 푸드 코디네이션

고기나 생선, 달걀 등 단백질 음식을 넣어 간단히 준비하며 수프, 샌드위치, 소시지 넣은 핫도그 빵, 샐러드, 후식, 음료 등을 이용할 수 있다. 저녁 식사는 일반적으로 하루 중 가장 갖추어진 상차림을 하며 육류 혹은 생선 요리, 수프, 샐러드, 빵, 후식 음료 등을 코스 식으로 차린다.

2) 정찬 상차림

손님을 정식으로 초청하여 접대하는 상차림으로 풀코스(full course)라고도 한다. 점심 초대 상차림이면 오찬(luncheon), 저녁 초대 상차림으로 정찬 상차림이면 만찬(dinner)이라고 한다. 상차림은 전채요리, 수프, 생선, 육류, 후식, 음료 순으로 음식을 차린다. 빵이나 샐러드는 수프를 먹은 후 내며 생선 요리나 육류 요리에 곁들인다. 생선 요리에는 백포도주를, 육류 요리에는 적포도주를 함께 곁

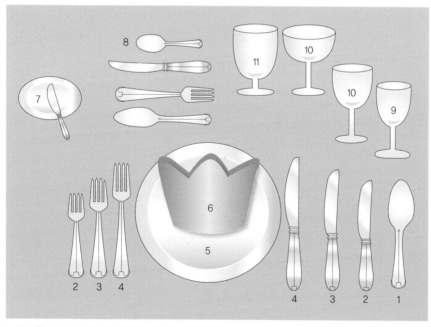

**그림 6-2
정찬 테이블 세팅**

1. 수프용 스푼 2. 전채용 나이프 3. 생선용 나이프 4. 육류용 나이프 5. 주 접시 6. 냅킨
7. 빵 접시와 버터나이프 8. 후식용 스푼 · 나이프 · 포크 9~10. 포도주잔 11. 물잔

들인다. 풀코스 서양 상차림을 할 때 커틀러리를 모두 옆으로 배치하면 자리를 너무 차지하므로 후식용 커틀러리는 서비스 플레이트 위쪽에 배치하기도 한다. 글라스는 오른쪽 위쪽에 사선 혹은 일렬로 배치한다.

3) 약식 상차림

약식 상차림은 보통 수프, 샐러드, 메인 코스 및 디저트를 포함한다. 빵 접시는 왼쪽 위쪽에 배치하며 포도주잔은 주 요리가 생선인지 육류인지에 따라 하나만 놓는 경우도 있다. 커피나 홍차잔을 디너 플레이트 위에 같이 배치하기도 한다. 서양의 가벼운 저녁 식사(supper)는 약식 상차림이라 할 수 있는데, 전채요리와 수프 중 한 가지, 생선 요리와 육류 요리 중 한 가지를 선택하고 빵, 후식, 음료 등을 준비한다.

그림 6-3
약식 테이블 기본 세팅

1. 냅킨 2. 샐러드 포크 3. 메인포크 4. 디너플레이트 5. 메인 나이프 6. 샐러드 나이프
7. 수프 스푼 8. 디저트 스푼 9. 디저트 포크 10. 물컵 11. 적포도주 글라스 12. 백포도주 글라스

처음 만나는 식문화와 푸드 코디네이션

4) 이탈리아 상차림

이탈리아는 크게 북부, 중부, 남부지방으로 요리를 나눌 수 있는데, 북부 요리는 현대식이 많이 적용되어 인스턴트 식품을 많이 사용하고 국경을 접하고 있는 프랑스, 스위스, 오스트리아 등의 요리들이 섞인 퓨전 요리가 많다. 중부는 피렌체와 로마를 중심으로 전통 요리가 이어져 오고 있으며, 남부와 북부의 절충적 성격을 띤다. 매운맛을 좋아하고 마늘을 많이 사용하여 우리나라 사람들 입맛에도 잘 맞는 편이다. 정찬 상차림의 마지막에 돌체와 커피 코스가 있는데, 이탈리아 음식에는 설탕을 거의 사용하지 않는 대신 케이크나 초콜릿, 과자 등의 달콤한 후식을 반드시 먹는다.

뜨거운 태양 아래서 익힌 포도로 만든 이탈리아 와인은 전통적인 상차림에 빠지지 않는다. 이탈리아 와인으로 보편적인 '끼안띠'라는 것이 있다. 성악가인 루치아노 파바로티의 고향에서 생산되는 모데나산 와인 '아마레'는 달콤한 맛이 나며 '쎄꼬'는 조금 쓴 맛이 느껴진다. 남쪽 마르살라 지방에서 생산되는 마르살라 와인은 '비노오로'라고 하는데 색은 금색이며 맛이 독특한 포도주로 알려져 있다. 돼지고기 로스트비프용 등의 육류 요리는 페주자산의 '트라시메노' 적포도주가 잘 어울린다.

일상적인 상차림으로는 커피와 파스타, 리소토 등을 먹는데, 리소토 같은 음식은 첫 번째 코스인 프리모(primo)에 해당한다. 격식을 갖춘 자리에서 또는 명절에 먹는 이탈리아 정찬 식사는 전체 3~4시간이 걸리기도 한다. 이탈리아 정찬 코스는 아페르티보(aperitivo), 안티파스토(antipasto), 프리모(primo), 세콘도(secondo), 콘토르노(contorno), 포르마조 에 프루타(formaggio e frutta), 돌체(dolce), 파스티체리아(pasticceria), 디제스티보(digestivo, 식후주), 카페(caffè) 등으로 구성된다. 정식 포멀 이탈리아 세팅에서는 메뉴 계획에 필요한 모든 커틀러리를 한꺼번에 배치할 필요가 없다. 요리가 순차적으로 진행되면서 필요한 커틀러리를 먼저 세팅하기 때문이다.

그림 6-4
이탈리아 정찬
코스식 상차림

이탈리아 정찬 코스요리 상차림 순서

● **아페르티보**: 식전 음식인 아페르티보는 결혼식 같은 행사나 명절에 먹는 요리이며 정찬 요리 전에 나오는 음식이다. 서서 먹는 경우가 많고 막대기형 그리시니와 같은 전형적 이탈리아 빵, 살라미 등의 소시지, 스파클링 와인 등의 식전주를 가볍게 먹는다.

● **안티파스토**: 전채요리인 안티파스토는 식사 전이라는 뜻이며 차갑거나 뜨거운 요리를 먹는데, 이탈리아산 육회인 카르파치오와 멜론을 곁들인 파르마산, 인살라타, 애플칵테일 등이 있다.

● **프리모 피아토**: 첫 번째 순서인 프리모로는 파스타, 쌀 요리인 리소토, 뇨키, 폴렌타, 수프 등을 많이 먹으며, 곡류를 이용한 음식을 주로 먹는다.

● **세콘도 피아토**: 두 번째 요리인 세콘도로는 생선이나 육류로 만든 정찬 요리를 먹는다. 전통적으로 닭고기와 돼지고기가 가장 많이 이용되며 북부 지역은 제2차 세계대전을 기점으로 쇠고기가 더 많아졌다. 이외에 비둘기나 꿩고기 요리가 있다. 해안을 낀 지역일 경우 세콘도로 생선을 더 많이 볼 수 있다.

● **샐러드 또는 콘토르노**: 곁들여 먹는 음식인 콘토르노는 우리나라의 반찬 같은 요리로 채소나 샐러드 혹은 가지절임, 호박절임 등을 먹는다. 전통적으로 샐러드는 프리모와 세콘도를 먹는 동안 같이 먹는다.

● **포르마조 에 프루타**: 첫 번째 후식으로 치즈와 과일을 먹는 단계이다. 개인별로 기호에 따라 다른 치즈를 먹게 된다.

● **돌체**: 단 것이라는 의미의 돌체는 두 번째 후식으로 아이스크림이나 과일, 혹은 과자나 티라미수 등의 케이크를 먹는다. 아이스크림은 생과일을 얹어 먹기도 한다.

● **파스티체리아**: 단 과자를 달리 부르는 말로 돌체와 식사의 일부가 될 수 있다. 개인의 취향에 따라 직접 만들거나 사서 먹는다.

● **디제스티보**: 'Digestivo'는 소화를 돕는다는 뜻으로, 식후에 술을 마시면서 소화가 잘 되도록 돕는다는 의미를 지닌다. 레몬첼로같이 레몬 맛이 강한 술을 주로 마셔 소화효소를 자극하여 소화를 돕는다.

● **카페**: 커피는 에스프레소가 일반적이며 순한 아메리카노를 식사 중 곁들일 수 있는데, 식당에서 코스 요리를 먹게 될 경우 개인 취향에 따라 식사 순서에 일부 차이가 나타날 수 있다.

5) 프랑스 상차림

프랑스식 테이블 세팅은 우아한 상차림에 초점을 둔다. 영국식과 달리 커틀러리는 제일 먼저 서비스되는 접시에 필요한 만큼만 놓고 다음 요리를 운반할 때마다 접시와 함께 운반하는 것이 특징이다. 스푼·포크류는 움푹 패인 곳을 아래로 향하여 놓는데 이는 초대한 손님에게 위험해 보이는 쪽을 아래로 하여 겸손의 의미를 담은 것이며 왕족이나 귀족의 문장이나 마크가 뒷면에 조각되어 있으므로 이를 초대된 사람에게 보여주기 위함이기도 하다. 글라스도 일직선 배치가 아닌 지그재그로 배치하여 식탁 공간을 절약하기도 하며 빵 접시는 테이블 클로스 위에 바로 놓아도 된다고 생각하여 생략하는 경우도 있다. 이탈리아의 식문화적 영향을 직접적으로 많이 받은 프랑스에서도 요리가 순차적으로 진행되면서 필요한 커틀러리를 먼저 세팅하므로 메뉴 계획에 필요한 모든 커틀러리를 한꺼번에 배치할 필요가 없다.

그림 6-5
프랑스식 테이블 세팅

1. 디너플레이트 2. 냅킨 3~4. 오르되브르용 포크·나이프 5. 수프 스푼 6~7. 생선용 포크·나이프 8~9. 메인디시용 포크·나이프 10. 삼페인 글라스 11. 백포도주 글라스 12. 적포도주 글라스 13. 물컵

표 6-1 풀코스 테이블 세팅 메뉴와 주류

	코스 요리	주류	비고
1	오르되브르 (프, 영)hors-d'oeuvre	셰리나, 샴페인 등	적은 양의 요리(식욕 증진) 예 카나페, 생굴, 피클, 캐비아, 연어훈제 등
2	수프 (프)soupe, (영)soup	–	콩소메(맑은 수프: 포타주·크레루), 포타주(진한 수프: 포타주·리에)
3	생선요리 (프)poisson, (영)fish	백포도주 (5~10℃, 차게)	생선을 찌거나 버터구이한 것(조개류 포함), 담백 한 맛
4	육류요리 (프)entre'e, (영)entree	적포도주 (실온 17~20℃)	양식 코스의 중심. 쇠고기, 닭고기, 오리고기, 양 고기 등
5	소르베 (프, 영)Sorbet	–	다음 나올 요리를 위한 입가심용으로 먹는 것. 술 이 들어간 빙과자, 보통 셔벗으로 대용
6	로스트 (프)roti(로띠), (영)roast	–	디너의 클라이맥스, 치킨이나 오리 로스트 (풀코스에서 생략되는 경우가 많음)
7	샐러드 (프)salade, (영)salad	–	보통 찜, 로스트 요리에 따라 나옴
8	디저트 (프)entremets(앙뜨르메), (영)dessert	–	단 과자나 아이스크림, 젤리 등
9	프루츠 (프)fruits, (영)fruit	–	멜론, 딸기, 바나나, 파인애플 등
10	커피 (프)cafe, (영)coffee	–	보통 컵의 반 정도 되는 작은 데미타스 컵으로 서브됨

6) 영국 상차림

영국은 전통적이며 보수적인 세팅을 한다. 정식 포멀 세팅에서는 오르되브르용
나이프, 포크, 수프 스푼, 생선용, 고기용과 디저트용 커틀러리까지 한꺼번에 배
치한다. 스푼·포크류는 움푹 패인 곳을 위로 향하여 놓고 글라스도 식단 계획
에 따라 오른손에서 가깝게 닿을 수 있는 순서로 배치한다. 빵 접시는 왼쪽 포
크 위쪽에 놓으며 버터 스프레드를 빵 접시 위에 세팅한다. 영국식 상차림에서

처음 만나는 식문화와 푸드 코디네이션

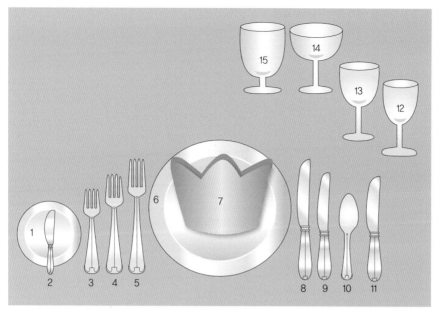

그림 6-6
영국식 테이블 세팅

1. 버터플레이트 2. 버터 스프레더 3, 11. 오르되브르용 포크 · 나이프 4, 9. 생선용 포크 · 나이프
5, 8. 메인디시용 포크 · 나이프 10. 수프 스푼 6. 디너 플레이트 7. 냅킨 12. 샴페인 글라스
13. 백포도주 글라스 14. 적포도주 글라스 15. 물컵

는 테이블 매트를 이용하는 경우도 많다. 수프를 받치는 접시는 깔지 않는 경우
가 있다.

2. 서양 상차림 기반 파티 상차림

서양에서 파티의 어원은 같은 목적을 가진 사람들의 모임 혹은 같은 주의, 주장
을 가진 사람들의 모임으로 18세기 초에 사용된 영어이다. 파티라고 하면 유럽
중세시대 때 궁전에서 귀족들이 왈츠에 맞추어 춤추는 장면이 떠오르거나 멋지
고 넓은 장소에서 남자는 턱시도, 여자는 우아한 드레스를 입고 모여 있는 모습
이 연상되기도 한다. 파티 문화는 동양보다 서양에서 좀 더 발달되어 있기 때문

표 6-2 파티를 열기 좋은 시간과 목적

종류	시간	목적
아침 조찬 (breakfast meeting)	07:00~10:00	조식을 하면서 회의나 세미나를 함
런천 (luncheon)	11:00~15:00	정식 오찬회로, 알코올은 적게 마심
티파티 (tea party)	14:00~	국적에 관계없는 가벼운 모임으로 홍차와 커피를 중심으로 달콤한 케이크나 과자, 과일 등이 세팅됨. 식사 시간을 피하며 오전보다는 오후에 많이 세팅함
칵테일 파티 (cocktail party)	17:00~20:00	식전주와 가벼운 안주 준비를 함. 대개 초대장에 시작과 끝남의 시간이 적혀 있음. 뷔페 스타일 칵테일 파티는 칵테일 파티와 입식(standing) 디너를 합하여 세팅하기도 함
포멀 정찬 파티 (formal dinner party)	20:00~23:00	착석 스타일의 풀코스 디너로, 정식의 테이블 세팅이 필요함
뱅큇(banquet)	20:00~23:00	연설을 하는 정식 연회
리셉션(reception)	17:00~	특정인이나 유명인을 초대하는 연회로 리셉션 라인을 만듦

일 것이다. 그러나 우리나라에서도 최근 가벼운 저녁 식사 파티, 티파티, 파자마 파티나 생일 파티 등 다양한 특수 목적의 파티와 기념일을 위한 파티들이 크고 작게 열리고 있으며 목적에 어울리는 테이블 세팅의 요구가 늘어나고 있다. 파티의 종류와 목적에 따라 파티를 열기 좋은 시간은 정해진 바는 없으나 대개 **표 6-2**와 같은 시간을 이용한다.

1) 티파티(tea party)

브레이크 타임(break time)에 간단하게 개최되는 파티이다. 주로 오후 2시부터 5시 사이에 초대하여 사교할 수 있는 파티 형식으로 커피, 티, 음료, 과일, 샌드위치, 디저트류, 케이크류 및 쿠키류 등을 준비한다. 아주 오래전 서양에서 티파티란 여자들만의 사교 파티를 의미하던 때도 있었으나 현대에는 가벼운 회의, 좌담

그림 6-7
티파티 준비 음식과 커피

회나 발표회에 응용하여 사용되고 있다.

우리나라에서는 티파티를 다과회 형식으로 열기도 한다. 다과회는 준비가 간단하기 때문에 가벼운 마음으로 모임을 하고자 할 때 제격이다. 요즘은 일반 가정에서도 집들이, 친교를 위한 모임 등을 위해 다과회를 열곤 한다. 다과회를 위한 테이블 세팅은 우선 거실 테이블에 테이블보를 덮고 양쪽 끝에 큰 쟁반을 놓는다. 한쪽 쟁반에 끓인 물이 든 주전자, 차 또는 커피 봉지, 설탕, 레몬 등을 놓고 다른 한쪽에는 차 또는 커피 도구를 놓는다. 테이블 위에 참석 인원수에 맞춰 찻잔과 다과류를 적절히 배열하고 작은 접시, 냅킨, 포크 등도 가장자리에 단정하게 놓는다. 테이블이 좁으면 보조 테이블을 활용한다. 다과회의 음식은 쿠키, 케이크 등 단맛이 나는 음식과 단 음식을 싫어하는 사람을 위해 샌드위치 류를 준비하기도 한다.

2) 칵테일 파티(cocktail party)

칵테일 파티는 주로 식전 파티이다. 여러 가지 주류와 음료를 주제로 하여 음식을 세팅한다. 칵테일 파티는 오르되브르(hors-d'oeuvre)를 준비하는 사교 행사이며 대개 한 사람당 3잔 정도 마실 것으로 추정하고 상차림을 준비하는 것이 좋다. 주류는 칵테일을 중심으로 하고 여러 종류의 카나페를 곁들인다. 카나페란 작게 자른 토스트 위에 푸아그라(거위 간), 캐비어, 훈제 연어, 치즈, 햄 등을 예쁘게 장식한 일종의 전채요리이다. 디너 파티에 비해 비용이 적게 들고 지위를 막론하고 자유로이 이동하면서 담소할 수 있다. 요즘은 칵테일 파티와 뷔페를 겸한 칵테일 뷔페도 자주 열린다.

칵테일 파티는 참석자의 복장이나 시간도 별로 제약받지 않기 때문에 현대인에게 편리한 사교모임 파티로 활용 가능하다. 만찬과 달리 많은 사람이 초대되어 돌아가는 시간은 언제라도 상관없으나 예정된 시간 전에 도착하는 것은 삼간다. 되도록이면 자리를 바꿔가며 여러 사람과 즐겁게 대화하는 것이 손님의 예의이며 친한 사람들끼리만 모여 있지 않도록 한다. 칵테일 파티는 음식보다는 술이 중심이 되는 행사로, 음식이 푸짐하다고 해도 너무 많이 먹어서는 안된다. 과음도 금물이며 여러 사람과의 즐거운 대화에 초점을 맞추도록 한다.

3) 뷔페 파티(buffet party)

뷔페는 바이킹의 식사 방법에서 유래한 것이다. 8~10세기 바이킹들은 며칠씩 배를 타고 나갔다가 커다란 널빤지에 술과 음식을 올려놓고 파티를 했는데, 이것은 오늘날의 뷔페 파티가 되었다고 한다. 그래서 일본에서는 뷔페 식당을 바이킹 식당이라고 한다. 뷔페 상차림은 장소에 비해 손님이 많을 때 적당한 식사형식이다. 음식을 큰 접시에 담아 테이블에 차려놓고 개인적으로 덜어다 먹을수 있도록 하는 접대 방법이다. 비교적 시간 구애를 받지 않으며 음식은 식성에맞게 자유롭게 먹을 수 있다. 누구하고라도 이야기할 수 있어 사교의 기회가 될수 있다.

식사 테이블은 전채요리, 생채소, 주요리, 후식의 순서로 배치한다. 이동 동선의 마지막에 냅킨과 스푼, 포크 등을 배치하면 처음부터 들고 다니는 번거로움을 줄일 수 있다. 한 번 쓴 접시는 그대로 상에 두고 새 접시에 음식을 담아오도록 한다. 후식용 테이블은 따로 차려 디저트류와 커피잔 등을 놓는다. 몇 사람을 초대하는가에 따라 상차림의 규모가 달라지며 음식 주변에 사람들이 붐비지 않도록 주의한다. 테이블에 앉아서 식사하는 뷔페(sitting buffet), 선 채로 먹는 뷔페(standing buffet), 음료와 안주 위주로 차려지는 칵테일 뷔페(cocktail buffet)가있다.

뷔페 요리 먹는 법

● 뷔페 요리를 먹을 때는 일반적인 코스요리처럼 전채요리, 수프, 생선, 육류, 디저트 순으로 먹는 것이 큰 원칙이며, 대개 빈 접시가 놓인 곳에서 시작해 시계 방향으로 진행한다.

● 한 접시에 모든 코스의 요리를 담지 말고 전채요리, 메인요리, 디저트 등으로 구분하며 되도록 더운 음식과 찬 음식을 한 접시에 담지 않도록 한다.

● 빵 등의 디저트를 먹을 때 옆자리에 동행이 있으면 의향을 물어보고 조금 여유 있게 가져와 권하는 것도 좋다.

● 여러 사람과 함께 뷔페를 먹는 경우 항상 같은 테이블에 앉지 않아도 되며 서로 의견을 같이하여 위치를 바꿔가며 여러 사람과 대화를 나누는 것도 좋다. 그러나 좌석이 지정된 경우에는 마음대로 자리를 바꾸지 않는다.

그림 6-8
다양한 뷔페 상차림

4) 리셉션 파티(receptron party)

리셉션이란 원래 공식적으로 격식을 갖추어 여는 칵테일 파티를 뜻하는 말이었다. 오늘날에는 특정한 사람이나 주요 사건을 축하하거나 기념하기 위해 열리는 공식 모임의 총칭이 되었다. 리셉션에는 주빈이 있다. 주빈과 파티를 주최한 사람은 연회장 입구에 한 줄로 서서 손님을 맞이한다. 이를 리셉션 라인 또는 리시빙 라인이라 한다. 리셉션 라인 앞쪽에는 안내하는 사람이 있어 손님을 호스트에게 안내하게 되어 있다. 따라서 손님은 안내하는 사람에게 자신의 직책과 이름을 분명히 알린다. 결혼 피로연을 제외한 사적인 파티는 리셉션이라는 이름으로 열지 않는다. 형식은 일반 칵테일 파티와 같고 뷔페 타입의 음식물 위주로 파티를 연다. 리셉션은 중식과 석식에 들어가기 전 식사의 한 과정으로 베푸는 리셉션과 그 자체가 독립된 파티 행사인 리셉션으로 나누어진다.

알아두기

식사 전 리셉션과 풀 리셉션 테이블 세팅

● **식사 전 리셉션(pre meal-reception)**: 주류와 음료는 위스키와 소다, 진과 토닉, 과일주스, 소프트드링크 등을 사용한다. 땅콩류, 포테이토칩, 올리브류, 칵테일 어니언, 칵테일 비스킷, 카나페, 세이보리(savoury) 등을 준비하기도 한다. 식사 전의 리셉션에는 간혹 진한 술

(hard liqueur)이 세팅되기도 하며 보통 30분 정도 베풀어진다.

● **풀 리셉션(full reception)**: 리셉션만 베풀어지는 파티로 한 번 제공되는 음식들로만 채워지고 더 이상의 주류나 음식은 없다. 카나페, 샌드위치, 치즈, 커틀렛, 작은 패티 등과 와인류를 제공해도 된다. 약 2시간 정도 진행된다.

3. 특정 목적의 파티와 기념일 상차림

현대인은 가족 및 친지 간에 서로 모이는 기회가 적어지고 형식적인 인간관계가 늘어가 의례적인 만남 이외에 만나는 일이 점점 줄어들고 있다. 살아가면서 생일, 결혼기념일, 결혼 전 친구들이 선물과 축하를 하는 브라이덜샤워(bridal shower), 출산 전 아이용품 등의 선물과 축하를 하는 베이비샤워(baby shower) 등 다양한 기념일을 맞게 된다. 이들 특정 목적에 따른 기념일마다, 생애 주기별로, 연중 계절별 테마가 있을 때마다 상차림을 정성껏 하여 주위 사람들을 초대하는 행사를 계획하고 진행한다면 가까운 사람들과의 유대 관계를 긴밀하게 유지하고 정서적 안정과 행복을 추구하는 삶을 사는 데 도움이 될 것이다.

1) 포트럭 파티(potluck party)

파티 주최자가 간단한 메인 음식만 준비하고 참석자들이 각자 취향에 맞는 음식이나 와인 등을 갖고 오는 미국이나 캐나다식의 파티 문화이다. 개인적 성격의 파티로 서로 친한 사람들끼리 진행하는 모임이다. 참석자가 개인 단위일 경우는 각자 한 가지씩, 가족 단위일 경우는 한두 가지의 요리를 지참하고 한자리에 모여 다같이 즐기는 파티(cooperating party)이다. 어떤 요리든 상관없이 가장 자신 있는 것을 지참하는 방법과, 파티를 주관하는 사람을 정하고 주관자가 참석자에게 특정 요리를 가져오라고 할당하는 방법이 있다. 주최자가 주요리, 샐러드, 디저트 등을 분류하고 참석하는 이들에게 그중 한 가지 음식을 만들어 오게 하는데, 사람 수가 많으면 많을수록 호화롭고 풍성한 파티가 된다. 파티가 끝나면 참석자 전원이 뒷마무리를 하고 각자 지참한 그릇들을 가지고 돌아간다.

2) 애프터눈 파티(afternoon party)

티파티의 일종으로, 티파티나 가정의 거실에서 소규모로 진행하는 다과회보다는 규모가 크다. 참석 인원이 많으므로 실내의 적당한 위치에 폭이 좁고 긴 뷔페 테이블을 설치하여 다양한 차 도구와 다과, 커피, 아이스크림 등을 준비한다. 샌드위치, 훈제 연어, 샐러드, 와인류나 과일 주스를 마련하기도 한다. 생음악을 연주하기도 하며 연주 후 손님과 함께 차를 마시면서 즐길 수 있는 파티이다.

3) 베이비샤워(baby shower)

서양에서는 결혼한 두 사람에게 새 가족이 늘어나게 되면 친족이나 친구들이 아기를 위한 파티인 베이비샤워를 열어준다. 베이비샤워는 임신 7~8개월 된 예비 엄마와 곧 태어날 아이를 축복해주기 위해 아기가 태어나면 필요한 용품을 선물해주는 자리로, 친한 친구들이나 동료들이 모여 맛있는 음식을 먹으면서 건강한 출산을 기원하는 파티이다. 아기가 탄생하기 직전인 마지막 달에 많이 하기도 하는데 이때는 예비 엄마의 건강 상태를 고려하여 비교적 가벼운 파티인 티파티의 형식으로 진행하는 경우가 많다.

파티를 주최하는 사람은 예비 엄마와 친한 친구들인 경우가 대부분이며 파티 준비를 주도적으로 하는 사람이 참석할 사람들에게 미리 원하는 선물 목록을 돌려 선물이 겹치지 않도록 준비한다. 꼭 필요한 출산 준비물을 아이가 태어나기 전에 선물로 받기 때문에 예비 엄마는 경제적인 부담을 덜 수 있다. 파티의 형태는 집에서 '포트럭 파티' 형식으로 진행하는 것이 가장 일반적이다.

4) 브라이덜샤워(bridal shower)

웨딩샤워라고도 하며 결혼이 결정된 신부를 위해서 여는 축하 파티이다. 베이비샤워처럼 '샤워'라는 말이 들어간 파티는 소나기처럼 쏟아질 정도의 우정과 사랑으로 선물을 전달한다는 의미가 있다. 많은 선물이 합리적인 생활 필수품 중심으로 준비된다. 새롭게 생활을 시작하는 두 사람을 위해 마음을 담은 파티로 특별한 형식에 구애받지 않고 가벼운 점심이나 약식의 정찬 파티를 한다. 신부가 될 사람에게 선물을 주기 위하여 티파티로 브라이덜샤워를 열 수 있다.

무엇을 선물하느냐에 따라 키친 샤워(kitchen shower)와 리넨 샤워(linen Shower)가 될 수도 있다. 샤워에 가지고 갈 선물에는 반드시 이름을 적은 카드를 동봉한다. 깨끗이 포장한 선물 꾸러미를 아름답게 배치한 가운데 선물받는 사람이 모인 사람들과 함께 감사의 마음을 표현하면서 선물 꾸러미를 하나하나 풀어보는데, 이 시간이 샤워의 하이라이트이다. 신부의 부모나 자매가 브라이덜샤워를 제의하는 것은 선물을 가져오라는 말과 같기 때문에 주의하여야 한다.

5) 결혼기념일(wedding anniversary)

결혼기념일은 서로 사랑하는 두 사람이 새로운 인생의 시작을 알렸던 결혼식과 두 사람이 같이 보내온 시간을 기뻐하며 서로에게 감사하며 축하하는 파티이다. 기념일의 횟수가 쌓일수록 서로에 대한 신뢰감이 강해지고 늘어나는 가족들과 함께 풍요로운 삶을 계획할 수 있다. 둘 또는 여러 친구들과 함께 레스토랑에서 식사를 하는 정도의 축하를 하는 경우가 많지만, 은혼식이나 금혼식이 되면 손자나 두 사람의 인생에 관계된 많은 사람들이 모여 성대한 파티가 이루어지기도 한다. 어쩌면 결혼식보다도 마음이 더 훈훈해지는 파티가 될 수도 있다.

결혼기념일 중에는 석혼식인 10주년, 은혼식인 25주년, 금혼식인 50주년 행사를 가장 성대하게 보낸다. 어느 때부터인가 결혼기념일의 각 주년마다 명칭이 정해지고 그 명칭에 맞는 선물이 제안되고 있으나, 더 중요한 것은 좋은 날을 의미 있고 행복하게 보낼 수 있는 선물을 하는 것이겠다.

6) 성 밸런타인 데이(st. valentine's day)

밸런타인 데이(2월 14일)는 초대 기독교의 발렌티누스 성자에게서 비롯되었다는 설이 있다. 발렌티누스 성자는 원정을 떠나는 병사의 결혼을 금지한 로마 황제에 반대하여 젊은 연인을 결혼시켜준 죄로 처형된 사제이다. 그가 처형된 날이 바로 2월 14일이었다. 처음에는 부모와 자녀가 사랑의 교훈과 감사를 적은 카드를 교환하기도 하였는데, 20세기에는 남녀가 사랑을 고백하고 선물을 주고받는 날이 되었다. 실제로 밸런타인 데이에 초콜릿을 주고받는 풍습은 80년대 일본에서 건너온 것으로 알려져 있다. 서양에서는 독 안에 여자들이 넣은 카드를 남자가 꺼내 보는 이벤트를 하기도 하였으며, 카드에는 추운 겨울을 보내는 동안의 안부를 묻고 설탕, 초콜릿을 함께 전달하기도 하였다. 현재 밸런타인 데이는 연인들의 날로 알려져 있으며, 이날은 여자가 평소 좋아했던 남자에게 사랑을 고백하는 날이 되었다. 상차림의 테마색은 순결의 의미인 흰색, 사랑과 자비의 의미인 빨간색 및 분홍색을 이용한다. 소재는 초콜릿과 선물상자를 이용한다.

7) 성 패트릭 데이(st. patrick's day)

성 패트릭 데이(3월 17일)는 15세기에 아일랜드 국민을 기독교로 귀의시킨 아일랜드의 수호성인 성 패트릭 주교(386~461년)를 기념하는 날이다. 성 패트릭은 아일랜드인에게 처음으로 그리스도교를 전달한 정신적 지주이며 어려운 시기에 강한 아버지와 아들의 역할을 보여준 성인이다. 성 패트릭 데이는 그에게 경의를 표하고, 아일랜드의 풍부하고 아름다운 문화를 잊지 않기 위한 아일랜드인의 기념일이다.

이날의 상징색은 초록색이고 상징물은 클로버로, 초록색 물건을 몸에 지니면 행복해진다는 말이 전해져온다. 이날 아일랜드의 거리에서는 온통 초록색으로 물든 축제가 열리며 음식, 음료, 술 등도 초록색으로 만들어 먹는다. 축제의 대표적인 음식으로는 아일랜드 전통 요리인 콘 비프와 캐비지(corned beef and cabbage), 소다 브레드(soda bread), 셰퍼드 파이(shepherd's pie) 등이 있다. 콘 비프와 캐비지는 소고기에 양배추, 감자, 당근을 넣고 고기가 부드러워질 때까지 뭉근하게 끓인 음식이다. 소다 브레드는 베이킹 소다를 넣은 반죽이 부풀면 둥근 모양으로 만들고 반죽의 가운데에 십자 모양으로 홈을 내어 만든다. 셰퍼드 파이는 으깬 감자로 다진 고기를 감싼 후 구워낸 파이를 말한다.

8) 부활절(easter)

구미의 사람들에게 이날은 봄이 시작되는 축제이자 그리스도의 부활을 축하하는 날로, 크리스마스에 버금가는 중요한 날이다. 영국이나 캐나다, 미국의 일부에서는 부활절과 그다음 날은 공휴일로 지킨다. 부활절 축제일의 상징은 이스터 여신을 뜻하는 토끼와 봄과 풍요의 상징인 달걀이다. 달걀은 그 안에 새로운 생명이 계속되고 있어 마치 겨울 뒤에 숨어 있는 봄과 같다는 이유로 부활의 상징이 되었다.

부활절이라는 말은 봄의 여신인 '에오스트레(eostre)'에서 유래하였는데, 이날의 상징인 토끼와 달걀은 그녀가 소중히 여겼던 것들이다. 이날은 부활절 토끼가 숨겼다고 전해지는 예쁘게 색칠된 달걀을 경쟁하여 찾거나 판자 위에서 누가 달걀을 가장 잘 굴릴 수 있는지 경쟁하는 등 달걀을 이용한 게임이 펼쳐진다. 테마색은 파스텔톤의 노란색과 흰색이며 꽃은 개나리, 노란 장미, 나리, 튤립, 미모사 등으로 장식한다. 부활절 음식은 아스파라거스와 올리브, 양고기 요리, 구운 감자 등이다.

9) 어머니의 날(mother's day)

어머니의 날은 어머니의 사랑을 다시금 깨닫게 하려고 만든 날이다. 미국, 캐나다, 영국, 홍콩, 괌, 인도와 같이 미국령이나 영국령이었다가 독립한 나라들과 현재 미국령·영국령인 국가들의 기념일로, 미국에서는 5월의 두 번째 일요일을 어머니의 날로 지킨다. 효를 중요시 여긴 우리나라도 미국의 영향을 받아 1956년 5월 8일을 어머니의 날로 정해 지내오다 1973년에 아버지의 날과 합쳐 어버이날로 바뀌었다.

　오늘날의 어머니의 날을 만든 사람은 안나 자비스(Anna Jarvis)이다. 필라델피아의 작은 마을에서 어머니와 함께 살았던 안나 자비스는 41세에 사랑하는 어머니를 잃고 그녀를 향한 깊은 애정을 기념하기 위해 이날을 만들었다. 안나의 모친이 좋아했던 카네이션은 지금까지도 자녀들이 감사하는 마음을 담아 어머니들에게 선물하고 있다. 어머니가 살아 계시는 사람은 붉은 카네이션을 드리지만 어머니가 돌아가신 사람은 흰 카네이션을 어머니의 무덤 앞에 놓아드린다.

10) 아버지의 날(father's day)

아버지의 날은 6월 셋째 주 일요일이며 미국에서는 아버지의 날을 기념한다. 아버지에 대해 평소에 감사했던 마음을 표현하고 건강을 기원하는 아버지의 날은 여섯 명의 아이들을 홀로 키워냈던 병사에 의해 시작되었다. 남북전쟁이 끝나고 집에 돌아온 병사 윌리엄은 사랑하는 아내를 잃었으나, 아이들을 사랑으로 훌륭하게 키워냈다. 그의 딸은 어머니의 날이 있는 것처럼 아버지의 날도 있었으면 하고 생각했다고 한다. 그러다 어느 시골 교회에서 어머니의 날 제정에 대한 설교를 들은 것이 계기가 되어 그녀가 아버지에게 감사하는 날을 만들자는 운동을 시작하였다. 이 운동은 미국 전역으로 확대되어 1972년 닉슨 대통령에 의해 축제일로 제정되었다. 아버지의 날에는 아버지뿐만 아니라 살아오면서 아버지와 같은 역할을 하신 삼촌, 큰아버지, 작은아버지, 할아버지 등에게 감사의 마음을 전한다. 가족 모임을 갖고 카드나 타이와 같은 작은 선물을 한다.

11) 핼러윈 파티(halloween party)

핼러윈(10월 31일)은 영혼들이 세상에 내려온다는 날이다. 아이들은 귀신이나 마녀 복장을 하고 이집 저집으로 사탕을 얻으러 다닌다. 저녁에는 가까운 사람들끼리 모여 속을 판 호박 안에 불을 넣어서 만든 잭-오-랜턴(jack-ó-lantern)을 켜고 파티를 한다. 핼러윈은 원래 아일랜드인의 축제였다. 기독교에서는 11월 1일이 성자의 날(all saint's day)로 성인의 혼을 기리는 축제일인데, 그 전날 밤인 10월 31일은 모든 귀신들의 축제 전야로서 유쾌한 유령들이 출현하는 날이라고 생각했다.

또는 영국에 살고 있는 켈트족이 죽음의 신 '삼하인'에 의해 구원받기 위해 동물이나 사람을 제물로 바쳤는데 이날이 바로 '핼러윈'의 기원이 되었다고도 전해진다. 당시 사람들은 10월 31일이 겨울이 시작되는 날이라고 믿었다. 이날 죽은 자들의 영혼, 유령 등이 정처 없이 배회할 것으로 여겨 결혼·행운·건강·죽음에 관계되는 점을 치기에 가장 좋은 시기로 생각했기 때문에 망령의 갈 길을 밝혀주는 호박등인 '잭-오-랜턴'을 켜 두었다고 한다. 호박등으로 귀신 분장을 하며 테마색은 오렌지와 검은색을 쓴다. 파티의 소재는 박쥐, 해골, 검은 고양이, 스파이더맨 등이며 배트맨 의상을 이용하기도 한다. 핼러윈 데이가 오면 대부분의 가정에서는 문간에 불을 환하게 밝혀두는데, 다양하게 분장한 동네 아이들이 문을 열고 들어와 '트릭 오어 트릿(trick or treat: 과자를 주지 않으면 장난을 칠 테야!)'하면서 자루를 내밀면 어른들은 풍선껌이나 과자, 사탕, 케이크 등을 넣어주는 풍습이 있다.

12) 추수감사절(thanksgiving day)

미국에서 추수감사절은 매년 11월 네 번째 목요일로 크리스마스, 부활절과 함께 미국인들에게는 가장 큰 명절 가운데 하나이다. 이날은 칠면조 구이를 놓은 정찬을 차려 놓고 파티를 한다. 추수감사절은 말 그대로 추수를 감사하는 의미를 지닌 명절로, 우리나라에서 추석에 송편을 먹는 것처럼 미국에서는 이 추수감사절에 칠면조 고기를 먹는 풍습이 있다. 1621년 10월 중순 미국에서는 가을에 추수할 때 그동안 도와준 인디언들을 초대하여 감사의 축제를 지냈는데, 이것이 추수감사절의 효시이다. 그때부터 1년마다 최초의 수확에 감사하며 무사히 살아온 기쁨을 나누는 추수감사절을 지켜왔다. 이날은 평소에 떨어져 생활하고 있는 가족이나 친척이 한자리에 모여 커다란 칠면조나 호박파이를 배부르게 먹는다. 상차림을 위한 센터피스로 옥수수, 감자, 열매 등의 추수한 곡식을 자연스럽게 늘어놓고 연출할 수 있으며 상차림 메뉴는 칠면조 요리, 호박파이, 수프 등을 준비한다.

13) 크리스마스 파티(christmas party)

기독교 국가인 미국에서 가장 큰 명절이다. 성탄절 즈음해서 멀리 떨어져 있는 가족들이 한자리에 모이거나 친구나 회사 동료 등이 함께 모여 서로 선물을 주고받는다. 크리스마스는 예수의 탄생을 축하하는 축제이다. 12월 25일에 열리는 이 축제는 빛나게 반짝이는 태양에의 숭배, 수목의 재생, 풍부한 결실 등의 바람을 담고 있다. 크리스마스 전날인 24일 이브는 크리스마스 휴가 등으로 돌아오는 가족과 함께 보내고 25일 아침에는 크리스마스 나무 아래에 장식된 선물을 교환한다. 크리스마스 전에는 멀리 있는 사람들에게 카드를 보내며 서로의 사랑을 확인한다. 크리스마스라고 하면 크리스마스 나무와 산타클로스를 빼놓을 수 없다. 테마 색과 소재는 표 6-3과 같이 정리할 수 있다.

표 6-3 크리스마스 테마 색과 소재

예수님의 피, 사랑(赤)	영원한 사랑(綠)	순결(白)
별, 광선(金), 말구유(馬)	허브(香), 별(惺)	종(音), 빛(光), 비둘기

**그림 6-9
크리스마스 테마 색을
적용한 장식**

처음 만나는 식문화와 푸드 코디네이션

크리스마스 상차림은 빨간 식탁보, 흰색 양초, 초록색 잎, 금방울 등 크리스마스 분위기를 한껏 낼 수 있는 소품을 이용한다. 크리스마스 데코레이션을 위한 식물은 전나무, 소나무, 아이비와 같은 상록수를 쓰며 빨간 열매나 솔방울 같은 열매 종류나 초, 유리 볼과 같은 오너먼트(ornament)를 이용하여 장식한다.

각국의 크리스마스 요리는 주로 칠면조이나 영국은 로스트 비프(roast beef), 프랑스는 양고기, 독일은 소시지(뼈가 들어 있는 것) 등을 준비하기도 하는데, 주로 값싸고 양이 많아 충분히 나눌 수 있는 것들을 준비한다.

14) 가든 파티(garden party)

가든 파티는 화창하고 좋은 날씨를 택해 정원이나 야외에서 하는 파티로 서양에서는 비교적 규모가 큰 연회로 개최하기도 한다. 평상복이 아닌 정장 차림으로 참석해야 하는 모임으로, 공식 파티일 때는 모닝코트와 실크모자를 갖추어야 하나 약식 파티일 경우 단정한 슈트 차림에 흰 장갑을 끼기도 한다. 외투는 클로크 룸(cloak room)이라고 하는 보관실에 맡기되 모자는 쓰고 있어도 된다. 먼저 주최자를 찾아 인사를 한 후 뷔페 테이블로 옮겨 식사를 하면 된다. 파티가 끝나 돌아갈 때는 바쁜 호스트나 호스티스를 굳이 찾아 인사할 필요는 없다. 파티를 여는 장소는 넓고 푸른 잔디밭과 아름다운 정원을 갖추고 있는 장소라면 어디든 가능하다. 식탁이나 의자는 준비하지 않으므로 스탠딩 뷔페에 해당되고 식단은 뷔페에 준하여 낸다. 그러나 가든 파티에서는 싱싱한 과일 샐러드와 아이스크림류도 낼 수 있으며 제철 딸기나 크림을 내기도 한다.

유럽풍의 가든 파티는 채소와 치즈, 와인을 준비한다. 유럽풍의 대표이미지는 남프랑스 시골풍의 평화롭고 밝고 따뜻한 분위기인데, 가든 파티도 마찬가지로 가벼운 축제 분위기로 풍요로운 느낌을 낸다. 주 색채는 지방의 색, 밝은 자연의 색을 사용하며 리넨류는 자연스러운 소재의 체크, 프린트 목면과 마직으로 된 것을 이용한다. 식기류는 목제품, 바구니, 도기, 테라코타, 투박하고 두꺼운 잔을 이용하며 메뉴는 가볍게 채소와 치즈마요네즈, 요구르트 등으로 만든 디프, 가볍게 즐길 수 있는 샌드위치 혹은 바비큐 등으로 구성한다.

미국식 가든파티 하면 주로 바비큐파티가 떠오른다. 밝고 발랄한 분위기이며 주된 색채는 원색 계통과 눈에 잘 띄는 색이다. 리넨류는 목면과 종이소재를 이용하며 식기류는 종이접시, 플라스틱, 멜라민, 목제품, 플라스틱 글라스 등 간편한 소재를 이용한다. 메뉴는 바비큐와 어울리는 채소와 고기, 소시지 등이며 도구는 그릴용 기구, 불, 망, 목탄, 숯, 바비큐 그릴 등을 사용한다.

알아두기

기타 서양의 특정 목적 파티

● **환송파티(farewell party)**: 'farewell'은 작별이라는 뜻으로, 떠나는 사람과 헤어지게 되었을 때 아쉬움을 달래고 앞날의 행운을 바라는 의미로 여는 송별회이다.

● **고향 혹은 모교 방문 파티(home-coming party)**: 멀리 떠나 있던 사람이 고향, 집 또는 모교를 방문했을 때 여는 파티이다.

● **총각 파티(stag party)**: 'stag'는 '수사슴'이라는 뜻으로, 결혼 전날 밤 신랑 친구들이 신랑을 위해 열어주는 요란한 파티를 말한다.

● **예비 신부 파티(hen party)**: 'hen'은 '암탉'이라는 뜻으로, 결혼 전날 밤 예비 신부가 친구들과 함께 여는 파티이다.

● **파자마 파티(pajama party)**: 어린이나 십대 청소년, 특히 여학생들이 주로 여는 파티로, 한 친구 집에 모여 잠옷을 입고 밤새 수다를 떨며 놀기도 하고 잠을 자기도 한다고 해서 붙여진 이름이다. 'slumber party'라고도 하는데 'slumber'는 '잠'을 뜻한다.

● **모금 파티(party for raising)**: 선거가 가까워지면 특정 후보를 위하여 자금을 모금하기 위해 여는 파티나 자선 모금 파티 등을 말한다. 정당, 개인 혹은 주관기관이 주최하여 준비한다.

● **소모임 파티(get-together party)**: 가까운 사람 몇 명이 모여 갖는 조촐한 모임이다. 가족끼리 모이면 'a family get-together'라고 한다.

● **첫돌 파티(baby's first birthday party)**: 돌잔치라고 하며 미국에서도 아기의 첫돌은 꽤 중요하다. 우리나라처럼 큰 잔치를 벌이지는 않지만 가까운 사람들을 초대해서 축하를 주고받는다.

● **생일 파티(birthday party)**: 미국에서는 남녀노소를 가리지 않고 생일 파티를 좋아한다.

● **깜짝 파티(surprise party)**: 주인공 몰래 준비해두고 놀라게 해주는 파티이다.

● **바비큐 파티(barbecues party)**: 집 뒤뜰이나 공원에서 고기를 구워 먹는 파티로, 정찬이 아니라 간편하게 음식을 나눠 먹는 파티이다. 스테이크, 불고기, 햄버거, 샐러드, 음료수, 종이 냅킨 등을 준비하며 휴대용 그릴과

처음 만나는 식문화와 푸드 코디네이션 ✖

캠프파이어도 고려한다.

● **피크닉 파티**(picnic party): 야외에서 가족, 회사 동료, 동기, 동창 모임 등 다양하게 이루어지는 파티이다. 더

운 여름에는 아이스박스를 이용하여 음식을 신선하게 제공한다.

그림 6-10
바비큐 파티와 생일 파티의 분위기

4. 컨템포러리와 모던 퀴진 상차림

서양 상차림은 현대 외식산업을 통해 음식의 종류부터 분위기, 가격, 서비스 종류까지 다양하게 분류되어 소비자에게 소개되고 있다. 블루리본 서베이, 미쉐린 가이드와 같이 식당을 평가 후 리본이나 별을 음식점에 부여하여 소비자에게 음식점의 품질(quality)을 미리 알 수도 있도록 한다. 포털 사이트에서는 음식점에 별점을 주고 소비자의 리뷰를 활용하여 소비자가 음식점을 실제로 가보지 않고도 음식점과 음식점의 메뉴까지도 어느 정도 파악할 수 있게 해준다. 미쉐린 가이드 및 포털 사이트에서 쓰이고 있는 '컨템포러리(contemporary)'나 '모던(modern)' 같은 단어는 더 이상 신조어가 아닌 음식 상차림의 분류로 쓰여지기도 한다. 한식 상차림에 서양 상차림이 가미된 것은 '모던 코리안'이라 하고 정통 서양 상차림이던 프랑스 상차림도 '모던 프렌치' 등으로 진화하였다. 기존의 한

식, 중식, 일식, 양식으로 나뉘던 음식의 종류에 모던이나 컨템포러리라는 단어가 추가되면서 상차림 및 디시의 구성요소들이 차별화되어 다르게 제공되고 있는 실정이다. 기존에 프렌치라는 음식을 생각하면 격식이 있는 코스 요리 및 달팽이 요리, 느끼하고 헤비(heavy)한 소스 등이 떠오르지만, 모던이나 컨템포러리라는 단어가 포함되면 현대적인 인테리어가 더해지고 음식의 구성은 담백하고 간단하게 제공된다.

프랑스 혁명 이후 누구나 음식을 사고팔 수 있게 되면서 서양 상차림의 대표격인 프렌치 퀴진은 변화하기 시작하였다. 18세기 셰프였던 마리 앙투안 카렘(Marie-Antoine Carême)은 다섯 가지 마더소스를 만들며 프렌치 조리방식을 기록하였고, 19세기 셰프였던 조르주 오귀스트 에스코피에(Georges Auguste Escoffier)는 오트 퀴진(haute cuisine)의 창시자로서 주방을 다섯 가지 구역으로 나누어 현대화시켰다. 셰프 폴 보퀴즈(Paul Bocuse)의 영향으로 누벨 퀴진(nouvelle cuisine)으로 스타일이 발전하여 싱싱한 식재료를 사용하게 되면서, 전통적인 프랑스 상차림의 무거웠던 분위기가 가볍고 담백하게 바뀐 지금의 모던 프렌치가 탄생하였다. 프랑스 요리는 18세기부터 음식의 식재료 및 조리 방법들이 잘 기록되었기 때문에 요리학교에서는 당시 만들어진 책들이 아직도 교재로 사용되고 있다. 특히 '모던'이 들어간 음식점에서는 대부분 프렌치 테크닉과 그 나라의 식재료를 사용하고 요리들을 재해석하여 음식의 변화를 주고 있다.

1) 컨템포러리와 모던 테이블 세팅

레스토랑에서 모던 이미지는 깔끔하면서 심플한 분위기를 나타내며 실용적이고 간결한 미를 추구하여 현대적이며 도시적인 느낌이 나게 연출한다. 그래서 모던 테이블 세팅은 부드러움이나 장식성을 배제하고 흰색, 회색, 검은색의 무채색과 차가운 색을 기초로 색상 대비와 명도 대비가 강한 배색을 많이 선호하고 있다.

모던과 컨템포러리 다이닝에서는 기존의 서양 상차림을 간소화시키고 있다.

**그림 6-11
컨템포러리와 모던 퀴진
상차림**

코스 메뉴만을 서빙하는 레스토랑이 늘어가고 있지만 대부분의 레스토랑이 일품 요리의 서빙을 병행하고 있기 때문에 테이블 세팅을 최소화하여 공간적 여유를 두도록 하는 경향이 있다. 즉, 각 코스에 사용되는 커틀러리와 글라스만을 먼저 세팅하고 사용 후 수거하며 다음 코스의 커틀러리를 새로 배치하여 공간 활용을 최대한 이용하는 것이다. 예를 들면 수프는 숟가락만 제공하고 수프 코스를 마치면 사용했던 그릇과 커틀러리를 수거한 후, 스테이크 요리 코스가 시작될 때 포크와 나이프를 제공한다. 테이블도 리넨류 대신 개인용 매트로 대처하며, 리넨이나 매트가 없는 경우도 있다.

2) 서양 상차림과 동양 상차림의 만남

테이블 안 세팅과 분위기(ambiance) 조성도 중요하지만, 컨템포러리 레스토랑에서는 음식이 어떻게 제공되는지가 더욱 중요하다. 음식의 맛은 단순히 미각으로 판단하는 것이 아니라 사람의 시각, 청각, 후각, 촉각, 즉 오감을 만족시켜야 하기 때문이다. 컨템포러리 레스토랑에서는 테이블에 소금과 후추도 미리 놓아 두지 않는데, 이것은 셰프가 간이 맞는 음식을 제공하겠다는 의미이기도 하다.

여러 반찬(side dish)을 같이 서빙하는 경우가 많은 모던 코리안을 제외하고는 대부분의 컨템포러리 레스토랑은 플레이트 하나만을 서빙한다. 플레이트 기본 구성요소인 단백질 음식, 채소 및 탄수화물 음식을 제공하고 소스와 가니시로 마무리한다. 음식을 담는 그릇인 플레이트는 음식의 색을 강조하기 위해 흰색과 검은색만 들어간 깔끔한 도자기 그릇을 사용하고 청각과 시각을 자극하기 위한 무쇠 그릇(sizzle platter)을 사용하기도 하며, 서양 상차림을 접목한 한식 외식 상차림에서는 한식의 전통성을 표현하기 위한 유기그릇 등의 다양한 제품들을 음식과 레스토랑 분위기에 어울리게 사용한다. 색감의 대조를 위해 밝은 식재료와 어두운 식재료를 동시에 사용하며 식감 또한 아삭한 것과 부드러운 것을 조화롭게 이용한다.

또한 모던 코리안 레스토랑이라는 이유로 단순히 국내 식재료만을 이용하지는 않아 음식의 궁합이 맞는다면 한식에 푸아그라가 이용될 수 있으며 마찬가지로 프렌치에서도 간장 소스와 꽈리고추 등을 이용하기도 한다. 과학기술이 발달하며 동해에서 잡힌 대구가 미국 뉴욕에서 서빙되기도 하고, 조리과학을

그림 6-12
서양 상차림과 동양 상차림의 만남

해석하여 분자식 요리를 만들어 디시를 더욱 화려하게 만들기도 한다. 현재 다이닝씬은 멜팅팟(melting pot) 현상이 일어나며 전통 식재료와 음식(authentic food)에 국한되지 않고 계속해서 진화하고 있다.

5. 서양의 테이블 예절

매너의 기본은 요리를 즐기기 위한 것이다. 식사 매너가 확립된 데에는 다음과 같이 합리적이고 과학적인 배경이 있다. 첫째, 스테이크를 나이프와 포크로 한 입씩 잘라 먹는 이유는 처음부터 다 잘라놓으면 고기가 식어 맛이 현저히 떨어지기 때문이다. 둘째, 냄새가 강한 향수나 헤어 제품을 바르고 가지 않아야 하는 이유는 와인이나 요리 고유의 향과 맛을 즐기는 데 그 향이 방해될 수 있기 때문이다. 셋째, 나이프와 포크를 사용할 때 쇠 부딪치는 소리를 내지 않아야 하는 이유는 소음이 주위의 분위기를 해칠 수 있기 때문이다. 넷째, 의자에 앉을 때와 일어서서 나올 때 왼쪽으로 움직여야 하는 이유는 옆 사람과의 접촉을 예방하기 위함이다. 이와 같이 식사 매너는 사람을 구속하는 것이 아닌 음식을 즐기기 위한 약속이라 할 수 있다.

1) 초청장의 복장 지정에 맞는 의상

(1) 화이트 타이

초청장에 복장이 화이트 타이(white tie)라 쓰여 있을 땐 정식 예복을 입어야 한다는 뜻으로, 격조 높은 디너 파티나 리셉션에서 주로 요구된다. 남성은 연미복, 여성은 이브닝 드레스를 입고 참석한다. 정식 연미복은 흰색 나비넥타이, 흰색 조끼이며 와이셔츠는 흰색의 윙 칼라(wing collar)를 착용하고 흰색 키드(염소가죽 장갑)와 검은 양말, 에나멜 단화를 착용한다. 초청장에 복장이 이브닝 드레스라 쓰여 있을 때에는 반짝이는 머리 장식에 흰색의 긴 장갑, 이브닝 슈즈나 펌프스의 하이힐(옷과 같은 천이나 금은사로 짠 것)을 준비한다.

(2) 블랙 타이

초청장에 블랙 타이(black tie)라 쓰여 있을 땐 남성은 턱시도, 여성은 칵테일 드레스를 입고 참석한다. 턱시도는 검은색 나비넥타이와 검은색 양말, 검은색 에나멜 단화를 코디한다. 칵테일 드레스는 소매 길이와 맞는 흰색 장갑, 구두는 옷과 같은 천 또는 금은사로 짠 것 또는 에나멜 등의 펌프스나 샌들형으로 코디한다. 남성은 모닝코트, 여성은 세미 이브닝 드레스나 디너 드레스를 입어도 좋다.

(3) 평상 정복 차림

남성은 흰색 와이셔츠, 블랙 슈트, 검은색 양말, 검은색 단화로 코디하고 여성은 원피스나 상하 한 벌의 흑색 또는 차분한 색상의 옷으로 코디한다. 평상 정복 차림과 함께 코사지와 같은 액세서리, 에나멜이나 헝겊 등의 펌프스나 샌들을 코디한다.

(4) 디너 파티에 참석할 때의 복장 포인트

미니스커트, 바지, 부츠는 착용하지 않으며 짙은 립스틱, 향수, 향이 강한 헤어 제품은 삼간다. 번쩍거리는 액세서리는 낮보다 밤에 사용한다. 모자를 쓰거나 스카프를 하지 않으며 파티의 성격과 어울리는 옷차림을 한다.

2) 파티에 들어가기 전

- 식사에 방해가 될 가방, 레인 코트, 머플러, 카메라, 여성의 장식용 모자 등은 클로크룸을 이용하여 맡겨놓으며 간단한 핸드백만 소지한다.
- 파티 장소에 들어가기 전에 먼저 화장실을 찾아가서 남성은 넥타이를 바로 잡고 머리와 어깨에 묻은 먼지 등을 확인하며 뜨거운 손이나 미지근한 손은

상대방에게 불쾌감을 줄 수 있으므로 찬물로 손을 씻는다. 여성은 립스틱을 다시 바르고 화장 상태를 확인 후 옷매무새도 바로잡는다.

3) 의자에 앉을 때의 자세

- 의자와 테이블의 간격은 자신의 가슴과 테이블 사이에 약 10~15cm의 주먹 하나가 들어갈 정도가 적당하다.
- 의자를 뒤로 너무 빼면 음식을 먹을 때 허리가 굽고 너무 가까이 앉으면 양 팔꿈치가 벌어져 보기에 좋지 않다.

4) 건배 시 유의사항

- 건배를 할 때는 글라스를 눈높이만큼 올린다.
- 건배를 할 때는 자리에서 일어나 오른손으로 샴페인 또는 와인글라스의 다리 부분을 잡는다.
- 앉으면서 술이 쏟아질 수 있으므로 자리에 앉기 전에 먼저 글라스를 테이블 위에 올려놓는다.

5) 냅킨 사용 방법

- 냅킨은 좌중의 전원이 착석 후 첫 요리가 나오기 직전에 펴고 이때 반으로 접어 접힌 쪽이 안으로 놓이도록 무릎 위에 올려놓는다. 세팅되어 있는 냅킨을 펼 때 털지 않도록 주의한다.
- 식사 전 기도나 건배 제의 시에는 냅킨을 펴지 않는다.
- 식사 중 잠시 자리를 비울 땐 냅킨을 반듯하게 접어 의자 위에 올려놓는다. 테이블 위에 냅킨을 올려놓은 채 자리를 비우는 것은 식사가 끝났음을 의미한다.

- 냅킨은 음식이 옷에 묻는 것을 막기도 하지만 식사 후 입을 닦는 용도로도 사용한다.
- 꼬치 요리는 냅킨으로 잡고 먹을 수 있고 생선 뼈 등을 뱉을 때도 냅킨을 사용할 수 있다.
- 냅킨을 불필요하게 만지거나 냅킨으로 안경 등을 닦지 않는다.
- 냅킨으로 얼굴의 땀을 닦거나 코를 풀지 않는다.
- 기내식 등 편의를 위할 때를 제외하고 냅킨을 가슴에 걸지 않는다. 단, 음식을 잘 흘리는 아이들은 목에 가볍게 묶어주어 사용하게 한다.

6) 손의 위치

- 프랑스식은 손을 테이블 위에 항상 놓고 있고, 영국식은 손을 테이블 밑에 놓는다.
- 테이블 위에 손을 놓고 식사를 할 때에는 팔꿈치를 괴지 않도록 주의한다.

7) 요리

- 전채 요리는 식욕 촉진제로 프랑스에서는 오르되브르(hors d'oeuvre)라 하며 영·미에서는 애피타이저(appetizer)라고 한다. 메인디시인 생선 및 육류 요리를 즐기기 위해 조금만 먹는다.
- 웨이터는 큰 접시에 여러 사람이 먹을 수 있는 양을 가져 나온다. 손님은 각자 자신이 먹을 만큼 음식을 덜어 먹으며 덜기 힘든 음식일 경우 웨이터에게 도움을 요청한다. 자신의 접시를 들어 음식을 받는 것은 실례이다.
- 세팅되어 있는 커틀러리 중 가장 바깥쪽에 놓여 있는 것이 전채 요리용 포크와 나이프이다. 파슬리, 샐러리, 카나페 등은 손으로 먹을 수 있다.
- 음식이 나오는 대로 먹기 시작해도 좋다. 동양적 사고방식으로는 여러 사람이 식사를 할 때 모든 음식이 다 나오기 전에 먼저 먹는 것이 예의에 어긋난

다고 생각하지만 서양에서는 음식이 나오는 대로 바로 먹기 시작하는 것이 매너이다. 이는 서양요리의 경우 가장 먹기 좋은 온도일 때 서브되고 상석부터 제공되기 때문이다. 따라서 음식이 나오는 대로 먹는 것이 예의이면서 또한 제맛을 즐길 수 있는 하나의 요령이다.

- 단, 윗사람의 초대를 받았거나 4~5명이 식사를 함께하는 경우에는 음식이 모두 나오는 데 오랜 시간이 걸리지 않으므로 기다렸다가 윗사람이 포크와 나이프를 잡은 후에 함께 식사를 하는 것이 좋다.

8) 나이프와 포크의 사용법

- 포크는 왼손, 나이프는 오른손으로 잡고 음식의 왼쪽 끝에서부터 한입 크기로 잘라 먹는다. 이때 나이프는 안정감 있게 깊게 잡으며 나이프로는 절대 음식을 찍어 먹지 않는다.
- 식사 중에는 포크의 끝이 바닥을 향하게 하고 나이프의 날은 자신 쪽을 향하도록 하며 팔(八)자로 걸쳐놓는다. 식사가 끝났음을 표시할 때는 포크는 위를 향하게 두고 나이프 칼날은 자신 쪽으로 향하게 두어 접시 중앙의 오른쪽에 나란히 둔다.

9) 수프 먹는 법

- 수프를 먹을 때 자기 앞쪽에서 바깥쪽으로 하여 떠먹는 것은 미국식이며 반대로 바깥쪽에서 앞쪽으로 먹는 것은 유럽식이다.
- 다 먹은 접시에는 스푼을 그대로 올려놓으며 손잡이는 오른쪽을 향하게 한다.

그림 6-13
수프

- 먹고 싶지 않을 땐 빈 접시에 스푼을 뒤집어 놓는다.
- 수프는 소리 내지 않고 먹는다.
- 손잡이 컵은 손으로 쥐고 마신다. 손잡이가 달린 컵에 수프가 나오면 스푼을 이용하여 뜨거운지 확인하고 양쪽 손잡이를 잡아서 마신다. 한 손으로 컵을 들고 스푼으로 떠먹지 않는다.
- 크래커(craker)와 크루통(crǔton)은 수프 위에 뿌려 곁들인다.

10) 빵 먹는 법

- 빵은 처음부터 테이블 중앙에 롤빵이나 프랑스 빵이 2~4인분 정도 바구니에 세팅되기도 하지만 수프가 끝나면 제공되기도 한다. 빵은 요리와 함께 먹기 시작해 디저트가 제공되기 전까지 먹는다.
- 빵은 손으로 뜯어 먹는다.
- 수시로 먹을 수 있기에 한 번에 많은 양을 가져가지 않아야 하고 한입에 다 넣고 먹지 않는다.
- 점심과 저녁 식탁에는 빵에 버터만 제공되는 것이 정식이므로 잼을 요구하지 않도록 한다. 1인용 버터가 아닌 경우에는 버터도 먹을 만큼의 양을 자신의 접시에 덜어 먹으며 빵에 버터를 한꺼번에 발라 먹지 않는다.
- 빵은 메인디시의 왼쪽의 것이 자신의 것이며 여러 사람이 식사할 경우에는 오른쪽에 있는 빵 접시를 사용하지 않도록 주의한다.

그림 6-14
빵

- 빵 접시를 중앙에 갖다 놓거나 자신의 앞으로 옮겨 먹지 않는다.
- 빵은 나이프로 자르지 않는다. 빵 부스러기가 떨어지기 쉬우므로 되도록 빵을 빵 접시 위에서

손으로 떼어내고 테이블 위에 부스러기가 떨어졌어도 손으로 털어내지 않는다.

11) 생선 요리 먹는 법

- 생선 요리에는 레몬즙을 뿌린다. 레몬즙은 생선의 담백한 맛을 돋보이게 하고 비린내를 없애준다. 원형으로 절단한 레몬은 포크로 한쪽을 눌러 레몬을 고정시킨 후 나이프 몸체 부분으로 가볍게 눌러 즙을 낸다. 이때 생선이 부서지지 않도록 한다. 4등분한 레몬은 오른손으로 쥐고 왼손으로 레몬즙이 다른 사람에게 튀지 않도록 막으면서 짠다. 레몬을 짠 후 냅킨에 손을 닦는다.
- 생선 가시는 입안에서 혀로 가시를 가려 포크로 받은 후 접시에 놓는다. 뱉거나 손가락으로 집어내지 않는다.
- 치아 사이에 낀 큰 가시는 냅킨으로 입을 가리고 엄지와 집게손가락을 이용하여 집어낸다.
- 생선은 뒤집지 않는다. 뫼니에르(밀가루를 묻혀 버터에 구운 생선 요리)처럼 통째로 구워진 생선 요리가 나오면 포크로 머리 부분을 단단히 누르고 나이프로 머리 등쪽부터 포를 뜨듯 살 부분만 도려내어 도린 부분을 자신의 앞쪽으로 옮겨 놓은 후 먹는다.

그림 6-15
생선 요리

12) 감자, 당근, 파슬리, 크레송

- 스테이크와 같이 나오는 감자, 당근, 파슬리, 크레송(cresson) 등 포크로 찌르기 어려운 것은 손으로 집어 먹지 않고 떠먹는다.

- 콩과 같이 포크로 먹기 힘든 음식도 빵이나 나이프를 이용하여 으깨어 떠먹을 수 있다.
- 파슬리와 크레송은 장식이 아닌 특유의 쓴맛으로 고기나 생선의 맛을 한층 높여주는 음식이다.

13) 샐러드와 스테이크

- 스테이크 고기의 익힘 정도에서 레어(rare)는 살짝 굽는 정도로 표면만 갈색이고 고기의 중심부가 붉은 상태이다. 미디움(medium)은 중간 굽는 정도로 표면은 완전히 구워지고 고기 중심부에 붉은 부분이 조금 남아 있다. 웰던(welldone)은 바싹 굽는 정도로, 표면은 완전히 갈색이며 속까지 잘 구워진 상태이다.

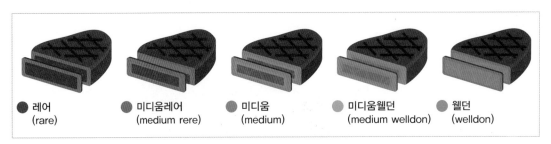

그림 6-16
스테이크 고기의 익힘 정도

- 스테이크와 샐러드는 같이 먹지 않으며 번갈아 먹는다. 샐러드는 고기 요리를 먹을 때의 중간이나 나중에 나온다. 잎이 큰 것은 접어서 먹는다. 요즈음 나이프로 잘라먹기도 하지만 정식으로 샐러드를 먹을 때에는 커팅하지 않는다.
- 샐러드나 고기 · 생선 등에 뿌리는 소스, 마요네즈류 등을 드레싱이라 한다. 드레싱에는 프렌치 드레싱, 마요네즈 드레싱, 사우전드 아일랜드 드레싱

등이 있다.

- 크림(또는 마요네즈)과 같은 진한 소스는 샐러드에 직접 뿌려 먹지 않고 접시 한쪽에 부어 놓은 후 먹을 때마다 찍어 먹는다.
- 두 가지 이상의 소스를 섞어 먹지 않는다.

14) 식전주

- 식전주는 타액이나 위액의 분비를 활발하게 만드는 자극적인 것이 좋으며 식욕을 촉진하기 위해 찬 것이 준비되는 경우가 많다. 차게 마시는 식전주의 경우 글라스를 감싸듯 잡으면 체온으로 인해 술의 온도가 변화하고 술의 아름다운 빛깔도 볼 수 없게 되므로 글라스의 목 부분(stem)을 잡도록 한다.
- 식전에 마시는 와인은 아페리티프(apèritif)라 한다.
- 대표적인 식전주에는 셰리(sherry)주가 있다. 셰리주는 스페인산 백포도주이며 맛이 담백하고 다소 곰팡내가 나는 듯하다. 스페인에서는 셰리 와인을 '헤레(jerez)'라고도 하는데 이는 주 생산지인 '헤레스 데 라 프론테(Jerez de la Frontera)' 지방의 이름에서 따온 것이다. 셰리주에는 크림 셰리(cram sherry)와 드라이 셰리(dry sherry)가 있는데 크림 셰리는 여성에게, 드라이 셰리는 남성에게 각각 잘 어울린다고 한다.
- 정식 만찬에서 베르무트(vermouth)를 셰리주와 함께 식전주로 마신다. 베르무트는 백포도주에 여러 가지 약초와 향초 등을 가미한 것으로 드라이(dry)한 프랑스 베르무트와 약간 달짝지근(sweet)한 이탈리아 베르무트가 있다.
- 식전용 칵테일로 선호하는 칵테일을 정해두지 않았다면 남성의 경우 마티니, 여성의 경우 맨해튼이 적당할 수 있다. 또한 키르(kir) 혹은 키르 로얄(kir royale)이라는 칵테일이 있는데, 겨자(mustard) 생산지로 유명한 프랑스 디종 시의 '키르'라는 시장(市長)의 이름을 따온 것으로 그가 처음 만들어 마시기 시작한 데서 유래되었으며 최근 인기를 얻고 있다. 키르는 크렘 드 카시스(crème de cassis)라고 하는 리큐어에 백포도주를 혼합한 것이고 키르 로얄은 샴

페인을 혼합한 것이다.

- 식전주로 칵테일을 낼 경우에는 올리브, 체리, 레몬 등을 글라스 가장자리에 장식하기도 하며 이는 먹어도 된다. 장식 핀에 끼워져 있으면 장식 핀을 이용해 먹도록 한다. 레몬 등은 손으로 집어 먹어도 된다.
- 위스키는 원래 식후주이나 최근에는 식전에 마시는 경우가 많다. 위스키는 알코올 함유량이 80~95%, 도수로는 40도 정도로 높으므로 물이나 소다수로 희석하여 마시도록 한다. 식전주는 한두 잔 정도로 내도록 하며 식사 전에 너무 마셔 취하는 일이 없도록 한다. 술을 마시지 못하는 사람이나 여성의 경우 식전주를 다 함께 마실 때 그냥 앉아 있는 것보다는 진저에일이나 주스 등을 마시는 것이 예의이다.

그림 6-17
소르베

15) 소르베 먹는 법

- 소르베는 디저트가 아니며 스테이크를 다 먹고 로스트 요리가 나오기 직전에 서브되는 요리로 이제까지의 고기 맛을 없애고 입안을 개운하게 한다.
- 소르베나 아이스크림은 잔의 다리를 잡고 형태가 망가지지 않도록 자기 앞쪽에서부터 먹는 것이 좋다.

16) 핑거볼 이용법

- 핑거볼(finger bowl)은 후식으로 과일이 나오기 전에 같이 나오는 손 씻는 그릇으로, 핑거볼에 양손을 동시에 넣고 씻지 않는다.
- 과일을 먹는 동안 손에 과일즙이 묻으면 한 손씩 손 끝부분만을 가볍게 튕기듯 씻어내고 냅킨을 이용해 물기를 제거한다.

- 냄새를 없애기 위해 레몬 조각을 띄우기도 하나 절대로 마시지 않는다.
- 옛날 영국 여왕이 외국 손님을 저녁 만찬에 초대했었다. 손님은 핑거볼의 물이 마시는 물인 줄 알고 그만 마셔버렸는데 여

그림 6-18
핑거볼

왕은 손님이 당황해 하지 않도록 따라서 핑거볼의 물을 같이 마셨다. 원칙보다 배려가 더 소중함을 보여준 여왕이 진정한 테이블 매너를 지켰다고 할 수 있다.

17) 어려운 상황 대처법

- 와인 글라스를 넘어뜨렸을 때: 당황하지 않고 잔을 세운 후 웨이터를 부른다.
- 나이프나 포크를 떨어뜨렸을 때: 남녀가 같이 자리를 할 때 여자가 떨어뜨렸으면 남자가 대신 웨이터를 부른다. 떨어진 것을 직접 주우려다 또 다른 실수를 할 수 있다.
- 소스를 테이블보에 흘렸을 때: 무시하고 식사를 계속해도 된다. 손수건으로 닦아내려 하지 않아도 된다.
- 디너 시간에 늦게 참석했을 때: 부득이 늦게 도착하면 밖에서 종업원에게 식사의 진행 상황을 물어서 다른 사람과 맞추어 미리 메뉴 서브를 부탁하면 된다.
- 나이프와 포크의 사용 순서가 엇갈렸을 때: 나이프와 포크는 놓인 상태에서 밖에서부터 순서대로 사용하게 되어 있다. 잘못 사용하고 있으면 쓰던 것을 제대로 놓고 제 순서대로 맞는 것을 사용한다.
- 트림이 나올 듯할 때: 유럽인과 미국인들은 트림을 하는 것을 방귀 이상으로 아주 교양이 없는 행동으로 생각하기 때문에 가능한 한 내지 않도록 하고 부

득이 나왔을 땐 조그만 소리로 사과한다. 반면에 중국 사람들은 식사에 초대 받으면 일부러 트림을 하는데 이는 잘 먹었다는 뜻이기도 하다.

- 콧물 · 재채기가 나오려고 할 때: 손수건을 꺼내 콧등을 가볍게 누르듯 코를 훔쳐내고 재채기가 나려 할 땐 냅킨으로 입을 가리고 소리를 줄이며 침이 튀어나오지 않도록 한다. 코를 들이마시거나 풀지 않는다.

- 테이블 세팅이 마음에 들지 않을 때: 각기 나름의 이유와 합리성이 있기 때문에 그릇을 이동시키면 다음 요리가 나올 때 방해가 될 수 있으므로 함부로 옮기지 않는다.

- 입안에 음식이 있을 때: 음식을 입안에 넣은 채 말하지 않는다. 남에게 말을 거는 것도 상대가 음식을 먹고 있을 때는 피한다. 대화 시 입안의 음식을 보이는 것은 좋지 않으며 자신이 음식을 먹고 있을 때 말을 걸어오면 기다려달라는 양해를 구한다.

- 대화를 나눌 때: 나이프나 포크를 든 채 말하지 않는다. 대화를 나눌 때는 입안의 음식을 다 먹은 후 나이프와 포크는 접시 위에 올려놓은 후 보통 음성으로 이야기한다.

- 식사 중 자리를 뜰 때: 식사 중 자리를 뜨는 것을 삼간다. 부득이한 경우 주위 사람에게 실례를 구한다.

- 입안에 들어간 음식을 뱉을 때: 입안에 들어간 음식을 다시 내놓는 것은 식사 중에 침을 뱉거나 트림하는 것과 같이 엄청난 실수로 여겨진다.

- 소금, 후추 등이 멀리 있을 때: 옆 사람에게 정중히 부탁하고 사용 후에는 제자리에 갖다놓는다.

7장

색채 이미지와
식공간 분류

테이블 세팅에서 색을 계획할 때에는 테마에 따라 먼저 초대되는
사람들과 음식의 종류에 따라 색을 정한다. 공간을 구성하는 식탁, 의자,
식기류, 장식품 및 센터피스의 색도 테마에 맞게 구성한다. 또한 동색과
보색의 조화로 개성 있는 식탁을 표현하도록 한다. 단색, 유사색 또는
보색으로 테이블 세팅을 하면 다양한 효과가 있다.

1. 색채 이미지

색에는 독특한 심리적 의미가 담겨 있으며 이러한 의미들은 인간의 물리적 행동에도 영향을 미친다. 이와 관련된 연구는 광범위하게 진행되고 있으나 대부분은 특정한 상황하에서의 연구이기 때문에 그 결과를 다른 상황에 일괄 적용하기에는 무리가 있다. 다만 각 색의 이미지에 대하여 가장 보편적으로 받아들여지는 결과들을 색상환의 단색 1차색 삼색과 2차색 삼색, 무채색과 갈색 등을 통해 이해하면 테이블과 식공간 분류를 이해하는 데 도움이 된다.

1) 단색 이미지

테이블 세팅에서 단색을 사용하면 통일감과 조화가 있고 비교적 무리가 없다. 공간감과 연속성이 강조되며 조용하고 평화로운 느낌이 난다.

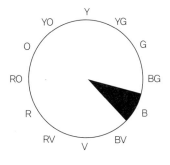

그림 7-1
단색

(1) 빨간색

빨간색(red)은 흥분, 열정, 강렬함, 힘 등의 의미가 있고 심장박동수나 맥박수를 증가시키며 활발한 반응을 일으키는 색으로, 불과 피의 색이기도 하다. 음식에서 진한 빨간색은 달콤하고 따뜻하고 진한 맛을 나타내며 쾌적한 느낌을 주어서 호화로운 연회장에 즐겨 사용되는 색이다. 자연적인 재료로는 딸기, 토마토, 루비, 석류석, 포인세티아 꽃 등을 사용해 풍요로움을 표현한다. 세례, 심장, 불꽃, 사랑, 분노의 색이기도 하다. 빨간색은 대담하게 다가오며 머뭇거리는 이미지가 아니다. 불의 이미지와 연계되어 위험함에 대한 경고의 의미를 담아 신호등에도 사용되는 공격적인 색이다. 높은 채도의 빨간색이 넓은 면적에 사용되면 자극적이고, 작은 면적에 사용되면 강조색으로 적합하다. 빨간색 계열의 분홍색은 여성스럽고 온화하며 우아한 이미지를 나타내고, 빨간색을 어둡게 사용하면 따스한 갈색이 된다.

(2) 노란색

노란색(yellow)은 따뜻하고 명랑한 색이며 넓은 면적에 자주 사용되나, 지나치게 많이 사용하면 지루하고 진부한 이미지를 줄 수 있으므로 다양한 톤으로 변형하여 사용하는 것이 좋다. 노란색은 빨간색처럼 따뜻한 색이면서도 전혀 공격적이지 않으며 행복을 나타낸다. 노란색은 햇살을 표현하며 생동감 있고 활동적인 이미지를 보인다. 노란색을 옅게 사용하면 크림색이나 베이지색 계열이 되어 배경색으로 사용하기에 적합하며, 어둡게 사용하면 갈색 계열이 되어 순색(pure color)의 특성을 살려주는 보조색이 된다.

(3) 파란색

파란색(blue)은 상쾌하고 차분하여 충성심, 신뢰감, 명예로움, 온화함을 주는 색으로, 단순함, 순수함, 진실, 엄숙함 등의 이미지가 있다. 파란색은 생각이나 명상 등을 도와주는 색으로 지적인 활동을 하는 장소에 적합하며 때에 따라서는 관료적·권위적 이미지를 보인다. 단, 파란색은 빨간색이나 노란색처럼 사람에게 다가오는 색이 아니라 오히려 물러나는 색이다.

파란색에도 명도와 채도에 따라 우아하고 격조 있는 세련된 계열과 캐주얼한 느낌의 편안한 계열이 있다. 네이비블루는 비즈니스에 많이 사용되며 전문성을 상징하고 신뢰할 수 있는 색으로 인식된다. 코발트블루는 밝고 활기차고 풍부한 느낌이며, 스카이블루와 바다색은 상쾌함과 건강을 나타낸다. 청금석이나 사파이어 같은 푸른색 보석은 대담함을 느끼게 한다. 우울할 때 '블루'란 표현을 하거나 슬픈 심정을 읊은 노래를 '블루스'라고 하는 것처럼 소극적이고 지루하며 우울한 색으로 보일 수 있으므로 현명하게 사용하여야 한다.

파란색은 테이블 코디에서 보통 시원한 느낌을 준다. 밝게 사용하면 생생함을 나타내고, 어둡게 사용하면 가라앉은 느낌으로 무겁고 엄숙하며 억압적인

이미지를 보인다. 파란색은 하늘과 바다를 표현하여 개방감과 공간감을 주기도
한다.

그림 7-2
빨간색, 노란색, 파란색

(4) 주황색, 오렌지색

주황색, 오렌지색(orange)은 빨간색과 노란색의 2차색으로 빨간색의 강렬함과 노
란색의 명랑함을 동시에 나타낸다. 적당히 사용하면 발랄하고 생동감이 있어
상업적으로 환영의 색으로 자주 사용되나 너무 많이 사용하면 경박하고 가벼운
이미지를 줄 수 있다. 주황색은 포인트로 조금만 사용하는 것이 효과적이다. 주
황색을 옅게 사용하면 살구색이 되어 부드러운 배경색으로 사용될 수 있고, 어
둡게 사용하면 갈색이 된다. 우리나라는 예로부터 자연스러운 갈색 계열을 많
이 사용하였으며, 주홍색은 빨간색과 주황색의 중간색으로 예로부터 경사스런
색으로 자주 사용되었다. 주황색은 우리의 피부색이나 마른 풀, 나무색 등과도
잘 어울리며 편안한 이미지를 준다. 음식에서 선명한 오렌지색은 달콤한, 영양
가 있는, 맛있는 이미지를 나타내는 반면 희미한 오렌지색은 오래된, 딱딱한, 따
뜻한 느낌을 준다.

(5) 초록색, 녹색

초록색, 녹색(green)은 노란색과 파란색의 2차색으로 차가운 색 중에서 가장 따
스한 느낌이다. 사람의 눈이 가장 인식하기 쉬운 색으로 사랑, 인내, 신뢰를 나
타내며 자연친화적 물건이나 환경을 표현하는 색이다. 노란색의 유쾌함과 파란
색의 차분함을 동시에 보일 수 있어 차분하면서도 명랑한 색이 되며 경쾌한 노
란색과 함께 사용하면 안정감을 제공한다. 초록색은 자연스럽게 다른 색들의

고유 느낌을 강조하는 데 도움이 되지만 지나치게 많이 사용하면 지루하고 단조롭게 느껴진다는 의미에서 '제도적인 초록색(institutional green)'이란 불명예스러운 명칭이 있기도 하다.

음식에서 초록색은 시원하고 신선한 느낌이며 아주 엷은 황록색은 산뜻하고 신선한 느낌을 준다. 초록색에 노란색을 더하면 약간 자극적인 색이 되고 파란색을 더하면 차분한 느낌의 색이 된다. 카키색은 인내력, 신뢰성, 환경친화적인 이미지가 있다. 엷은 샐비어 색(sage green), 이끼색, 청자색, 녹청색은 안정된 분위기를 연출하며 에메랄드나 공작석(초록색 보석의 일종) 등은 화려한 이미지를 나타낸다. 블루그린이나 그린블루는 색조가 밝을 때 대담한 색으로 보이고 흰색이 약간 섞이면 평화를 상징한다. 풀잎, 담쟁이덩굴, 화초, 라임, 민트의 색은 밝고 희망적이며 봄의 새싹과 같은 감정을 만들어 풍요로운 느낌을 준다.

초록색은 나무나 채소 등 자연의 색과 가장 잘 어울리고 건강과 복지의 이미지를 나타내는 색이며 안전을 알리는 색이기도 하다. 초록색은 채도를 낮추고 어둡게 사용하면 위엄과 신뢰감을 표현한다. 우리나라는 예로부터 따뜻한 느낌의 노란색이 많이 포함된 자연스러운 초록색을 선호하여 청록색 계통을 선호하는 이슬람 문화권과는 다른 차이를 보인다.

(6) 보라색과 자주색

보라색(violet)과 자주색(purple)은 색상환에서 빨간색과 파란색의 중간에 위치하는 2차색으로, 파란색의 우아함과 빨간색의 힘을 합쳐 놓아야하면서도 숭고한 느낌을 주고 따스함과 차가움, 활동성과 차분함의 갈등을 함께 표현하는 색이다. 색에 모호함과 긴장감이 있고 섬세하고 감각적이어서 예술적 표현에 사용된다. 보라색은 오랫동안 왕권의 이미지를 지녀왔다. 자연계에서 보라색은 포도, 가지 등에서 볼 수 있다. 보라색을 엷게 사용하면 가벼움, 장난기, 신비함을 나타내며, 어두운 보라색은 위엄 있고 위협적인 느낌이 있다.

그림 7-3
주황색, 초록색, 보라색

(7) 흰색

흰색(white)은 무색이라고도 하나 실제로는 모든 색의 혼합이라 할 수 있다. 흰색은 위생을 대표하는 색이며 채도가 없어 청결함, 더러움이 없는 순수함, 평화, 순진무구함, 깨끗함, 단순함 등을 상징한다. 반면 채워지지 않고 비어 있는 느낌이나 지루함을 표현하기도 한다. 흰색은 유채색과 함께 사용되면 색을 더욱 강조해주며, 모더니즘을 상징하는 색이기도 하다. 파란 느낌이 도는 흰색은 빙하를, 노란색이 섞인 흰색은 광택이 나는 진주를 연상시킨다. 흰색은 공간이 넓게 보이는 효과가 있다. 흰색을 너무 많이 사용하면 무미건조해질 수 있다. 악센트가 없으면 빈 상자나 종이컵처럼 값이 싸고 질이 낮은 제품이나 일회용품의 느낌이 날 수도 있다. 흰색은 약간의 유채색을 혼합하여 차가운 흰색 혹은 따뜻한 흰색 등과 같이 다양한 색으로 변형하여 배경색으로 많이 사용한다.

(8) 검은색

검은색(black)은 어떤 색 파장도 반사하지 않는다는 의미에서 흰색과 반대이며 강인함과 힘, 안정감, 우아함, 세련됨, 섹시함을 연상시킨다. 검은색은 강력함, 심각함, 엄숙함, 격식 등을 상징하는 강한 색이다. 도시인의 기본 아이템 1순위가 검은색 슈트이기도 하다. 공식적인 자리에서는 검은색 턱시도와 칵테일드레스를 입고 있으면 잘 어울린다. 검은색은 밤과 죽음, 마술(black art), 암시장(black market), 공갈(blackmail), 거절(blacklist), 배척(blackball) 등의 위험한 이미지도 있다. 검은색은 화려하면서도 섹시하고 치장하기 쉬우며 다른 소품과도 잘 어울리는 실용적인 색이다. 검은색도 흰색처럼 비어 있는 느낌을 주기는 하나 흰색보다는 무겁고 엄숙하다. 검은색은 좌절이나 두려움, 죽음 등의 부정적 이미지도 있다. 검은색과 흰색을 함께 사용하면 명암 대비가 강하여 날카롭고 강렬한 이미지를 나타낸다. 검은색에 약간의 유채색을 혼합하면 따뜻한 느낌이나 차가운 느낌을 나타내며, 이는 검은색은 아니면서 어두운 검은색의 이미지를 전달한다. 검은색과 흰색, 유채색의 조화는 모더니즘에서 자주 사용되기도 한다.

회색(grey)은 단일색으로는 자칫 지루하고 진부할 수 있으나 다른 색과 조화를 이루면 세련된 분위기를 주므로 배경색으로 바람직하다. 회색은 보수적이며 전통적이고 두뇌와 같은 지적인 이미지가 있으며, 메탈릭그레이색은 값비싼 이미지가 있다.

(9) 갈색과 베이지색

갈색(brown)과 베이지색(beige)은 무겁지 않고 신뢰감을 주는 색이며 특히 긴장을 풀기 위한 색으로 잘 선택된다. 베이지색과 갈색에 빨간색을 더하면 테라코타(terra cotta) 같은 따뜻한 느낌이 들며 초록색을 더하면 카키색 같은 차가운 느낌이 강해진다. 갈색은 자연의 색이며 베이지와 갈색을 띠고 있는 것에는 숲, 나무, 모래, 삼베, 낙엽, 마호가니, 초콜릿, 커피, 밤, 식용버섯 등이 있다. 어두운 갈색은 맛이 없어 보이고 딱딱하게 보일 수도 있으나 한편으로는 따뜻하고 진한 맛을 나타내기도 한다. 갈색은 힘찬 느낌은 없으나 나무의 순박함, 가정이나 농장의 안락함, 벽돌이나 돌과 같은 천연 재료의 편안한 이미지와 따뜻한 이미지가 있다. 갈색은 차분하고 위엄 있는 실내공간 계획에 자주 사용되며, 생생한 다른 톤과 함께 사용하지 않으면 지루하고 단조로운 느낌을 줄 수도 있다.

그림 7-4
흰색, 검은색, 갈색

처음 만나는 식문화와 푸드 코디네이션

2) 색의 속성

색의 3속성은 색상, 명도, 채도이다. 색의 종류와 색채를 구별하기 위한 명칭을 색상이라 하고 비슷한 색상을 순서대로 둥글게 배열한 것을 색상환 혹은 색환이라고 한다. 색상환에서 서로 거리가 가까운 색은 유사색이고 거리가 가장 먼 정 반대편의 색은 보색이다. 자연광이 분광기를 통과할 때 보라, 파랑, 초록, 노랑, 주황, 빨강의 여섯 색상이 나타나며 이 중 빨강, 파랑, 노랑이 3원색이다. 색의 3원색은 색상환을 12색의 3분법으로 나눌 때 1차색에 해당하며 색상환에서 1로 표시한다. 1차색을 혼합하여 만든 색은 녹색, 보라색, 오렌지이며 색상환에서 2로 나타낸다. 3차색은 1차색과 2차색을 섞어 만들며 붉은보라색, 주홍색, 주황색, 연두색, 청록색 및 남보라색이다. 이들은 12색의 3분법에서 3으로 표시한다.

명도는 색의 밝고 어두운 정도이다. 명도는 유채색과 무채색에 모두 있으며 밝을수록 명도가 높고 어두울수록 명도가 낮다. 채도는 색의 맑고 깨끗한 정도

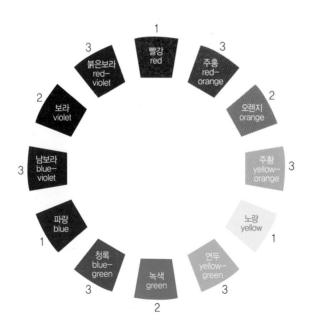

**그림 7-5
색상환(12색 3분법)**

이다. 색의 순수한 정도에 따라 순색과 탁색으로 구분하며 순색에 가까울수록 채도가 높고 다른 색상이나 무채색을 첨가하면 채도가 낮아진다.

3) 색채의 조화

(1) 단색조 배색

한 가지 중성 색상의 다양한 암색조와 명색조를 사용하는 색채 구성이다. 대표적인 중성 색상으로 회색, 베이지색, 크림색 등을 들 수 있다. 단색조 배색은 시각적으로 거슬리지 않고 매우 안전하면서도 보수적인 색채 배색 방법이다. 자연적인 재료들과 다양한 질감이 사용되면 배색 효과를 더 높일 수 있다. 주된 색의 선정에 따라 온도감이 첨가되어 중성적 단색조, 차가운 색 계열의 단색조, 따뜻한 색 계열의 단색조 등의 배색으로 구분될 수 있다.

(2) 단일색 배색

단일색 배색은 한 가지 색상으로 넓은 범위의 채도와 명도의 변화를 이용하는 배색이다. 단일색 배색을 하면 전체가 한 가지 색상으로 구성되어 단조롭고 심심할 수 있으므로 신중하게 색채를 선택해야 한다. 특히 중·고채도의 짙은 색조를 사용할 때에는 전체적인 분위기가 지나치게 강렬해지지 않도록 한다. 일반적인 단일색 배색의 방법으로는 채도는 중채도이면서 명도는 중·고명도가 되도록 배색하는 것이 있다.

(3) 유사색 배색

유사색 배색은 색상환에서 인접한 색상들로 구성하는 배색이며 시각적 조화를 이루어야 한다. 예를 들어 노랑, 연두와 초록색을 구성하거나 빨강, 다홍과 주황 같은 색을 구성하는 것으로, 보통 1/4 색상환 범주의 색채들을 선정하는 것이다. 배색에 사용되는 색채들은 다양한 범위의 명도와 채도를 가지는데, 특히 암색조(shade)의 색채를 많이 사용하는 경향이 있다. 일반적으로 선택하는 색채들 중

처음 만나는 식문화와 푸드 코디네이션

하나는 주된 색의 역할을 하도록 다른 색채들에 비해 많은 양을 사용하는 것이 좋다. 테이블 세팅에서 유사색을 이용하면 단색보다 더 조화롭고 다양하며 흥미로운 세팅을 할 수 있다.

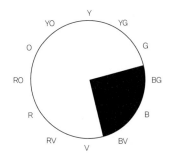

그림 7-6
유사색

(4) 보색 배색

보색은 서로 반대되는 색으로 아주 자극적인 것에서 평범한 것에 이르기까지 다양한 변화를 줄 수 있다. 빨강, 노랑, 파랑의 원색이나 반대되는 보색을 이용하면 생동감 있고 화려한 분위기를 연출할 수 있으나, 자칫 세팅이 산만해 보일 수 있으므로 주의한다. 보색 배색의 간단한 방법은 색상환에서 서로 반대편에 위치한 색을 이용하는 것으로, 원색과 2차색의 쌍이거나 3차색끼리 쌍을 이루는 색을 사용하게 된다. 보색 배색은 강하고 생기 있으며 활기차고 명랑한 느낌을 준다. 일반적인 보색 배색 방법은 저채도의 색을 넓은 면적에 배열하고 고채도 색을 좁은 면적에 배열하는 것이다. 만약 두 색상이 부조화할 때는 두 색 사이에 경계가 되는 색을 사용하여 조화를 이루게 하는 분리(separation) 배색을 사용할 수 있다. 이때는 무채색 등 채도가 낮은 색을 사용한다.

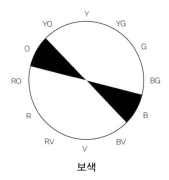

보색

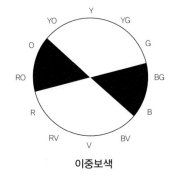

이중보색

그림 7-7
보색과 이중보색

(5) 삼분 배색

색상환의 임의의 삼등분점에서 얻어지는 세 가지 색채(예를 들어 빨강, 파랑, 노랑)의 배색이다. 삼분 배색은 색상 사이의 두드러진 특성 때문에 사용하기 어려운 색채 배색이지만, 풍부한 색감으로 주의를 기울여 사용하면 재미있는 결과를 얻을 수 있다. 효과적으로 사용하는 방법은 주조색으로 한 색채를 선택하여 제한된 영역에 배색하고 나머지 두 색채는 낮은 명색조와 암색조로 하여 넓은 면적에 전체적인 균형을 고려하여 배색하는 것이다.

(6) 사분 배색

색상환의 사등분점에서 얻어지는 색으로 두 쌍의 보색으로 구성된다. 사분 배색에서 한 쌍의 보색이 원색과 2차색이라면 나머지 한 쌍은 2개의 3차색으로 구성된다. 사분 배색은 보색 구성과 비슷하나 색상의 간격이 그보다 넓다. 색 배색을 할 때 고도의 기술과 주의가 필요하나 매우 다양하고 활동적인 이미지를 얻기에 적합한 배색 방법이다. 효과적으로 사용하는 방법은 한 가지 색을 주조색으로 제한된 영역에 높은 채도로 사용하고 나머지 색을 낮은 채도와 명색조, 암색조의 색으로 하여 넓은 면적에 전체적인 균형을 고려하여 사용하는 것이다.

4) 색조이미지

색조란 색의 삼속성 가운데 색상을 제외한 명도와 채도의 복합적인 톤(tone)을 의미한다. 톤의 색이름은 색상과는 상관없이 구분하며, 미국의 ISCC-NBS 색이름 체계는 명도와 채도의 형용사를 통하여 색을 구분한다. 같은 색상면에서는 온화한(moderate) 톤을 중심으로 명도는 밝은(light), 매우 밝은(very light), 어두운(dark), 매우 어두운(very dark)과 같이 5단계로 분류하며, 채도는 강렬한(strong, vivid)과 회색톤의(grayish)와 같이 3단계로 분류한다. 일본의 색조 분류는 PCCS에서 유채색을 11톤으로, 무채색을 5톤으로 분류한다. 우리나라의 KS A 0011에서도 이미지나 톤에 의한 색이름이 각 색상별로 명도와 채도의 상호 관계를 나

처음 만나는 식문화와 푸드 코디네이션 ✖

타낸다. 각 나라마다 규정하고 있는 세부적 톤의 범위는 다르나, 톤은 크게 다섯 단계로 나누며 각 영역별 이미지를 다음과 같이 설명할 수 있다. 이러한 톤 분류법은 색상의 범위 파악이나 색이름의 기억, 색의 이미지 조화에 도움이 된다.

(1) 순수하고 강렬한 톤

채도가 높은 색으로 순색이나 순색에 가까운 색들이다. 화려하고 강한 이미지로 스포츠용품이나 유원지 오락시설, 완구, 기업 색 등에 사용된다. 순수하고 강렬한 톤은 색에 대한 경험이 적은 어린이들에게 선호되어 아동용품에 많이 사용되며, 순색에서 채도를 약간 낮추면 성인들에게도 선호되는 색이 될 수 있다. 지나치게 강렬한 색채는 색의 이미지가 부각되어 물체의 질감과 형태가 제대로 전달되지 못하고 왜곡될 수 있기 때문에 상황에 따른 톤의 사용이 중요하다.

(2) 밝고 화사한 톤

순색에 흰색이 많이 첨가된 색으로, 오히려 흰색에 다른 색이 조금 첨가된 경우가 많다. 흔히 파스텔 톤이라 하며 부드럽고 섬세하고 부드러운 느낌으로 유아용품 등의 색으로 많이 사용되고, 사랑스럽고 감미로운 분위기 때문에 아이스크림의 색으로도 좋다. 색의 톤이 다소 강해지면 경쾌하고 즐거운 느낌을 주기 때문에 장난감의 색으로 사용될 수 있다.

(3) 온화하고 차분한 톤

순수한 색에 밝은 회색이나 중간 회색이 혼합된 색으로 탁하고 차분한 이미지를 준다. 이러한 색들은 색의 톤을 많이 느낄 수 없는 중성색들로 편안하고 안정감이 있어 실내외 환경 색채로도 많이 사용된다. 볏짚이나 토벽, 목재의 표면색 등과 같이 주변에서 흔히 볼 수 있는 친근한 색이다. 색의 톤이 통제된 세련된 색이다.

(4) 어두운 톤

순색에 짙은 회색이나 검은색을 많이 더한 색으로 품격과 깊이가 있어 댄디한 이미지를 준다. 중후하고 엄숙한 이미지여서 클래식한 제품이나 공간에 어울리고 교양과 예의를 갖춘 자리에 주로 사용된다. 고상한 톤으로 색감이 어둡기 때문에 포인트로 밝은 색과 명암의 대비를 이루면서 사용하는 것도 좋다.

(5) 무채색 톤

무채색은 색의 톤이 없는 색으로 흰색, 밝은 회색, 중간 회색, 어두운 회색, 검은색의 다섯 단계로 나누어 볼 수 있는데, 전체적으로 차갑고 도시적이며 미래적인 색이 연상된다. 색이 포함되어 있지 않아서 명암을 쉽게 판단할 수 있다. 명암의 대비가 커지면 강렬하고 선명한 이미지가 된다. 회색은 부정적인 이미지가 될 수 있으나 고급스러운 차분한 도시의 색이기도 하며, 흰색은 깨끗함과 순수함을 나타낸다. 검은색은 무겁고 딱딱한 느낌을 주기도 하지만 모든 색채를 포함하는 색으로 풍부하고 깊이가 있다. 순수한 흰색과 검은색은 화려하고 고급스러운 이미지를 표현하기도 한다.

5) 색채 이미지 스케일

색이란 상당히 주관적이고 상대적이지만 어느 정도 객관적이며 보편적인 이미지가 있다. 색의 일반적 이미지를 많은 사람이 공감하도록 정리한 것이 이미지 스케일이다. 색채 이미지 스케일은 일본의 고바야시(Kobayashi)가 제작한 것(1983년)을 기본으로 한다. 기본 10색상 12톤의 유채색과 10단계의 무채색을 색채 이미지로 측정하여 분석하였다. X축은 따뜻한(warm)과 차가운(cool) 이미지이며, Y축은 부드러운(soft)과 딱딱한(hard) 이미지이다. 이미지 스케일을 이용하면 낱개의 단색 이미지를 쉽게 파악해 볼 수 있다. 예를 들어 선명한 톤을 빨강(R)에서부터 줄을 따라 순서대로 따라가면 이미지 스케일 전 영역에 걸쳐 선명한 톤은 색상의 이미지가 강함을 알 수 있다. 아주 옅은 톤의 색은 색상에 관계없이 차갑고 부드러운 이미지에 분포되어 있으며, 어두운 회색조 톤은 색상에 관계없이 차갑고 딱딱한 이미지에 집중적으로 분포되어 있어, 선명하지 않은 색들의 경우 색상보다는 톤의 이미지에 영향을 더 많이 받음을 알 수 있다. 가깝게 위치한 색상은 이미지가 비슷하고, 멀리 떨어져 위치하는 색상은 이미지가 상당히 다르다.

일반적으로 사람들은 언어로 색에 대한 자신의 느낌을 표현하는데, 색채 이미지를 언어로 표현한 것이 형용사 이미지 스케일이다. 이미지 스케일은 크게 다섯 가지 영역으로 분류하는데, 따뜻하고(warm) 부드러운(soft) 이미지 영역, 따뜻하고(warm) 딱딱한(hard) 이미지 영역, 차갑고(cold) 부드러운(soft) 이미지 영

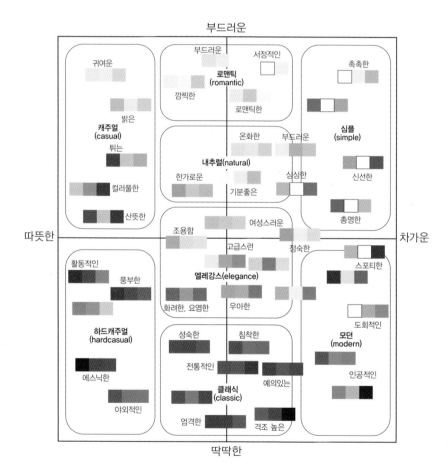

그림 7-8
색채 이미지 스케일

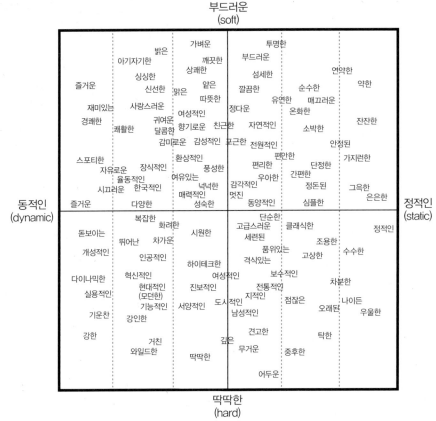

부드러운
(soft)

동적인
(dynamic)

정적인
(static)

딱딱한
(hard)

그림 7-9
형용사 이미지 스케일

역, 차갑고(cold) 딱딱한(hard) 이미지 영역, 그리고 중앙(center)부분이다 **그림 7-8**.
한국의 색채 이미지 연구(1995년)에서 제시하는 '한국인의 색채감성척도'에서는
정적인-동적인 이미지를 X축에 나타내고 일본의 경우와 마찬가지로 부드러운-
딱딱한 이미지를 Y축에 나타내고 있다 **그림 7-9**.

다음은 고바야시의 이미지 스케일에 의한 각 영역별 이미지이다.

(1) 따뜻하고 부드러운 이미지

붉은 색상을 같은 계열이나 유사 계열인 주황색 혹은 노란색과 배색하면 온화
하고 부드러운 이미지가 되어 활기차고 생동감 있는 분위기를 조성한다. 밝은

236　　　　　　　　　　　　　　　처음 만나는 식문화와 푸드 코디네이션 �֎

베이지색이나 은은한 갈색의 배색도 따뜻하고 부드러운 이미지를 살려준다. 따뜻하고 부드러운 이미지는 사람의 기분을 즐겁고 편안하게 한다.

(2) 따뜻하고 딱딱한 이미지

따뜻한 색 계열의 색채가 짙고 풍부하게 사용되면서 강한 대비를 이루면 따뜻하고 차가운 이미지를 살려준다. 다양한 색상으로 배색한 화려한 배색 이미지도 따뜻하고 딱딱한 이미지이다. 따뜻하고 딱딱한 색채는 짙고 풍부한 분위기를 내며 강렬하고 다채로운 느낌을 준다.

(3) 차갑고 부드러운 이미지

파란색이나 청록색과 같은 차가운 색이 옅게 사용되거나 흰색과 조화를 이루면 깨끗하고 고상하며 간결한 느낌의 차갑고 부드러운 이미지가 된다. 흰색과 초록색, 흰색과 청록색의 배색은 신선하고 동화 같은 이미지이다. 밝은 회색, 청색 등의 차갑고 부드러운 이미지는 이지적이고 도시적인 분위기를 내기도 한다.

(4) 차갑고 딱딱한 이미지

차가운 색상이 어둡게 사용되면 차갑고 딱딱한 이미지가 되며, 이는 이미지 스케일상에서 중앙 부분에 집중되어 있다. 딱딱한 이미지의 색채는 부드러운 이미지에 비해 범위가 좁아서 딱딱한 이미지가 강해지면 차갑거나 따뜻하다고 느껴지는 온도감은 감소하는 경향이 있다. 색상 자체로는 고상하고 세련되지만 전반적으로 어두운 색상들의 조합이기 때문에 배색을 정할 때 톤 감각을 살려야 긍정적인 이미지를 전달할 수 있다.

(5) 중앙부 이미지

편안하고 안정감이 있는 색상으로 눈에 쉽게 띄지는 않으나 볼수록 친근감이 생기는 색채들이다. 차돌이나 목재, 벽돌 등과 같은 자연물에서 주로 많이 볼 수 있는 재료들의 색이며, 생활 환경의 색이어서 온화함과 평온함이 있다.

2. 기본 식공간 분류와 색채 이미지

식공간은 무언가를 먹는 공간이다. 가장 이상적인 식공간은 인간의 다섯 가지 감각기관을 충족시킬 수 있어야 하는데, 다섯 가지 감각 중 시각으로 충족되는 비율이 87%이고 후각과 미각이 차지하는 비율은 각각 3%와 1%에 지나지 않는다고 한다. 그래서 보기 좋은 떡이 먹기도 좋다는 말도 있다. 식공간 만족을 위한 시각적인 요소는 테이블 위의 색만 뜻하는 것이 아니라 식공간의 바닥과 식당의 인테리어 등 식공간을 구성하는 전체를 포함한다. 음식과 식기구 등에서 오는 느낌, 색에서 오는 느낌, 재질에서 오는 느낌 등이 모여 이미지로 형성되고 오랜 시간 기억되어 시간이 흐르면서 하나의 스타일을 완성하는 것이다. 이렇게 만들어진 스타일은 특정 시대를 규정 짓는 양식이 된다.

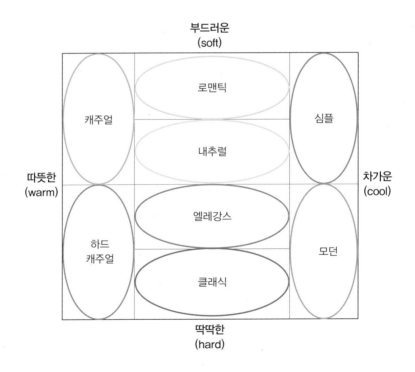

그림 7-10
식공간 분류와 색채 스타일

처음 만나는 식문화와 푸드 코디네이션

공간 연출에 맞는 색의 배합을 통해 시각적 요소를 충족시킬 수 있으며, 색의 배합은 식공간 연출에서 가장 많이 신경 쓰는 부분이다. 색채와 이미지 스케일 등을 이용해 색을 이해하여 하루 세 번 식사와 한두 번 정도의 티타임 때마다 마주하는 테이블 세팅을 할 수 있다. 식공간 스타일별 이미지와 색채는 아래와 같이 다양한 스타일로 나눠 설명할 수 있다.

1) 클래식

클래식(classic)한 식공간은 중후하고 호화로우며 전통적이고 역사를 느낄 수 있는 품격 있는 분위기로, 영국풍의 젠틀하고 격조 있는 성숙한 느낌의 스타일이다. 벨벳이나 실크의 직물, 금색을 배합한 고급스러운 소재를 사용해 격식 있고 호화스러운 분위기를 낸다. 색조는 어둡고 깊은 색을 주된 톤으로 하며 레드 와인, 진한 자주, 네이비블루색, 진곤색, 금색 등을 사용하여 중후한 이미지가 들도록 배색한다. 정교한 장식으로 고급스럽고 화려하며 전통적이고 운치가 있는 스타일을 연출한다.

식기는 고전적인 골드 계열의 장식이나 문양이 있는 것을, 커틀러리의 포크와 나이프는 고급스러운 은제품에 금장식이 되어 있는 것을 사용하며, 글라스도 크리스탈의 품질이 좋은 컷 글라스로 최대한 고급스럽고 격조 있는 것을 선택한다. 식탁보는 진한 갈색, 검붉은색, 와인색에 금색을 더해 사치스러움을 표현하기도 하며, 벨벳처럼 광택이 있고 두터운 소재, 손으로 만든 직물, 엔티크한 리넨 소재를 사용해 무겁지만 안정적인 느낌을 살린다. 결혼식, 부모님 생신상, 상견례 등 격조 있는 상차림의 식공간에 어울린다.

2) 엘레강스

엘레강스(elegance) 스타일은 섬세하고 우아하고 자연스러운 품위와 멋이 있는, 잔잔한, 차분한, 정숙한, 섬세한 아름다운 분위기를 표현한다. 프랑스의 양식미로 세련되고 화려하지만, 때로는 조용한 이미지로 우아한 아름다움을 연상시킨다. 고상함을 표현하기 위해 식탁보는 간단하지만 손이 많이 가 보이는 듯한 실크, 마, 레이스, 오간디의 리넨 또는 실크나 스웨이드 등의 고급 소재에 양귀비처럼 화려한 꽃 프린트를 넣어 기품 있고 섬세한 이미지를 살린다. 그레이시한 흐린 파스텔톤 색조의 미묘한 그러데이션을 바탕으로 곡선의 아름다움을 살린 곱고 가는 자수를 넣거나 레이스 등의 소재를 조화시키기도 한다. 분홍색, 오렌지색, 라일락색 등의 색조를 중심으로 우아하고 단순하며 섬세한 조화를 이루어 아름다우며 조용하고 세련된 분위기를 연출하기도 한다. 은제 포크와 나이프를 놓으면 화려함이 더해진다. 클래식 스타일이 중후하고 딱딱한 이미지라면 엘레강스 스타일은 기품 있고 부드러운 스타일이라고 할 수 있다.

3) 로맨틱

로맨틱(romantic) 스타일은 귀엽고 감미롭고 사랑스러우며 부드럽고, 따뜻하고 우아하며 가련하고 청순한 분위기를 지닌 가녀린 스타일이다. 엘레강스가 성인의 느낌이라면 로맨틱은 순수하고 가냘프고 사랑스러운 아이의 이미지이다. 색조는 소프트 파스텔톤, 노랑, 분홍, 베이비옐로, 베이비블루 등의 온화하며 섬세하고 달콤한 오프화이트를 이용하며, 여기에 곡선을 더해 서정적이고 감미로운 가벼운 상차림 분위기를 연출한다. 10대 청소년의 생일파티, 연인의 기념일 등에 사용되며 식탁 위의 꽃도 작은 사이즈를 놓아 귀여움을 최대한 살린다. 일반적으로 다색상의 분위기이나, 통일된 분위기를 연출하기도 한다. 식공간 소재와 디자인은 실크, 쉬폰과 같은 가벼운 소재, 면 레이스나 프릴의 리넨류, 불투명 유리를 활용한 우아하고 사랑스러운 세팅이 어울린다. 음식은 디저트 느낌으로 준비할 수 있다.

4) 캐주얼

캐주얼(casual) 스타일은 간결해 보이나 밝고 경쾌하여 활달한 분위기로 즐겁고 힘이 느껴지는 스타일이다. 형식에 구애받지 않고 자연 소재나 인공 소재를 배합하여 자유로운 발상으로 연출한다. 색채는 꽃무늬, 체크무늬, 선명한 색, 인위적이지 않고 자연스러운 색, 투명감 있는 빨간색, 노란색, 초록색 등 생생한 컬러를 중심으로 다색상 배합을 통해 발랄하고 재미있게 연출한다. 편안하고 개방적인 느낌이 캐주얼의 포인트라 할 수 있다.

식공간 소재와 디자인의 경우 바닥 소재는 밝은 느낌의 나무가 적당하고, 색깔은 화려하게 배색 처리한 것을 중심으로 부드럽고 청명한 색을 사용하거나, 화려한 톤에 흰색 톤을 배색할 수 있다. 밝은 색에서 어두운 색, 탁색에서 순색까지 폭 넓은 선택이 가능하다. 채도가 높은 맑은 색을 주조색으로 선택할 수 있고, 순색을 사용하면 활기찬 느낌이 표현된다. 오렌지 계열과 노랑 계열을 주된 색으로 할 때는 순색 계열의 색보다 밝고 맑은 색을 사용하는 것이 바람직하다.

식기는 스톤웨어, 두껍지 않은 자기나 도기, 귀여운 무늬나 화려한 장식이 없는 투박한 식기, 두껍고 받침이 있는 글라스, 플라스틱, 아크릴 식기, 일회용 식기도 가능하다. 원색의 화려한 식기나 우리나라 전통 옹기도 좋다. 각기 다른 회사 제품의 식기를 조합하기도 하고, 다양한 색조를 혼합하여 조화를 이루는 아이디어도 적용할 수 있다. 표면이 거친 식기는 성긴 조직의 냅킨과 조화를 이룬다. 커틀러리는 스테인리스 제품이나 일회용 플라스틱 제품을 사용할 수 있고 나무핸들, 고무핸들 등 다양한 소재를 이용하기도 한다. 모든 코스를 하나의 커틀러리로 사용해도 되며, 유럽식보다는 약간 짧은 미국식 스타일의 적용이 좋다. 글라스는 스템이 두껍고 장식이 없는 것, 유색의 유리잔이나 두꺼운 강화 컵, 모양이 있는 컵 등을 사용하며 경우에 따라 식탁 위에 커피 찻잔 세팅도 가능하다.

리넨류는 두꺼운 마, 프린트된 천, 흰색, 확실한 색, 올이 두꺼운 천 등 질감이 다른 소재들을 규칙에 얽매이지 않고 자유롭게 조합해 자유분방한 이미지와 활기찬 스타일을 연출한다. 체크, 스트라이프, 프린트 무늬 등 다양한 패턴과 폴리에스테르, 면, 종이 등 다양한 소재를 이용한다. 보색 냅킨은 식탁 연출에서 강조의 효과를 준다. 다색상의 대비로 코디하며, 격자 무늬 디자인의 테이블웨어에 점무늬 냅킨을 매치하거나 꽃 모양의 테이블 클로스에 줄무늬 냅킨을 매치하는 과감한 시도도 가능하다.

디자인 규모는 비율의 균형을 유지하는 것이 핵심이다. 캐주얼 스타일의 테이블을 연출할 때 너무 화려한 색상의 비율이 높으면 호화로운 이미지 연출은 가능하나 상대적으로 안정감이 떨어질 우려가 있다. 전체적으로 강조색을 10~20% 정도로 제한하면 오히려 두드러짐의 효과가 살아나 안정되고 화려한 이미지를 연출할 수 있다.

5) 내추럴

내추럴(natural) 분위기는 마음이 평온하고 온화한 이미지의 분위기이다. 자연을 느끼게 하는, 편안하고 무리가 없으며 단순하고 여유 있는, 밝고 친숙해지기 쉬운 분위기의 스타일이다. 질감이 중요하며, 색조는 무지나 풀, 나무 등의 자연색, 아이보리, 하이터치 감각의 베이지갈색, 초록색의 그러데이션을 이용해 톤 배색의 통일감을 나타내는 온화하고 부드러운 톤의 색 조합으로 따스한 느낌을 주는 것이 좋다. 자연이 가지는 따뜻함, 소박함을 표현하며 조금은 장식적이고 클래식하지만 세련된 이미지로 섬세한 배색을 한다. 면, 마, 모시, 삼베 등의 천연 소재를 사용하고 나무, 대나무 등 소박하고 자연스러운 질감을 사용하여 자연스럽고 부드러운 이미지를 연출한다.

6) 심플

심플(simple)은 최소한의 재료로 세련되고 깔끔하며 청결한, 깨끗하고 상쾌한, 윤기 있고 싱싱한 분위기, 겉치레 없는 산뜻하고 청량감 있는 젊은 분위기를 낸다. 색조는 단순한 무지, 직선 체크를 이용한 블루와 화이트의 산뜻한 배색을 사용한다. 소재와 디자인은 불필요한 장식을 없앤 듯한 깨끗한 이미지를 표현하기 위해 자연 소재, 인공 소재를 이용해 겉치레 없이 깨끗한 조화를 이루게 하며, 나무, 실버, 알루미늄, 아크릴 등 차갑고 산뜻한 느낌의 소재를 사용한다. 차가운 색의 조합으로 청결한, 깨끗한, 상쾌한, 윤기 있고 싱싱한, 산소 같은 이미지를 표현해 젊고 자유로운 감각을 나타낸다.

7) 하드캐주얼

하드캐주얼(hard casual)은 따뜻한 색채 계열을 중심으로 가을 분위기의 다색상 배색을 사용하여 야외적인, 풍부한, 에스닉한, 와일드한, 전원의, 손으로 만든 듯한, 따뜻한, 애착을 느끼게 하는 분위기를 연출한다. 캐주얼한 느낌보다는 자유로운 발상을 추구하며, 자연적인 핸드메이드의 짜임으로 온기 있는 소재를 조화시켜 마치 열매를 맺은 듯한 깊고 풍부한 분위기를 연출한다. 색조는 강하고 깊은 톤의 다색상 조합과 멜론, 올리브, 초록 등의 강하고 진한 톤의 온색 계열을 중심으로 하고, 동식물을 표현한 프린트를 이용해 가을 분위기를 연출한다. 손으로 만든 듯한 거친 느낌과 함께 온정과 애착을 느끼게 하는 것이 포인트이다.

식공간 소재와 디자인은 자연소재의 수공예품을 포함하는 온화한 질감을 사용하여 스파이시한 맛을 느낄 수 있는 세팅을 하고, 운치가 있는 무늬와 소재로 튼튼해 보이는 아웃도어(outdoor) 느낌과 에스닉한, 와일드한, 핸드메이드적인 전원풍 분위기를 조합한다.

8) 모던

모던(modern)은 도회적, 기계적, 진보적 분위기이며 개성적인 분위기로 시원, 대담, 드라마틱한 스타일을 추구한다. 초현대적인 아트 감각의 분위기, 깔끔하고 세련된 이미지와 서구적이며 하이테크의 분위기를 표현한다. 1925년 파리에서 개최된 현대 장식미술 · 산업미술국제전에서 선보인 아르데코 분위기에서 근대주의적 모더니즘이 처음 등장했다. 그러나 아르누보나 아르데코가 처음 등장했던 당시에는 그 자체가 최첨단 모던 분위기였던 것처럼, 모던은 변화가 크고 시대의 흐름을 반영한다.

고전적인 직선미와 단순한 디자인을 중심으로 기능 위주의 현대적인 감각을 연출하며, 도회적이고 시원하며 약간은 기계적이고 매니시(mannish)한 인공적인 느낌의 디자인을 연출한다. 색조는 모노 톤의 무채색, 큰 무늬, 검정, 빨강, 다크블루 톤으로 한다. 검정을 기초로 흰색, 회색이 대비를 이루게 하며 생생한 빨강, 노랑을 넣을 경우에는 역동감이 더해지는 스타일이 된다.

식공간 소재는 광택, 플라스틱, 폴리에스테르, 깔끔한 곡선과 직선적인 소재를 사용하고 스틸 제품의 세팅 장식을 선택한다. 최대한의 단순함과 깔끔한 이미지로 젊은 층이 선호하는 스테인리스, 아크릴 등의 소재를 이용하여도 좋다. 꽃의 경우 긴 꽃병에 카라를 1~2개 정도 꽂아서 직선적인 분위기를 표현한다. 생활감이나 실용성보다는 멋을 추구하는 경향이 있다.

9) 에스닉

에스닉(ethnic)은 '인류학적인'이라는 의미이며 세계 여러 나라 민족의 생활풍습, 민족의상, 장신구 및 라이프 스타일에서 영감을 얻어 발전하였다. 에스닉한 분위기는 동남아시아, 남미, 남태평양 국가 등의 민족적, 샤머니즘적, 종교적인 분위기를 표현하며, 소박한, 번쩍거리는, 건조한 분위기로 연출한다. 색조는 흙에 가까운 나무색이나 원색을 배합하여 이용하며 색동, 진한 나무색, 자연적인 색을 사용한다. 식공간 소재와 디자인은 면, 마, 민속적인 색조, 프린트와 직조, 칠기, 천연과일, 베트남 생활용품, 대나무 제품을 이용하여 연출한다.

모든 스타일의 식공간을 세팅할 때 주의할 것은 식탁 위가 크게 세 가지의 색을 넘지 않도록 하는 것이다. 색을 너무 많이 사용하면 테이블 자체가 산만하고 통일감이 떨어진다. 식기, 식탁보, 냅킨은 조화를 이루도록 하되 포인트로는 꽃을 사용하는 방법이 좋다.

3. 한식과 색채 이미지

한국인은 음식의 맛과 색상을 낼 때 미각에서는 오미를, 시각에서는 오색의 원리를 따르는 음양오행(陰陽五行)의 원리를 지키고자 하였다. 고명은 음식 위에 뿌리거나 얹는 장식이며 원칙적으로 식품들이 가지고 있는 자연의 색조를 이용하는데, 예로부터 음양오행의 다섯 가지 색을 이용하여 한국 음식을 마무리하였다. 또한 우리 민족은 긴 겨울이 지나고 봄이 오면 입춘(立春)날 반드시 오신채(五辛菜) 또는 오신반(五辛盤)이라는 다섯 가지 매운맛과 색깔이 나는 햇나물의 모듬 음식을 먹었다. 이는 파, 마늘, 달래, 부추, 염교로 자극적이고 향이 강한 식물로 구성되어 있으며, 불교나 도교에서는 금하는 식물이었지만 일반 민속에서는 화합과 융합을 상징하는, 온 우주의 기운을 함유한 식품이었다. 이는 우리 음식의 중심 철학인 '몸을 보하고 함께 어우러짐'을 중시하는 상징 음식이기도

그림 7-11
한식의 색채를 볼 수 있는
신선로와 양념

하였다. 이때 오색은 인(仁)과 간장(肝臟)의 청(靑)색, 예(禮)와 심장(心臟)의 적(赤)색, 신(信)과 비장(脾臟)의 황(黃)색, 의(義)와 폐(肺)의 백(白)색, 지(智)와 신장(腎臟)의 흑(黑)색을 의미하였다. 입춘날 오신채를 먹으면 다섯 가지 덕목을 모두 갖출 뿐 아니라 신체적으로도 모든 기관이 균형과 조화를 이루어 건강해질 수 있다고 믿었다.

오행에 해당하는 색, 동물, 맛, 인체의 기관, 감정, 상, 방위 및 계절은 **표 7-1** 과 같다.

표 7-1 오행의 관련 의미

오행	오색	동물	오미	오장	오정	오상	방위	계절
나무(木)	청(靑)	용	신맛 (예) 식초)	간장(肝臟)	노(怒)	인(仁)	동	봄
불(火)	적(赤)	공작	쓴맛 (예) 기름)	심장(心臟)	희(喜)	예(禮)	남	여름
흙(土)	황(黃)	용, 봉황	단맛 (예) 꿀, 엿)	비장(脾臟)	사(思)	신(信)	중앙	-
쇠(金)	백(白)	호랑이	매운맛 (예) 고추, 마늘)	폐(肺)	애(哀)	의(義)	서	가을
물(水)	흑(黑)	뱀(현무)	짠맛 (예) 소금)	신장(腎臟)	공(恐)	지(智)	북	겨울

8장

테이블 세팅 기본과

리넨류

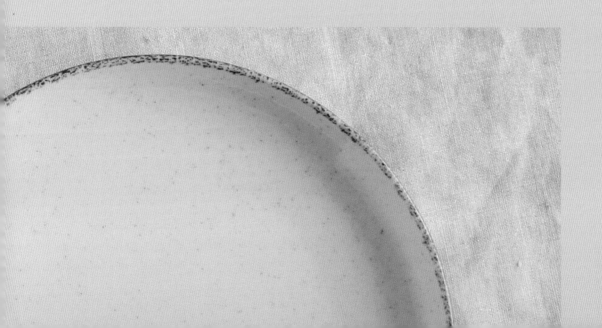

테이블 세팅은 자신이 만든 음식과 식기와 컵, 테이블 클로스와 꽃 등 식탁 위에 놓이는 것들을 조화시켜 음식의 맛을 돋우고 사람들과 더욱 즐겁게 대화할 수 있도록 연출하는 것이다. 또 조명이나 촛불로 식탁을 장식하여 편안하게 휴식할 수 있는 공간을 마련하는 것도 테이블 세팅이라 할 수 있다. 조금만 신경 쓰면 보다 돋보이는 멋진 식탁을 연출할 수 있다. 테이블 세팅을 할 때는 식공간 구성요소인 사람, 시간, 공간에 기초를 두어야 하며 연출 시 시간, 장소 및 목적(TPO)에 맞는 규칙과 매너, 계절을 고려하면서 진행해야 한다. 테이블 세팅을 할 때 필요한 식기, 스푼과 포크, 글라스, 테이블보, 냅킨, 식탁 장식 소품을 통틀어 테이블웨어(tableware)라고 한다. 테이블웨어는 생활양식, 장소, 선호도, 음식 서빙 스타일에 따라서 크게 달라질 수 있다. 테이블 세팅의 기본요소에는 만들어진 음식, 음식과 어울리는 식기, 음식을 보기 좋게 담는 기술, 연출한 공간과 어울리는 음악, 조명 등이 있다. 이러한 요소가 균형을 이루고 적당한 실내온도, 공간, 테마가 조화를 이루어야 한다. 테이블 세팅의 기본목적은 실용성과 아름다움을 균형 있게 조화시켜 우리의 식생활을 유쾌하고 풍요롭게 하는 데 있다.

1. 테이블 세팅의 기본

1) 테이블 세팅 시 주의사항

테이블 세팅은 테이블, 테이블 클로스, 식기, 커틀러리, 소품이 가지고 있는 색과 형태, 질감 등의 디자인 요소를 바탕으로 연출된다. 디자인이란 생활에서 볼 수 있는 미적 표현의 하나로, 물리적인 재료와 형태를 의도적으로 선택하고 계획·조정하여 정신적인 사상과 이미지를 창조적으로 표현해내는 활동을 의미한다. 테이블 세팅 시 청결함을 기본으로 하며, 먹기 편해야 한다는 기능성과 아름다워야 한다는 심미성을 잃지 않도록 한다. 따라서 테이블 세팅의 의도와 이미지가 사용할 도구나 소품과 조화를 이루도록 연출한다. 식탁의 실용성과 미적인 면 사이의 균형을 생각하고 시간과 장소, 목적에 맞는 메뉴를 결정하며 테이블을 완성해나간다.

(1) 전체적으로 진행되는 주된 테마의 결정
클래식 테이블, 캐주얼 테이블, 로맨틱 테이블 등 테이블 세팅으로 표현할 수 있는 테마는 다양하다. 이때 행사의 성격과 주최 측의 의도에 따라 콘셉트를 결정하는 것이 중요하다. 이 테마에 따라 센터피스나 테이블웨어 등이 결정된다.

(2) 대화를 유도할 만한 테이블 세팅 아이템 선정
테마를 결정한 후에는 서비스를 받을 손님들의 관심을 끌 수 있는 센터피스나 어태치먼트(attachment)를 메뉴와 어떻게 매치할 것인가를 생각해 보도록 한다. 신혼부부를 위한 로맨틱한 테이블 연출이라면 달콤한 분위기를 강조할 수 있는 꽃과 와인, 하트 모양의 휘기어류 등이 공통적인 화제를 이끌 만한 아이템으로 손색이 없을 것이다.

**그림 8-1
다양한 테이블 세팅 연출**

(3) 쉽게 얻을 수 있는 소재 사용

테이블 세팅은 주변의 물건과 현재 가지고 있는 것들을 최대한 활용하는 것이 중요하다. 사용하고자 하는 아이템을 구하기가 힘든 경우에는 비슷한 느낌을 표현할 수 있는 대체 아이템을 사용한다. 굳이 예산을 많이 들이지 않더라도 목적에 어울리는 실용적인 테이블 세팅을 창의적으로 디자인할 수 있다.

(4) 동색 · 보색 계열의 색상 전개 계획 선정

세팅의 기본은 식기, 커틀러리, 센터피스의 전체적인 조화에 있기 때문에 비슷한 동색 계열이나 완전히 대조를 이루는 보색 계열의 색상 중에서 선택을 하도록 한다. 보색은 화려하고 자극적인 느낌을 주며 비슷한 계열의 색은 차분하면서 편안한 느낌을 갖게 한다.

(5) 강조색

단조로움 속에서도 주조색은 정해져 있어야 한다. 하지만 너무 많은 색상을 사용하면 혼란스럽고 복잡해 원하는 분위기를 내기가 쉽지 않으므로, 테마에 어울리는 바탕색에 포인트색을 삽입해야 한다.

(6) 조화미

다양성이 지나치지 않도록 간결하고 단순하게 세팅한다. 그러나 자칫 딱딱하고 차가운 느낌을 줄 수 있기 때문에 센터피스, 냅킨, 기타 휘기어류로 시각적인 포인트를 주는 센스가 필요하다.

2) 테이블 코디네이션 아이템

테이블 코디네이션에 사용되는 소품들은 식사의 쾌적함을 기본 이념으로 하여 작업의 기능성, 접대한 손님의 동선 등을 생각하여 연출할 필요가 있다. 아이템은 세부적으로 나누어 구체적으로 결정한다. 테이블 코디네이션의 기본 아이템은 본문에서 구체적으로 다루기로 하고, 여기에서는 간략하게 살펴보고자 한다.

(1) 리넨류

리넨(linen)은 대마, 아사 등의 천류를 총칭한다. 테이블 위에 테이블 클로스와 냅킨을 펴놓는 것은 식사를 하는 전체적인 분위기를 결정하는 중요한 요소이다.

그림 8-2
리넨류

(2) 식기류

기본적인 개인 아이템과 서비스 아이템을 설정하여 배치함으로써 리넨류와 조화를 이루며 색과 분위기에 어울리는 소재의 식기류 선택이 필요하다. 식기가 놓이는 위치에 따라 앉는 자리가 결정된다.

그림 8-3
다양한 식기류

(3) 커틀러리류

커틀러리(cutlery)는 일반적으로 식사용 기구를 뜻하는데, 서양 사회에서 커틀러리 세트는 나이프, 포크, 스푼 등을 말하며 우리의 숟가락, 젓가락과 비슷한 용도로 테이블에서 쓰이는 기구의 총칭이다. 음식의 종류에 따라 서양식과 동양식의 커틀러리가 결정되며 정식 차림에는 주로 순은 제품, 도금 제품을 사용하고 일반적으로는 모던한 디자인의 개개인의 감각에 맞는 것을 고른다.

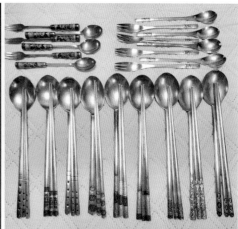

그림 8-4
테이블 세팅 연출

(4) 글라스류

서양식 세팅에는 유리잔을 사용하는데 이를 글라스웨어(glassware)라고 한다. 식사 중 제공되는 음료를 위한 글라스와 식사의 전후에 제공되는 음료용 글라스를 구분지어 세팅한다. 정식 상차림에는 세 가지 크기의 글라스가 놓이는데 가장 큰 것은 물이나 주스 등을 마실 때 사용하고 가장 작은 것은 화이트 와인을 마실 때 사용한다.

그림 8-5
글라스류

(5) 센터피스류

식탁의 중앙에 배치하여 식공간의 분위기를 돋보이게 하기 위한 생화 꽃꽂이, 꽃다발, 촛대 등의 인테리어 소품을 총칭해서 센터피스(centerpiece)라고 한다. 생화를 이용한 플라워 어레인지먼트나 관상용 식기 등이 센터피스로 이용된다. 전문적인 플라워 디자인도 있겠으나 계절을 잘 나타내는 생화를 한 송이 혹은

처음 만나는 식문화와 푸드 코디네이션 ✖

여러 송이를 낮은 높이로 물컵에 꽂아 놓으면 어렵지 않게 분위기 있는 식공간 연출이 가능하다. **그림 8-6**의 센터피스 가이드라인을 참조하여 오아시스를 이용한 생화 센터피스 꽃꽂이를 시작해볼 수도 있다. 먼저 정중앙에 중심이 되는 꽃을 꽂은 뒤 좌측에서 우측으로, 그다음에는 위쪽에서 맞은편 아래쪽으로 꽃을 꽂아 준다. 그다음으로 윗면 왼쪽에서 아랫면 오른쪽으로 대각선의 방향으로 안정감 있게 꽃을 꽂아본다. 비슷한 방법으로 화반에 꽃을 채워 나간다. 센터피스용 꽃의 길이는 화반의 끝 선에 대략 맞춘다고 생각하면서 줄기를 잘라주면 된다. 꽃은 오아시스에 약 1cm 정도 심는다고 생각하고 꽂는다. 꽃과 꽃을 꽂을 때 너무 가까이 꽂으면 꽃들이 숨쉬기 어려워 일찍 시들게 되므로 작은 손가락 마디만큼의 작은 공간을 띄어주어 꽃들이 상하지 않고 덜 핀 꽃들도 필 수 있게 된다.

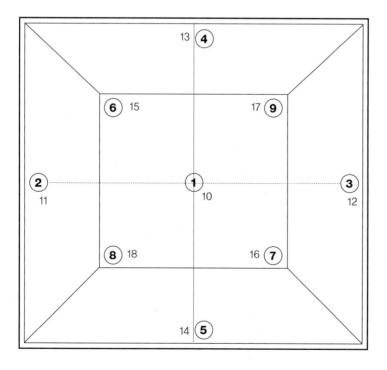

그림 8-6
센터피스 꽃꽂이
가이드라인

**그림 8-7
센터피스류**

(6) 휘기어류

휘기어(figures)는 본래 '장식물'이라는 의미이며, 테이블 위의 냅킨홀더, 네임카드(상석 지정), 자리 정돈 역할을 하는 화기, 소금, 후추통 등이 해당한다. 크기에 따라 인형, 작은 동물상, 명찰패, 소금을 담는 통 등 작은 것들은 휘기어라 하고, 캔들이나 꽃병 등의 큰 것들은 센터피스라고 한다. 이것들은 장식적인 효과와 함께 대화하는 데 있어 화제를 이끌어가거나 전환을 유도하는 데 중요한 역할을 하기도 한다.

그림 8-8
휘기어류

(7) 어태치먼트

어태치먼트(attachment)는 식사와 직접적인 관계는 없지만 대화를 유도하고 분위기 창출을 위해 식사에 방해되지 않을 정도로 배치되는 소품을 총칭한다. 장식적인 효과, 즐거움을 위한 분위기 연출 및 테마를 나타내기 위해 많이 쓰이며 도자기 장식물, 리본, 초콜릿, 구슬 등의 기타 장식물이 해당한다.

(8) 캔들

최초로 만들어진 초(candle)는 밀랍(beeswax)으로 만든 것으로, 밀랍은 벌꿀을 채취하고 남은 찌꺼기를 가열 · 압축시킨 것이다. 밀랍으로 만든 양초는 공동 공간에 놓는 것으로 과거 어두운 성 안에서 빛을 밝히고 방향을 알려주는 역할을 할 뿐만 아니라 눅눅함을 방지하는 역할까지 했다. 초는 2인에 1개, 8인에 3개,

그림 8-9
어태치먼트류

처음 만나는 식문화와 푸드 코디네이션

그림 8-10
캔들류

10인에 4개씩 놓으며, 식사시간을 2시간 정도로 계산해 만들어졌다. 향이 있는 초는 음식의 향과 맛을 느끼는 데 방해가 되어 적당하지 않으며 에어컨이 있는 방에는 사용하지 않는 것이 바람직하다.

2. 테이블 세팅의 리넨류

원래 리넨은 직물류의 하나로서 소재로는 고급 마직이지만 실제 서양에서는 식탁에 사용되는 모든 직물을 일컫는다. 무지의 마부터 프린트가 된 목면에 이르기까지 여러 가지 것들을 통칭해 리넨이라고 부른다. 테이블 리넨은 언더클로스(under cloth), 테이블 클로스(table cloth), 플레이스 매트(place mat), 냅킨(napkin), 러너(runner), 도일리(doily) 등을 총칭한다. 본 장에서는 리넨류에 대하여 구체적으로 알아보도록 한다.

1) 리넨류의 유래

(1) 테이블 클로스의 유래

테이블 클로스가 유럽에 처음 등장한 것은 A.D. 1세기경이다. 로마 시대 초기 식탁은 너무 아름다워 가릴 수 없다고 생각하여 오랫동안 테이블 클로스를 사용하지 않고 그 대신 더러운 것을 닦을 수 있도록 냅킨과 같은 개인용 천을 사용했다.

중세 초기(6세기) 비잔틴 모자이크인 〈최후의 만찬〉의 테이블 클로스

10세기 앵글로 색슨족의 저녁 식사

1460년 프랑스 연회 그림: 부자들의 테이블 클로스

15세기 프랑스 농부의 식사 그림 속 테이블 클로스

그림 8-11
테이블 클로스의 유래

중세 초기(6세기) 비잔틴 모자이크인 〈최후의 만찬〉에서 테이블 클로스의 사용이 나타나며, 테이블 클로스가 북유럽에 전해진 것은 앵글로 색슨족의 만찬 그림에 나타난 바와 같이 10세기 전이다. 역사적으로 볼 때 서민들의 식탁에서보다는 연회나 파티 등에서 귀족적인 최상의 테이블 클로스가 이용되었다는 기록이나 그림이 많다. 그러나 15세기 프랑스 그림에 나타난 바와 같이 평범한 가정에서도 좋은 테이블 클로스 위에 음식을 바로 올려놓고 식사를 하기도 했다 **그림 8-11**.

(2) 냅킨의 유래

냅킨이 처음으로 등장한 것은 로마시대이다. 나이프로 자른 것을 손으로 집어 먹기 위해 더러워진 손을 '맛파'라고 불리는 천에 닦았는데, 로마 제국의 멸망과 함께 사라졌다가 루이 1세 시대에 유럽에서 다시 등장하였다. 14세기경 맛파가 변모하여 보드 클로스로 이름이 바뀌었는데, 이것의 끝부분을 바닥까지 늘어뜨려 테이블 위에 걸쳤고 클로스 위에 두 개로 잘린 톱 클로스를 냅킨용으로 놓아 식사 시 이 천에 더러워진 입과 손을 닦았다. 15세기경에는 배스 타월(bath towel) 크기의 리넨을 하인이 어깨에 걸치고 다녔다. 그 후 한 사람 한 사람에게 손을 닦는 작은 천이 제공되었고, 테이블을 덮는 천을 뜻하는 프랑스어 'nappe'에 작은 것 또는 귀여운 것을 의미하는 '킨'이 붙어 냅킨이라는 단어가 생겨났다. 당시 상등품의 리넨은 은기의 가격에 비등할 만큼 고가여서 사용 후에는 세탁하여 풀을 먹여 열쇠가 채워진 방에 보관하였다.

무역이 활발해지면서 중국과 중·근동의 직물들이 유행처럼 퍼졌으며, 이 시기에 유럽에서는 부의 상징으로 주단을 테이블 위에 걸쳐놓았다. 17세기 후반에 접어들면서 식사를 할 때 나이프, 포크, 스푼을 사용함에 따라 손이 더러워지지 않게 되자 리넨은 단순히 손을 닦는 용도가 아니라 식탁을 아름답게 장식하는 용도로 바뀌기 시작했다. 상류 사회에서도 냅킨을 다양한 형태로 접어 부와 호화로움의 상징으로 식탁을 장식했다. 19세기에 테이블 스타일이 확립되면서 냅킨은 다시 본래의 용도로 사용되게 되었고 화려한 장식의 냅킨홀더가 유행하였다. 현재 정찬용에서는 냅킨홀더를 사용하지 않고 냅킨만을 심플하게 접어서 사용하고, 비정찬용이나 캐주얼 식사에서 냅킨을 사용할 때는 다양한 냅킨홀더를 이용하고 있다.

2) 언더 클로스

언더 클로스(under cloth)는 테이블 클로스의 아래에 먼저 까는 클로스이다. 테이블 패드(table pad), 사일런스 클로스(silence cloth)라고도 하며 식기나 글라스류를 올려놓을 때 테이블 상판에 부딪히는 소리를 줄여주는 역할을 한다. 테이블 클로스의 수명을 연장함과 동시에 테이블 클로스가 미끄러지는 것을 막아주고 그 모양이 예쁘게 떨어지게 하는 용도로 사용된다. 테이블 클로스가 얇은 소재가 아니더라도 식탁용 클로스 밑에 다른 천을 한 장 덧깔아주면 식기의 미끄럼이 방지되고 접시, 커틀러리, 글라스 등을 내려놓을 때 나는 소리를 줄일 수 있다. 언더 클로스는 테이블 크기보다 약간 큰 사이즈로 하되 식탁 가장자리로 눈에 띄게 빠져나오지 않을 정도의 크기로 한다. 미관상으로도 테이블 클로스와 함께 이용 시 편안하고 포근하며 고급스러운 분위기를 연출할 수 있다. 언더 클로스를 깔 때에는 테이블 클로스를 깔았을 때 아름다운 실루엣이 나올 수 있도록 반듯하게 깔도록 한다.

언더 클로스의 소재로는 '다마스크' 직물이 고급스러움을 나타낸다. 그러나 양면이나 한 면이 방모사인 것이나 비닐코팅지를 이용하기도 하며 융과 같은 폭신폭신한 천의 밑단에 고무줄을 넣어 상판을 감싸서 사용하기도 한다. 비닐 코팅지는 방수성이 있으므로 사용 후 취급이 쉬우며 불필요해진 타월이나 시트를 이용할 수도 있다.

3) 테이블 클로스

(1) 크기
테이블 세팅 시에는 기본적으로 테이블 클로스(table cloth)를 사용한다. 테이블 클

처음 만나는 식문화와 푸드 코디네이션

로스는 종류가 다양하기 때문에 TPO(시간, 장소, 목적)를 고려해 식기나 그 밖의 식탁용품들이 돋보이게 선택하여 상차림의 분위기를 살린다. 디너용 테이블 클로스를 선택할 때는 먼저 테이블 전체를 씌우는 프랑스식의 풀 클로스(full cloth)

캐주얼 분위기

포멀 분위기

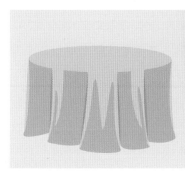

풀 클로스 포멀 분위기

그림 8-12
테이블 클로스

로 할 것인지, 테이블의 개성을 살려 한 사람씩 플레이스 매트를 깔아주는 영국식으로 할 것인지를 결정하도록 한다. 격식을 차리는 디너용 테이블 클로스로 마 소재로 커트 레이스가 있거나 가장자리 장식이 붙어 있는 것을 사용한다.

길이의 경우 특별히 정해진 것은 없지만 보통은 식탁 높이의 반 정도까지 내려오게끔 하고 일반적으로 테이블 크기보다 60~70cm 큰 것을 선택한다. 캐주얼 세팅에서 클로스는 식탁 끝에서 25~30cm 내려올 수 있도록 식탁의 크기보다 50~60cm 정도 더 큰 것이 좋다. 이렇게 하면 의자에 앉았을 때 무릎 위에 닿게 된다. 포멀한 분위기로 세팅할 때에는 테이블에서 클로스가 45~50cm 정도 내려오는 것이 적당하므로 식탁의 크기보다 90~100cm 더 큰 것을 준비한다. 포멀한 분위기로 세팅한 테이블의 의자에 앉으면 클로스를 무릎으로 미는 듯한 느낌이 난다. 식탁 다리를 가리는 클로스를 풀 클로스라 한다. 바닥에서 2~3cm 떨어져 있으면 더러움도 덜 타고 나팔꽃 모양으로 퍼지는 모양이 생겨 예쁘게 연출할 수 있다. 뷔페 등에서 풀 클로스의 포멀한 분위기를 연출할 때에는 천이 식탁에서 68cm 전후로 내려와 바닥 밑까지 내려가도록 한다.

(2) 소재

예전부터 테이블 클로스나 냅킨, 시트 등에는 리넨을 주로 사용했다. 테이블 클로스로는 소재가 마인 리넨이 가장 격식 있는 느낌을 준다. 주로 마와 비단의 다마스크(damask) 직물은 포멀(formal) 디너에, 비단은 세미포멀(semi-formal)에 이용되며 캐주얼한 분위기로 갈수록 면, 폴리에스테르 및 비닐을 이용할 수 있다. 레이스와 오간디는 디너보다는 티타임에 사용된다. 마는 튼튼하고 실의 굵기나 짜는 방법에 따라 두께를 다양하게 연출할 수 있고 물에 빨아도 쉽게 상하지 않으며 열에도 강하기 때문에 뜨거운 다림질도 잘 견뎌낸다. 또 감촉이 독특하고 편안하기 때문에 식탁에 깔면 사람들에게 자연스러운 느낌을 준다. 마 소재의 클로스는 구김이나 주름이 쉽게 생기므로 식탁에 깔기 전에 반드시 물을 뿌려 다림질을 하도록 한다. 레스토랑 등에서 테이블 클로스를 두 겹 엇갈려 연출하는 경우가 있는데 이를 더블 테이블 클로스라 한다. 매번 위의 것만을 세탁하면

되고 색과 무늬를 다양하게 연출할 수 있다는 장점이 있다.

(3) 색상

테이블 세팅에서는 테이블 클로스와 색의 코디네이션이 중요하다. 특히 커튼이나 벽의 색깔에 맞는 색상 선택이 중요하며 식기와의 어울림도 고려해야 한다. 색상의 조화로움을 테이블 위로만 한정해 볼 경우 색깔이 있는 테이블 클로스를 사용할 때에는 식기 무늬 중 한 가지 색, 그것도 사용되는 부분이 적은 색을

그림 8-13
테이블 클로스의 다양한
소재와 색상

택하면 식기가 돋보인다. 배경이 너무 강하거나 비슷한 색깔을 띠면 주가 되는 음식이나 식기의 음영이 나타나지 않아 재미없는 식탁을 구성하게 된다. 따라서 식기와 테이블 클로스는 서로 관련을 시켜가며 돋보이게 하는 것이 코디네이션의 중요한 점이다.

포멀한 정찬 상차림의 경우에는 하얀 계열의 얇은 천이나 레이스로 된 흰색 천을 사용하는 것이 원칙이나 근래에는 계절이나 분위기에 어울리는 색상을 많이 사용하기도 한다. 일상적인 상차림에서는 컬러풀하거나 프린트가 있는 테이블 클로스를 사용하도록 한다. 프린트 무늬를 이용할 때는 식탁 위에 놓이는 식기, 커틀러리, 글라스류, 중앙부 장식과 자연스럽게 어울려 식탁 소품들을 돋보이게 해줄 수 있는 무늬인지를 고려해야 한다. 식기와의 코디네이션을 고려할 때 테이블 클로스는 단순한 무지나 가장자리에만 무늬가 들어간 것이 무난하다. 식기의 무늬는 대개 꽃이나 풀 무늬가 많으므로 클로스에 어중간한 크기의 무늬가 있을 경우 부자연스럽고 복잡하게 보인다. 따라서 테이블 클로스는 가능하면 아주 작은 꽃무늬나 전체로밖에 파악되지 않을 만큼의 큰 무늬를 선택하는 것이 좋다. 식기가 놓이는 부분에만 무지의 클로스를 겹쳐 깔거나 매트를 깔아주는 방법도 있다.

이와 같이 테이블 클로스는 색이나 소재, 까는 방법에 따라 전혀 다른 표정으로 테이블을 만들어낼 수 있다. 즐거운 기분일 때는 환하고 밝은색의 테이블 클로스를 이용하고 식욕부진일 때는 부드러운 핑크 톤의 테이블 클로스를 이용할 수도 있다. 또한 레이스를 깐 테이블에 부드러운 음악을 더하면 로맨틱한 분위기를 연출할 수도 있다. 이와 같이 테이블 클로스를 적절하게 사용하면 손쉽게 기분 전환을 할 수 있으며 생활을 풍요롭고 즐겁게 변화시킬 수 있는 중요한 연출을 할 수 있다.

(4) 테이블 클로스의 관리

역사적으로 보면 테이블 클로스의 관리를 위해 독특한 방법을 이용한 경우도 있었다. 예를 들어 얼룩 제거를 위해 소변을 사용했다든지, 나무를 태운 잿물에 담가두었다든지 하는 것 등이다. 예나 지금이나 테이블 클로스를 깨끗하게 위생적으로 관리하는 것은 매우 중요한 일이다. 손질을 잘하면 테이블 클로스를 오래 이용할 수 있다. 세탁 시에는 변색이 될 수 있으므로 일부를 빨아본 후 전체를 세탁한다. 세제를 녹인 물에 담가두면 얼룩 등이 쉽게 빠져 세탁이 쉬워지기도 한다. 세탁 후 반쯤 건조되었을 때 주름을 펴서 말리면 다림질이 쉽다. 다림질을 해서 접힌 선은 청결함을 나타내기도 하여 레스토랑에서는 일부러 이 다림질 선을 강조하여 매일 세탁한 증거의 의미로 보이게 하기도 한다.

4) 플레이스 매트

매일 같은 테이블에서 식사를 하더라도 플레이스 매트(place mat)를 이용하면 다양한 분위기의 연출이 가능하다. 플레이스 매트의 주요 기능은 물 자국, 음식 얼룩 또는 열 손상으로부터 식탁을 보호하는 것이다. 레이스나 실크로 만든 플레이스 매트는 식탁을 꾸미는 장식적인 역할도 한다. 플레이스 매트에 그려진 그림은 메뉴에 따른 식공간 연출 교육과 식단구성 교육용으로 제작하여 사용할 수 있다 **그림 8-15**. 레스토랑에서는 플레이스 매트를 메뉴 항목 제시, 스페셜 메뉴 홍보, 지역 비즈니스 또는 어린이를 위한 게임을 광고하는 데 많이 사용한다.

　종종 테이블 매트(table mat)와 플레이스 매트는 어떻게 다른가를 구분한다. 테이블 매트는 테이블을 뜨거움으로부터 보호하기 위해 뜨거운 접시 아래에 사용하는 매트로, 우리나라의 냄비 받침으로 번역해야 더 의미가 와닿는다. 테이블 매트는 대부분 열전도로부터 식탁을 보호할 수 있는 두께감이 있는 나무나 실리콘 재질 등으로 만들어진다. 식탁의 분위기와 어울리는 고급스러운 장식품으로도 손색이 없을 정도로 테이블 매트 디자인은 다양하다.

　테이블 매트에 비해 플레이스 매트는 테이블 세팅을 할 때 식탁 위에 다양한 식공간 분위기에 어울리는 연출을 하기 위한 목적이 중요한 매트이다. 특히 대리석이나 고급스러운 원목 식탁은 테이블 클로스로 전체를 가리기보다는 플레이스 매트만을 이용하여 식탁의 라인이나 나뭇결 등을 살리는 세팅을 한다. 주로 점심 식사 때 사용하기 때문에 런치 매트 혹은 런천 매트라고도 한다. 소재는 약간 두꺼운 원단, 마, 목면화학섬유, 종이, 고무, 나무, 대리석, 아크릴, 비닐 등 다양하고 그 모양과 색상도 다양하게 나와 있어 분위기에 맞춰 사용하면 된다.

　기본 크기는 사람의 어깨 넓이 정도의 (폭)45×(길이)33(30~35)cm가 적당하나 경우에 따라서는 변형이 가능하다. 정찬용 플레이스 매트의 크기는 큰 디너

그림 8-14
플레이스 매트

접시가 놓일 수 있는 50×36cm 정도가 적당하다. 아침 혹은 점심 식사용은 45×
33cm, 티파티용은 케이크 접시와 커피잔 접시가 놓일 정도인 40×29cm 정도가
적당하다. 최근에는 실용성을 넘어 장식성이 더 가미된 매트가 이용되고 있다.
계절과 분위기에 따라서 때로는 섬세하고 우아하고 차분한 분위기를, 때로는
경쾌한 분위기를 연출할 수 있다. 구입할 때 세탁에 잘 견디는 것을 선택하도록
하고 무늬 자체가 지나치게 눈에 띄거나 색이 강렬한 것은 쉽게 싫증이 날 수
있으므로 주의하도록 한다.

서양식 풀코스 정찬 테이블 세팅 교육용 문제의 예

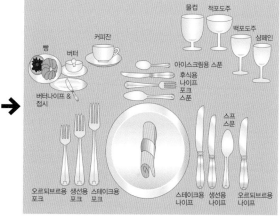

서양식 풀코스 정찬 테이블 세팅 교육용 문제의 답

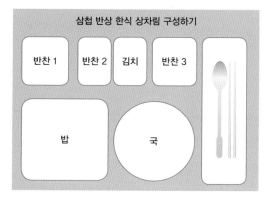

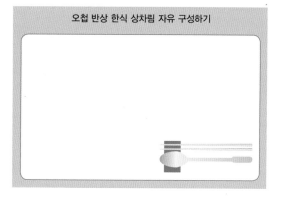

그림 8-15
테이블 세팅 연습 및 식단 구성 교육용 플레이스 매트

그림 8-16
테이블 매트

원칙적으로 테이블 클로스와 플레이스 매트는 같이 사용하지 않으나 요즈음은 색다른 효과적인 연출을 하기 위해 함께 사용하는 경우가 있다. 플레이스 매트는 보통 캐주얼한 분위기 연출에 적당하지만, 포멀 분위기에 매트를 이용하고자 한다면 자수, 레이스, 리넨, 마 등의 소재를 잘 선택한다. 세팅할 때는 되도록 글라스까지 매트 안에 들어올 수 있도록 하고 테이블 클로스 위에 배치할 때는 클로스와 식기류들과도 조화를 이룰 수 있는 색과 모양을 선택한다.

5) 냅킨

냅킨(napkin)은 식사 시 옷에 음식물이 떨어지는 것을 보호하고 손이나 입에 묻은 음식물을 닦아낼 때 사용하는 천이다. 냅킨은 넓게 펴 놓거나 여러 가지 방법으로 모양을 내서 접어 놓을 수도 있기 때문에 식탁을 아름답고 격조 있게 장식하는 데도 중요한 역할을 한다. 식기의 색상, 패턴과 어울리는 냅킨을 준비해 다양한 모양으로 예쁘게 접어 식탁에 표정을 주면 식탁이 한결 부드러워질 뿐 아니라 초대하는 이의 정성을 느끼게 할 수도 있다.

냅킨은 테이블 클로스와 같은 흰색의 원단과 색상으로 준비하는 것이 일반적이나 근래에는 계절과 분위기 연출을 잘 나타내기 위해 다른 계열의 색상을 많이 이용하기도 하고 여성들을 위한 테이블에서는 레이스가 달리거나 수가 놓인 제품을 사용하기도 한다. 냅킨과 테이블 클로스를 소재는 같되 색을 대조적으로 구성하면 강조의 효과를 낼 수도 있으며, 소재는 다르고 색은 같게 해도 식탁의 즐거움을 더할 수 있다. 직접적으로 입에 닿는 물품이기 때문에 청결 유지에 많은 신경을 써야 하며 소재는 100%의 면, 마, 아사 등이 좋다.

냅킨을 접을 때는 손이 많이 가는 모양을 내기보다는 되도록 손이 적게 가도록 단순하게 접어 왼쪽 빵 접시 아래, 플레이스 매트 위 혹은 주요리 접시 가운데

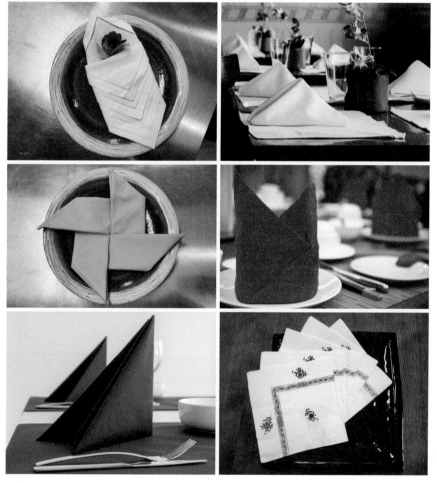

그림 8-17
냅킨

놓으면 된다. 이때 냅킨홀더를 이용하기도 하고 모양을 위해 물잔에 꽂아두기도 하는데 이는 데코레이션을 목적으로 하는 전시용 테이블에서는 가능할 수 있으나 직접 사용하는 테이블에서는 청결상의 문제가 있으므로 피하는 것이 좋다.

냅킨은 크기가 다양한데 정찬용은 50×50cm~60×60cm, 캐주얼한 일상생활용은 40×40cm~45×45cm, 티타임용은 20×20cm~30×30cm, 칵테일 파티용은 15×15cm~20×20cm인 것을 주로 사용한다. 냅킨은 격식 있는 자리일수록 장식용 접기는 피하고, 종이 냅킨은 평소에 간편하게 사용하거나 칵테일 파티, 아이들 파티, 뷔페 등에서 손님을 많이 대접할 때 사용한다.

6) 테이블 러너

테이블 러너(table runner)는 식탁 중앙을 가로지르는 천으로 퍼블릭 스페이스(public space)의 가운데에 길게 뻗어 있는 천을 말한다. 폭, 길이와 비율은 자유롭게 선택할 수 있으나 테이블 클로스보다 테이블 아래로 길게 늘어지는 것이 아름답게 보인다. 무늬가 있는 테이블 클로스에는 무늬가 없는 러너를, 무늬가 없는 테이블 클로스에는 무늬가 있는 러너를 선택하는 등 조화로운 연출을 한다. 테이블 자체가 예쁘고 화려하여 굳이 가리지 않고 격식을 차리고 싶은 고급스러운 식탁에서는 식탁의 라인이나 나뭇결 등을 살리는 세팅을 위해 러너와 매트만을 사용하기도 한다.

보통은 폭 30cm 정도로 테이블에서 떨어지는 길이가 15cm 정도가 되게 하여 가운데에 길게 늘어뜨린다. 요즘에는 클로스를 깔고 그 위에 포인트를 주기 위한 연출용으로 많이 사용하기도 한다. 세로 폭을 25cm 이하로 해서 테이블에 가로로 길게 늘어뜨리거나 세로로 두 줄을 놓는 경우도 있다. 테이블에 그대로 놓거나 테이블 클로스와 함께 사용되기도 하지만 러너, 테이블 클로스, 매트를 동시에 이용하는 것은 피하도록 한다.

**그림 8-18
테이블 러너**

7) 도일리

도일리(doily)는 쟁반 위나 찻잔 밑 혹은 접시를 겹쳐 놓을 때 접시와 접시 사이에 깔아주는 것으로, 미끄러지는 것을 방지하고 소리를 줄여주기 위해 도일리를 깔기도 하지만 격식과 장식의 목적이 강하다. 주로 여성들의 테이블, 특히 티 테이블에 레이스 제품을 많이 사용하여 여성의 아름다움과 우아함을 한층 더

그림 8-19
도일리

돋보이게 해준다. 도일리는 지름 10cm 정도의 원형이나 정사각형 모양의 레이스 혹은 자수 제품으로 만든다. 요즘은 종이로 만들어진 제품들이 많이 나와 있어 사용이 편리하다. 간혹 조잡한 모양의 비닐 재질로 된 제품을 사용하기도 하는데 품격과 질이 낮아 보이므로 레이스나 종이로 된 제품을 사용하는 것이 더 좋다.

9장

식탁과 ——
식기류

식탁을 구성하는 요소를 통틀어 테이블웨어라고 한다. 테이블웨어에는
식공간을 구성하는 식탁, 식탁을 구성하는 상차림 음식, 음료, 식기류,
글라스류, 리넨류, 센터피스, 촛대 등이 있다. 본 장에서는 테이블을
세팅하는 아이템 중에서 식탁과 식기류에 대하여 알아보도록 한다.

1. 공간과 식탁

1) 식탁의 구조

식사를 위한 식공간과 식탁의 크기는 쾌적한 분위기를 결정하는 중요한 요소이다. 한 사람에게 필요한 식공간은 최소 (가로)50×(세로)35cm이며, 팔의 움직임의 범위와 식탁 위의 테이블웨어 및 센터피스 장식의 공간을 고려하면 (가로)60×(세로)40cm의 면적이 필요하다. 여유로운 공간을 고려하여 (가로)70×(세로)50cm 정도이면 움직이기 쉽고 답답하지 않은 식사공간이 될 것이다.

표 9-1은 사람 수에 따른 식탁의 대략적인 크기이다.

표 9-1 기본 식탁의 크기

구분		2인용	4인용	6인용
사각형	가로	65~80cm	125~150cm	180~210cm
	세로	75~80cm	75~80cm	80~90cm
	높이	71~75cm	71~75cm	71~75cm
원형	지름	60~80cm	90~120cm	130~150cm
	높이	71~75cm	71~75cm	71~75cm

2) 사람 수와 식공간

식공간 연출 시 식탁의 크기나 형태에 따라 **그림 9-1**과 같이 분위기가 크게 달라질 수 있다. 식탁은 실내의 면적, 가구의 배치, 식사를 하는 사람의 수와 그 움직임의 범위 등을 고려하여야 한다. 4인용 식사공간을 예로 들면 개인 공간은 (가로)50×(세로)35cm가 필요하므로 (가로)약 125~150cm, (세로)75~80cm의 식탁이

그림 9-1
기본 식공간 구조

필요하다. 의자에 앉아 식사를 할 때에는 식탁과 의자의 거리가 50cm 정도 되는 것이 적당하며 의자의 뒷공간과 벽 사이로 사람이 지나다니기만 할 수 있는 공간은 60cm 정도가 필요하다. 사람이 의자를 빼고 자리에서 이동을 원할 때 필요한 공간은 식탁에서 의자 빼는 곳까지 90cm 정도가 필요하며 의자의 뒤에서 벽사이로 음식 쟁반을 들고 서빙하는 사람이 다닐 수 있는 공간은 80cm 정도가 필요하다. 그림 9-2 에 공간 배치에 대한 도식이 제시되어 있다.

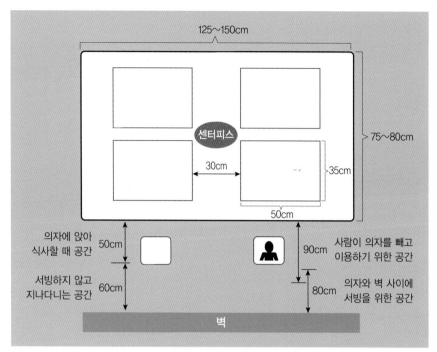

125~150cm

센터피스

75~80cm

30cm

35cm

50cm

의자에 앉아
식사할 때 공간

50cm

사람이 의자를 빼고
이용하기 위한 공간

90cm

서빙하지 않고
지나다니는 공간

60cm

의자와 벽 사이에
서빙을 위한 공간

80cm

벽

그림 9-2
식탁과 공간 배치

3) 주인과 손님의 좌석 배치

모임 장소에 먼저 도착하면 어디에 앉아야 할지 고민하게 되는 경우가 있었을 것이다. 특히 공식적인 모임이면 좌석의 위치가 매우 중요하므로 초대한 사람은 손님의 좌석 배치에 신경을 써야 한다. **그림 9-3** 을 보면 유럽과 미국에서는 부부 동반인 경우 부부가 바로 옆자리에 앉도록 배치하지 않고 식탁을 사이에 두고 엇갈려 마주 보듯 배치한다. 호스트, 호스티스를 중심으로 우측에 중요한 게스트 부부, 남성, 여성 순으로 번갈아 앉는다. 부부 동반이 아닐 경우에는 호스트와 마주 보는 위치가 가장 중요한 손님의 위치이며, 호스트의 오른쪽에 두 번째 중요한 손님, 제일 중요한 손님의 오른쪽에 세 번째 중요한 손님이 앉도록 배치해간다.

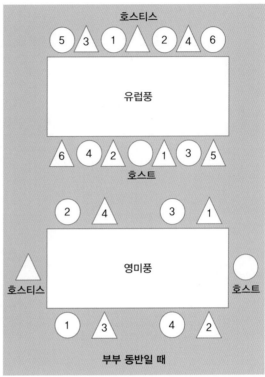

그림 9-3
주인과 손님의 좌석 배치

2. 식기류

식기는 음식을 담아 식탁에 올리는 그릇의 총칭으로 식탁 모임의 목적, 담기는 음식 및 나라에 따라 종류와 가짓수가 다양하다. 서양에서는 주요리 접시와 빵 접시, 후식 접시 등을 용도에 따라 다양한 크기로 준비하여 사용해왔다. 우리나라에서는 주로 겨울에는 유기, 여름에는 사기로 계절에 맞는 식기를 사용해왔다. 현대에는 색과 무늬가 대담하고 예술적 감각이 뛰어난 디자인의 식기가 다양하여 선택의 폭도 넓은 편이다.

1) 식기의 역사

고대 이집트의 유물에는 B.C. 5000년경에 제조된 토기가 있으며 B.C. 3000년경에는 알칼리 유약을 사용한 청록색의 작은 도자기 제품이 있었다. B.C. 1500년경에는 청록색 유약 아래에 망간으로 채화한 저온유 도자기가 제작되었다. 당시 도자기 제품에는 굽다리 접시 이외에 인체나 동물의 신상 등이 많이 있었다. 이집트의 도자기 제조기술이 점차 인접한 지역으로 퍼져 메소포타미아, 이란에서도 B.C. 1500~B.C. 1000년경에는 채화된 도기가 만들어졌다. B.C. 7~B.C. 6세기에는 바빌로니아 시대에 접어들면서 알칼리유 도기가 발달하였으며 알칼리유는 그 후 아케메네스왕조 페르시아, 파르티아, 사산왕조 페르시아시대에 청록색의 도기를 만드는 데 사용되었다. 이와 별도로 B.C. 4000년경 그리스 본토와 크레타 섬에서도 무유 도기를 만들었으나 B.C. 1000년경 도리아인의 침입으로 미케네 문명이 멸망하면서 도자기 제작이 끊어졌다가 B.C. 800년경에 다시 부활하였다. 그 이후 형태가 변화하여 균형이 잡히고 아름다워져서 코린트 지역을 중심으로 제작된 도자기들이 해외로 수출되기도 했다. 그러나 아테네가 그리스의 중심세력으로 성장함에 따라 제도 기술이 발달하여 코린트 도기를 압박하고 그리스신화에 관련된 신이나 트로이 전쟁을 채화한 제품이 지중해 각지로 판매되었다.

B.C. 3세기 말에는 동지중해 연안에서 산화납이나 황화납을 매용제(잿물을 빨리 녹이는 재료)로 하는 유약기술이 발달하였으며, 이 납유는 어떤 흙과도 잘 작용해 녹색이나 갈색의 납유 도자기가 만들어졌다고 한다. 납유 도자기는 로마의 발전과 함께 중요해지게 되었고 이때 자색의 유약도 사용하게 되었다. 로마의 납유 도자기는 동로마시대의 초기까지 로마 영토였던 시리아에서 많이 만들어졌고 파르티아 왕국, 사산왕조 페르시아 및 동양에도 전해졌다. 파르티아에서는 로마 문화의 영향을 받아서 알칼리성의 녹색 유약을 사용한 도자기를 만들었으나 3세기 초 사산왕조 페르시아에 계승되었고, 8세기 중엽에는 아바스 왕조(사라센 제국)에 의해 금은 기구의 사용이 금지되면서 도기가 급속히 발전하

였다. 또한 이슬람 문화의 영향을 받으면서 세밀하게 아름다운 빛깔을 지닌 페르시아 도기를 제작하게 되었으며, 그 후 페르시아 도기는 이집트에 전해져 13세기경까지 활발하게 제작되었다. 이때 독일의 마이센 공장에서도 높은 온도에서 굽는 경질도자기가 만들어져 마치 동양의 백자와 비슷한 수준의 반투명의 하얀 경질자기를 완성하였다. 이것이 영국에 전해져 스톤웨어로 크게 발달하였다.

한편 13세기 말부터 14세기에 걸쳐 에스파냐에서는 이슬람 도기를 모방해 이스파노모레스크 도기가 만들어지고 있었다. 그 후 지중해 마요르카섬 상인이 에스파냐의 도자기를 이탈리아로 반입하였으며 이것을 이탈리아인들은 마졸리카(majolica)라고 불렀다. 마졸리카의 기법은 16세기 이후 유럽 각지로 퍼졌고 프랑스에서는 이러한 종류의 도자기를 주산지인 파엔차(Faenza)의 지명을 따서 파이앙스(faience)로 불렀는데, 이것이 유럽의 마졸리카풍 도자기의 통칭이 되었다. 거의 같은 시기에 영국에서는 벨기에에서 이주해온 도공이 런던 지방에서 연질도자기를 만들기 시작했다. 프랑스에서도 이탈리아에서 이주해온 도공에 의해 궁중에서 즐겨 사용하는 섬세한 도자기가 만들어졌고 18세기에는 국영제도소(國營製陶所)가 설치되었다.

16세기에는 중국에서 자기가 전해졌고 1709년 제틀리츠 고령토(Zettlitz Kaolin)가 발견됨으로써 독일에서 처음으로 자기제조에 성공하여 1710년에는 왕립자기 제조소가 설치되었다. 이 제조법은 비밀로 되어 있었지만 점차 유럽 각지에서 자기를 제작하게 되어 현재 자기는 영국, 독일, 러시아, 도기는 네덜란드, 에스파냐의 것이 널리 알려져 있다. 17, 18세기에는 유럽의 동양적 취미를 반영하여 이탈리아의 마졸리카에도 동양풍의 조용한 분위기의 자기가 나타나게 되었다. 독일의 마이센 공장은 유럽 최초로 자기를 구워낸 요업장이다. 당시 자기가 상당한 고가였으므로 1702년 작센의 아우구스트(August) 왕은 19살의 연금술사 요한 프리드리히 뵈트거(Johann Friedrich Böttger)를 성에 깊숙이 가두어 자기를 만들게 했다. 그는 결국 1709년 화학자 치른하우젠(Tschirnhausen)의 협력으로 자기의 소성 작업에 성공하여 고품질의 자기를 완성하게 되었다. 도자기 제조 시의 소성 작업이란 잘 건조된 성형 작품을 800~900℃의 가마에서 초벌구이를 한 후 유약을 칠하여 1,300~1,500℃에서 참구이를 한 다음, 흰색 소지제품에 채색용 그림을 전사하거나 손으로 그려 유약형에 융착되도록 윗그림 구이를 하여 제품으로 완성하는 과정으로, 도자기 제조과정에서 초벌구이 이하의 조작과정을 말한다. 커피나 홍차 등의 차 문화는 이러한 소성 작업을 거친 도자기의 개발로 더욱 촉진되었다고 할 수 있다.

어느 시대나 훌륭한 기술은 혹독한 희생과 노력을 강요하기 마련으로, 독일의 마이센 자기공장에서 혹독한 훈련을 피해 도망한 도공이 그 비법을 유럽 전역으로 전하게 되었다. 독일의 마이센 공장과 프랑스의 세브르 공장에서 경질도자기가 제작된 지 50년 정도 지난 뒤에 영국에서는 18세기 중엽 전해진 기술을 발전시켜 '본차이나(bone china)'라고 하는 특수자기를 완성시켰다. 이는 소나 양의 뼈를 태운 재를 섞어 투광성을 높인 것으로서 매우 강도가 강하고 가벼운 것이 특징이다. 프랑스에서는 루안요, 샨티요, 세부르요에서 백토, 회토, 글라스를 바탕으로 연질자기가 구워지게 되었다. 산업혁명으로 도자기의 대량 생산이 가속화되면서 획일화된 제품이 만들어지게 되었다.

이후 시대의 변화에 따라 나타난 아르누보와 아르데코 양식은 도자기에도 영향을 주었으며 현재까지 꾸준한 인기를 누리고 있다.

2) 식기의 재질에 따른 분류

포멀한 테이블 세팅에서는 격식을 갖춘 요리와 식기를 준비하며 캐주얼한 세팅에서는 가정적인 요리와 식기를 이용한 상차림을 계획한다. 이와 같이 목적과 장소에 맞는 식기의 모양과 소재를 선택하는 것이 중요하다. 식기는 크게 금속식기류와 도자기류로 구분할 수 있다.

(1) 금속식기류

금속식기의 재질에는 은, 스테인리스 스틸 등이 있다. 포멀한 식탁을 세팅할 때

은식기를 사용하면 우아하고 고급스러운 분위기를 연출할 수 있다. 변질되지 않게 손질을 잘하면 은식기는 식탁에 여유와 아름다움을 즐길 수 있게 한다.

① 순은(sterling silver): 변색과 변질이 쉽지만 잘 손질하여 보관하면 영원히 그 아름다움을 간직하는 고급식기류이다. 일반 가정에서는 음식을 담는 그릇보다는 커틀러리(cutlery)류에 순은제품을 가지고 있는 경우가 많다.
② 은도금(silver plated): 은과 같은 손질이 필요하며, 부식이 진행되면 복원이 안 된다.
③ 스테인리스 스틸(stainless steel): 광택이 떨어지나 손질이 편하고 값이 저렴하다.

그림 9-4
은식기류

(2) 도자기류

도자기는 점토와 돌 등으로 형태를 만들어 구운 것으로 사기(stoneware), 도기 (chinaware), 자기(clayware) 등으로 그 종류를 나눌 수 있다. 사기는 비교적 고온에서 굽기 때문에 점토가 단단하게 굳어져 물이 새지 않고 투과성이 없으며 도기나 자기보다 맑은 소리를 낸다. 도기는 저온에서 굽기 때문에 단단하게 구워지지는 않으므로 물이 침투하기 쉽고 둔한 소리가 난다. 자기는 고온에서 구워 완성한 것이라 투과성이 있고 두드리면 시원한 소리가 난다.

① 토기(clayware): 점토를 저온(700~900℃)에서 유약을 바르지 않고 구운 것이다. 벽돌이나 화분으로 이용되며 잘 깨지므로 그릇으로는 많이 쓰이지 않는다.

② 사기(stoneware): 회색이나 밝은 갈색의 고운 점토를 중온(1,300℃)에서 밀폐시켜 구운 것이다. 유약을 바른 것과 바르지 않은 것이 있으며 바탕이 불투명하고 구운 것을 만지면 보송보송하다. 사기는 비교적 고온에서 굽기 때문에 점토가 단단하게 굳어져 물이 새지 않는다. 투과성이 없고 도기나 자기보다 맑은 소리를 낸다. 비전소, 상골소, 신락소, 웨지우드사의 자스퍼웨어 등이 있다.

③ 도기(pottery, chinaware): 점토를 1,200~1,300℃에서 구운 다음 다시 1,050~1,100℃에서 구워 유약을 시유한 것으로, 경도와 강도가 낮으며 따뜻한 질감을 띄고 두드리면 둔한 소리가 난다. 도기는 저온에서 구웠기 때문에 단단하게 구워진 것은 아니므로 물이 침투하기 쉽다.

④ 본차이나(bone china): 소뼈의 재를 섞은 연질자기이다. 연질자기는 희미한 밀크색에 부드러운 광택을 가졌다. 소뼈의 재를 50% 이상 섞은 연질자기는 파인 본차이나(fine bone china)라고 한다.

⑤ 자기(porcelain): 석질의 재료와 카오린이라는 자기토를 고온(1,300~1,500℃)에서 딱딱하게 밀폐시켜 구워 유약을 발라서 만든 경질자기이다. 새하얀 투명감이 있고 손으로 밀면 뽀드득 하는 소리가 나며 두드리면 맑은 소리가 난다. 자기는 고온에서 구워 완성한 것이라 투과성이 있으며 현재는 본차이나와 자기를 합하여 도자기로 분류하기도 한다.

파인본차이나

포슬린 자기

포슬린 자기

웨지우드(영국)

마이센(독일)

로열 코펜하겐(덴마크)

조선시대 도자기

우리나라 고 도자기

송대

중국 고 도자기

원대 도자기 균요유

그림 9-5
다양한 재질의 도자기류

처음 만나는 식문화와 푸드 코디네이션 ✖

표 9-2 도자기의 종류와 특징

종류	토기	사기	도기	파인 본차이나	자기
원료	점토	점토	점토	장석이나 석영에 소 등의 뼈를 태운 잿가루를 혼합	고령토에 장석이나 석영 등 혼합
굽는 온도	700~900℃	1,200~1,300℃	1,000~1,200℃	1,200~1,400℃	1,300~1,500℃
유약	바르지 않음	바르지 않음	바름	바름	바름
흡수성	없음	없음	있음	없음	없음
투명도	불투명	불투명	불투명	반투명	반투명
특징	• 저온에서 유약처리 없이 구워 잘 깨짐 • 저렴한 화분 벽돌	• 비교적 고온에서 굽기 때문에 내연성과 견고함이 있음 • 투과성 없음 • 오븐 요리, 레스토랑, 호텔 등에서도 이용	• 저온에서 구워 덜 단단함 • 물 침투성 있음 • 두껍고 소박한 토기로 착색이 쉬워 다양한 컬러, 무늬 가능	• 연질 자기 • 고령토 대신에 동물 뼈의 재를 50% 이상 이용 • 유백색, 투명감, 부드러운 광택, 따뜻함이 있음	• 경질 자기 • 석질의 재료와 카오린(kaolin)이라는 고령토를 이용하여 고온에서 완성 • 투명감, 투과성, 손으로 긁으면 높고 맑은 소리가 남
대표 제품	–	아라비아(핀란드), 마졸리카(이탈리아)	델프트 (네덜란드)	웨지우드(영국), 세브르(프랑스), 마이센(독일)	로열 코펜하겐 (덴마크)

3) 개인용 식기류와 서비스 식기류

개인용 식기류(personal item)는 디너 접시, 샐러드 볼, 케이크 접시, 컵, 소스 그릇, 시리얼 접시, 오드볼, 뷔페 접시 등이 있다. 서비스 식기류(service item)에는 퍼블릭 스페이스(public space)용으로 수프 냄비, 장식 접시, 티포트, 샐러드 볼 등이 포함된다. 미국에서는 디너 접시, 샐러드 접시, 디저트 접시, 시리얼 볼, 머그 컵의 다섯 가지 식기를 개인용 기본 세팅으로 간주하는 것이 일반적이다. 식기류는 모양과 크기에 따라 용도가 다르다.

- 지름 30cm 내외의 플레이트는 언더플레이트, 서비스 플레이트 혹은 장식용 접시이다. 손님의 자리를 표시하는 접시이며 커틀러리와 함께 처음에 배치한다. 아름다운 그림이나 무늬가 있는 것이 많아 식탁을 화사하게 한다.
- 지름 27cm 내외의 디너 접시는 메인 디시의 어류나 육류를 담기 위한 접시이다. 지름 23cm 내외의 고기용 접시는 오르되브르, 샐러드, 디저트 등을 담는 데 쓰인다. 아침 식사용, 런치용 혹은 뷔페용으로도 사용한다.
- 지름 21cm의 샐러드 접시 혹은 디저트 접시는 디저트, 샐러드, 치즈 등을 담는 용도이며 아침 식사나 전채용 접시로도 사용이 가능하다. 미국이나 영국에서는 아침 식사에도 디너 접시를 사용하는 경우가 있으나 유럽에서는 샐러드 접시를 아침 식사용 접시로 사용한다. 디저트가 케이크나 과일류이면 평평한 디저트 접시를 이용하고 아이스크림이나 셔벗 종류이면 시리얼 볼을 이용할 수 있다.
- 지름 19cm 내외의 케이크용 접시는 케이크나 치즈가 소량일 때 이용한다. 아뮈즈 부슈(amuse-bouche)나 글라스에 담긴 소르베의 받침 접시로도 이용할 수 있다. 아뮈즈 부슈는 단일 메뉴이며, 한입 크기의 전채요리이다. 아뮈즈 부슈는 오르되브르와 달리 고객이 주문하는 전채요리가 아니고 요리사가 음식 하나를 정하여 손님에게 무료로 대접하는 요리로 주로 와인과 함께 나온다. 아뮈즈 부슈의 어원은 프랑스어이며, '입을 즐겁게 하는 음식'이라는 뜻이다.
- 지름 17cm 내외의 빵용 접시는 빵을 놓는 접시이며 테이블 세팅을 할 때 왼쪽 위쪽에 준비한다.
- 개인용 티포트는 약 900mL 내외의 용량이며 몸체가 짧은 포트이다. 티포트가 둥근 것은 홍차 잎이 안에서 잘 회전하도록 하기 위함이다. 밀크 저그와 슈가 볼은 높이가 7~10cm 정도이다. 밀크나 크림을 넣어두는 포트는 밀크 저그 혹은 밀크 피처라고 하고, 설탕은 슈가 볼 혹은 포트에 넣어둔다.
- 오벌 접시는 43cm, 39cm, 35cm 등 다양한 크기가 있다. 파티 요리를 담는데 사용한다. 각자 덜어 먹기도 하며 서비스를 받을 수도 있다. 부용(Bouillon) 수프 컵 세트는 200mL 내외의 크기이며 건더기가 작은 수프나 부용에 알맞다.

부용은 고기와 채소를 물에 끓인 묽고 맑은 수프이다.

- 홍차와 커피 겸용 컵은 150~200mL 용량이며 커피 전용 컵에 비해 주둥이가 넓고 높이가 낮다. 커피를 담기도 하나 홍차의 투명한 색을 깨끗하게 보이게 하므로 홍차용으로 이용하면 더 좋다. 홍차용 컵은 컵의 안쪽이 흰색이고 컵의 주둥이가 넓어 홍차의 색을 보며 마시기 위한 것이라면 커피 전용 컵은 온도 유지와 함께 커피 향을 조금 더 오래 유지시키기 위해 홍차 컵보다는 주둥이가 컵 바닥과 비슷하거나 상대적으로 작고 깊이는 조금 더 깊다. 컵 받침 접시인 소서는 평평한 것이 많다.

- 데미타스(demitasse) 컵은 60~90mL 용량의 크기이며 에스프레소나 카푸치노 등 진한 커피를 소량 마실 때 사용한다. 데미타스는 원래 프랑스어로 반이라는 의미의 'demi'와 잔이라는 의미의 'tasse'의 합성어로 보통의 커피잔 사이즈인 약 120mL(4온스)의 반 정도의 크기라는 의미로 이름이 지어졌다.

- 시리얼 볼이나 과일용 접시는 지름은 14~17cm 정도이고 깊이는 2cm 정도이다. 사이즈는 일정하게 정해져 있지 않다. 과일이나 다양한 형태의 국물을 담는 접시로 사용하며, 오목한 모양의 접시라서 오트밀이나 시리얼 등의 아침식사용으로도 적당히 사용할 수 있다.

- 수프 접시는 지름이 20cm이고 깊이는 2cm 정도이며 시리얼 볼보다 약간 크다. 식사의 첫 코스로 수프나 국물 요리를 담을 때 사용하는데 요즘은 시리얼 볼을 이 용도로 더 많이 사용한다.

- 머그 컵은 깊이가 9cm 전후인 컵이다. 브랜드 커피나 우유를 마실 때 사용하는 것으로 받침이 없는 경우가 많다.

30cm 서비스 플레이트	27cm 디너 플레이트	23cm 미트 플레이트	21cm 디저트 플레이트

19cm 케이크 플레이트	17cm 빵 플레이트	20cm 수프 플레이트	17cm 시리얼 볼	15cm 베리 플레이트

커피 · 홍차 겸용 컵 & 소서　커피 컵 & 소서　데미타스 컵 & 소서　부용 컵 (Bouillon cup)　티포트

오벌　밀크저그　슈거 볼　소스보트　머그 컵

그림 9-6
식기류의 일반적
크기와 용도

커피 · 홍차 겸용
컵 & 소서

머그 컵

음료용 컵

그림 9-7
상용 식기류

294

3. 커틀러리류 cutlery

서양식 상차림에서 우리의 수저에 해당하는 스푼, 나이프, 포크 이 세 가지를 통틀어 커틀러리(cutlery) 또는 플랫웨어(flatware)라고 한다. 커틀러리 중에서 은 재질의 제품을 제일 고급으로 취급하며 순은과 도금 제품은 실버웨어(silverware)라고도 부른다. 커틀러리는 손잡이 문양에 따라 이름이 붙여지기도 한다. 예를 들면 퀸 엘리자베스, 그랜드 바로크, 치펜데일 등 서양 고가구 문양의 이름을 빌린 것들이 있고 좀 더 단순하고 현대적인 문양으로 장식한 이스톤, 시티 스크레이프, 러시모어 등이 있다.

커틀러리는 보통 4인용 기준으로 20피스가 한 세트로 판매되는데, 주식용 나이프와 포크는 육류용인지 생선용인지에 따라 모양이 조금씩 다르다. 생선용은 육류용보다 크기가 조금 작고 손잡이나 칼날 등에 모양이 있으며 칼날이 거의 없기 때문에 날카롭지 않다. 테이블 세팅을 할 때 나이프와 포크의 개수는 요리 순서에 맞춰 결정된다. 커틀러리는 식사 순서에 따라 바깥쪽에서 안쪽

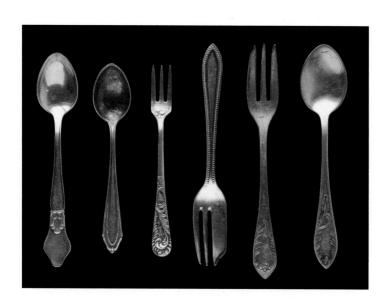

**그림 9-8
다양한 커틀러리
손잡이 문양**

표 9-3 개인용 및 서비스용 커틀러리 종류, 이름 및 용도

종 류	이 름	용 도
	디저트 스푼	디저트용
	디저트 포크	오드볼, 디저트용
	디저트 나이프	오드볼, 디저트용
	티 스푼	홍차, 푸르츠칵테일용
	커피 스푼	커피용
	케이크 포크	케이크, 과일용
	테이블(디너) 스푼	수프용
	테이블(디너) 포크	육요리용
	테이블(디너) 나이프	육요리용
	버터 나이프	버터(서비스용)
	버터 스프레더	버터(개인용)
	피시 나이프	생선요리용
	피시포크	생선요리용
	피시 소스 스푼	생선요리용
	푸르츠 나이프	과일용
	푸르츠 포크	과일용
	서비스 스푼	서비스용(샐러드, 과일, 디저트)
	서비스 포크	서비스용(육요리)
	케이크서버	케이크, 서비스용
	레토르, 레이들(ladle)	수프나 액체 음식용
	미트 카빙 나이프	로스트비프 등 육요리 서비스용
	미트 카빙 포크	로스트비프 등 육요리 서비스용

으로 사용하도록 놓는다. 포크는 왼쪽에, 나이프는 오른쪽에 놓고 나이프의 날은 접시를 향하게 놓는다. 후식용 스푼이나 포크는 후식과 함께 나중에 내거나 처음부터 큰 접시 위쪽에 아이스크림용 스푼, 과일용 포크 등을 사용하는 순서에 따라 놓는 경우도 많다. 빵 접시는 포크 위쪽에 버터 나이프를 얹어놓는다. 개인용 커틀러리는 포크, 나이프, 티스푼 등이 있고 서비스용은 샐러드서버, 나이프서버, 집게 종류, 국자 종류 등 공동요리에 사용하는 것들이 있다. 정식 상차림에서는 나이프와 포크를 3개씩 놓지만 일반 가정식에서는 주식용 나이프, 포크, 수저, 디저트용 스푼, 샐러드 포크, 버터 나이프, 티스푼 등이 있으면 된다.

4. 글라스류 glasses

음료의 종류에 따라 이용할 수 있는 적절한 글라스가 다르다. 글라스는 입에 직접 닿는 감촉을 고려하여 음료의 색, 향 및 맛에 어울리는 모양을 고르도록 하여 음료를 최대한으로 즐길 수 있도록 배려한다. 글라스에는 기본적인 형태와 용도가 있으므로 이에 대한 기초지식을 익힌 후 자신의 기호에 맞도록 고른다. 흔히 사용되는 글라스는 물잔(large goblet), 와인잔, 샴페인잔(flute), 아이스티잔, 위스키잔(on the rocks, 얼음조각을 넣을 수 있는 텀블러) 등이 있다. 개인용 글라스의 종류에는 와인잔과 물잔류가 있으며 세팅할 때 중앙에서부터 오른쪽으로 물잔, 레드 와인잔, 화이트 와인잔 순으로 놓는다. 서비스용 글라스류에는 피처, 와인 디캔터, 위스키 디캔터 등이 있다.

1) 글라스의 종류와 용도

글라스는 모양에 따라 다리가 있는 고블렛과 텀블러로 구분한다. 다리가 있는 고블렛의 경우 와인글라스용은 레드 와인글라스 또는 화이트 와인글라스라고 많이 부르며 물컵, 주스 컵, 맥주용 컵을 특히 고블렛이라고 부른다. 와인글라스용은 무늬가 없는 심플한 디자인으로 무색 투명하고 다리가 가늘며 입 부분이 좁은 것이 적당하다. 화이트 와인글라스는 차갑게 마셔야 좋기 때문에 냉기가 사라지기 전에 마실 수 있도록 작게 만들고 공기와의 접촉이 적도록 입 부분

그림 9-9
다양한 글라스 종류

을 좁게 만든다. 레드 와인글라스는 실온에서 마시는 것이 좋으므로 화이트 와인글라스보다 크고 향이 오래 보존되도록 입 부분이 좁은 글라스를 쓴다. 샴페인의 경우 거품과 향기를 오래 보존하기 위한 목적으로 가늘고 긴 샴페인 글라스를 많이 사용한다. 결혼식 등 축하의 자리에서 건배할 때는 평평하고 낮은 샴페인 큐브를 주로 사용하며 이는 셔벗이나 아이스크림용 글라스로도 적당하다. 샴페인으로 건배할 때에는 일단 잔을 올려 축배를 한 후 한 모금을 마시고 내려놓도록 한다. 브랜디 펀치글라스는 향을 즐기기 위해 입 부분이 좁고 손바닥으로 따뜻하게 감싸며 마실 수 있도록 크고 다리가 짧다. 펀치글라스는 과일이나 아이스크림을 담을 때도 이용할 수 있다. 텀블러는 다리가 없어 일반 물컵이나 맥주 컵으로 이용한다. 위스키용 락글라스는 큰 얼음이 들어가도록 입 부분이 넓다. 리큐어(liqueur), 쉐리(sherry) 칵테일잔은 식전술이나 칵테일용으로 이용한다. 디캔터(decanter)와 카라페(carafe)는 와인을 옮기는 도구이다. 디캔터는 유리로 된 목이 길고 뚜껑이 달린 용기인데 침전물을 제거한 레드 와인을 담기 좋다. 카라페에는 식탁와인을 담기 좋고 물을 담아 놓기에도 적당하다. 식사 전이나 후에 마신 술병이 테이블에 올라가지 않게 주의하며 식사 전후의 술로는 칵테일, 브랜디, 체리주, 과실주 등이 적당하다.

2) 글라스웨어 사용법

글라스웨어를 사용할 때는 음료를 적당량을 담아 글라스의 다리 부분을 가볍게 잡으며 칵테일 냅킨이 있을 때는 냅킨으로 컵을 감싸준다. 더 이상의 서빙을 원치 않을 때는 손을 글라스 위에 대거나 작은 소리로 정중하게 거절한다. 기름기나 립스틱 자국이 글라스에 묻으면 티슈로 가볍게 닦아준다. 글라스웨어는 테이블에 세팅하기 전에 미지근한 물로 한 번 씻어 건조된 깨끗한 천으로 닦아서 광택을 내주고 사용 후에도 곧바로 닦아놓아야 맑고 투명한 글라스로 보존할 수 있다. 씻을 때는 중성세제를 푼 미지근한 물을 이용하며 수세미나 거친 스펀지는 상처를 낼 수 있으므로 사용하지 않는다. 부드러운 면포로 닦은 후 천을

간 선반 등에 올려놓고 물기를 뺀다. 물기가 빠지면 얇은 마나 면 소재의 천으로 뽀드득 소리가 나도록 닦아 보관한다. 글라스는 맨손으로 잡지 말고 깨끗한 천으로 잡고 물기를 닦아야 지문이나 얼룩을 남기지 않는다. 크리스탈 글라스 커트의 움푹 들어간 부분은 털로 된 브러시에 식초나 레몬에 소금을 혼합한 것이나 알코올을 묻혀 문지르면 더러운 것이 제거된다.

5. 우리나라 식기류

우리나라에서는 계절과 재료에 따라 알맞는 식기를 사용하였는데, 겨울철에는 보온을 위해 유기를 사용하였고 여름철에는 시원하게 보이기 위해 사기를 사용하였다.

옛 도자기는 선이 곱고 색이 순하여 내적인 품위와 동양인의 조용한 정신자세를 표현하였다. 우리나라 도자기의 역사는 오래전 수렵어로의 식생활을 하던 신석기시대에 북방으로부터 이동해와서 한반도에서 생활하기 시작한 토착민의 무리로부터 시작되었다. 청동기시대에는 빗살무늬 토기가 민무늬 토기로 바뀌었고 붉은 간토기와 목기류, 칠기류 등이 함께 존재하였다. 삼국시대에는 일상용기로 토기를 가장 많이 사용하였으나 계급으로 구분된 사회제도와 주·부식의 정착으로 재료와 종류 면에서 다양한 식기를 이용하게 되었다. 삼국시대 상류층은 금·은기, 도금(鍍金)기 등을 이용하였으며 종류도 다양하여 오지, 합과 같은 주식용 그릇을 비롯하여 반찬거리를 담는 굽다리 접시, 각종 조미료를 담는 용기, 항아리 쌀독, 보 등이 있었다. 통일신라시대의 토기는 모양이 세련되고 도장무늬 위에 유색을 조화시키며 크게 발전하였다. 고려시대에는 철기, 금·은기, 자기, 놋그릇 등이 있었으며 그중 대표적 식기는 놋그릇과 고려청자이다. 12세기에는 상감청자의 기법이 개발되었으며 이 상감기법은 질과 양이 고려청자 중 가장 뛰어나 거의 1세기 동안 전성시대를 이루었다. 그러나 1231년 몽골

그림 9-10
우리나라 보냉 식기류

이 침입하여 고려가 원나라의 영향하에 있게 되면서 고려의 도자기는 상감기법을 비롯해 비취색과 선이 없어지고 서서히 실용성과 안정감을 보이다가 14세기 말 고려의 망국과 함께 쇠퇴하였다.

고려 말기의 청자와 함께 조선 시대의 도자기는 처음부터 분청사기와 백자기가 병행되어 사용되었다. 임진왜란 이후에는 색을 피한 평범하고 소박하며 큼직한 서민적인 순백의 자기가 주를 이루게 되었다. 조선시대에 만들어진 도자기는 고려 말 퇴락한 청자의 맥을 이은 조선청자와 분청사기, 초기의 고려계 백자, 원·명계 백자, 청화백자의 영향을 받아 발달한 도자기로 크게 분청사기와 백자기로 구분한다.

일제강점기하에서 우리나라의 도자기는 보잘것없이 퇴보하였고 모양은 지극히 평범해져 기교가 없어졌으며 잿물을 바르는 시유 방법까지 간편하게 처리하여 막사발의 분위기가 역력한 그릇으로 변하였다. 이 밖에도 사기, 질그릇, 목기류, 곱돌솥 등이 있었는데, 사기는 서민용으로도 쓰였고 목기류는 작은 그릇에서 함지박이나 바가지류, 각종 제기 등까지 다양하게 쓰였다.

결국 조선시대가 반상기를 비롯한 각종 식기의 완성기라고 볼 수 있다. 수라상에 오르던 식기에는 밥을 담는 수라기, 국을 담는 탕기, 찌개를 담는 조치보혹은 뚝배기, 찜이나 선을 담는 조반기 혹은 합, 전골 또는 볶음을 담아내는 전골냄비와 합, 김치류를 담아내는 김치보, 장류를 담는 종지, 구이·산적 등을 담는 쟁첩, 육회·어회·어채·수란 등을 담는 평접시 등이 있었다. 일상의 반상

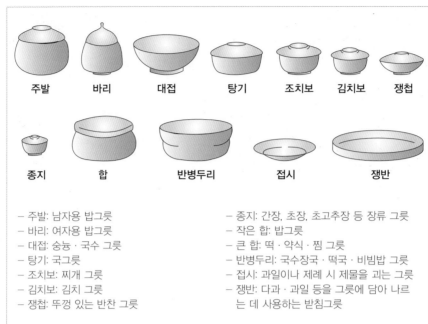

그림 9-11
우리나라 반상기의
식기와 용도

주발　　바리　　대접　　탕기　　조치보　　김치보　　쟁첩

종지　　합　　반병두리　　접시　　쟁반

- 주발: 남자용 밥그릇
- 바리: 여자용 밥그릇
- 대접: 숭늉 · 국수 그릇
- 탕기: 국그릇
- 조치보: 찌개 그릇
- 김치보: 김치 그릇
- 쟁첩: 뚜껑 있는 반찬 그릇

- 종지: 간장, 초장, 초고추장 등 장류 그릇
- 작은 합: 밥그릇
- 큰 합: 떡 · 약식 · 찜 그릇
- 반병두리: 국수장국 · 떡국 · 비빔밥 그릇
- 접시: 과일이나 제례 시 제물을 괴는 그릇
- 쟁반: 다과 · 과일 등을 그릇에 담아 나르는 데 사용하는 받침그릇

에 쓰이는 식기류를 반상기라 하며 식기의 종류에는 주발, 바리, 대접, 탕기, 보시기(김치보 · 조치보), 쟁첩, 종지, 합, 반병두리, 접시, 쟁반 등이 있었다.

8.15 광복과 6.25 전쟁을 겪는 동안 크게 발달하지 못한 우리나라의 도자기 공업은 60년대를 시작으로 급속히 진전되면서 현대적 시설의 공장이 속속 건설되어 국내 수요는 물론 수출산업으로까지 발전하게 되었다. 현재에는 현대화된 공장이 날이 갈수록 증가하고 있으며 국책산업으로도 지정 · 육성되고 있다.

6. 일본의 식기류

일본의 도자기는 약 1만 년 전의 토기인 조몬토기와 야요이토기를 기원으로 발전하였다. 헤이안시대부터 가마쿠라시대에 걸쳐 중국의 도자기 기술이 전파되면서 세도 지방에서 중국풍의 도기가 만들어지기 시작하였다. 일본의 도자기가 급격하게 발달한 것은 임진왜란 때 도요토미 히데요시의 부장들이 한국의 도공들을 인질로 데리고 귀국하여 도자기를 제작하게 하면서부터이다. 그 후 메이지 시대에 독일의 바그너가 일본에 들어와 새 기술을 가르치고 일본인도 해외에 유학하는 등 꾸준히 외국기술 도입에 주력한 결과 현재에는 서양식기의 주생산국으로 발전하였다. 일본의 식기류는 도자기류, 칠기류, 죽세공류 및 목기류로 나눌 수 있다.

1) 도자기류

일본은 그릇을 손으로 들고 먹고 입술에 대기도 하는 식문화를 가지고 있으므로 그릇의 형태를 고안할 때 입술에 대기에 알맞은 두께를 고려하고, 가늘고 균형 잡힌 정교한 식기를 만들기 위해 주의를 기울인다.

일본의 식기로 세팅을 할 때에는 다음의 사항을 고려하도록 한다.

① 계절에 따른 문양이나 질감을 고른다.
② 주요리 식기를 먼저 생각하고 식기 전체 이미지와의 조화를 생각한다.
③ 큰 접시나 모양이 대담한 대접을 중앙에 놓고 그 주변에 작은 그릇을 안정감 있게 배치한다. 소품으로 계절을 강조할 수도 있다. 도기는 물 등을 담을 때 사용하는데 두껍기 때문에 음식의 보온·보냉을 길게 지속할 수 있다.
④ 달걀찜이나 송이버섯, 생선, 닭고기, 채소 등을 넣어 익힌 도빙무시 같은 음식은 그릇을 겹쳐 놓기도 하는데, 이때에는 세팅 시 소리가 나지 않게 주의한다.

그림 9-12
일본 일상 식기류(1):
도자기류

2) 칠기류

칠기는 옻의 수액을 변화시켜 다양한 소재와 조화시켜 완성한다. 종류에는 목재를 가공하여 삼베를 붙여 만든 건칠(乾漆), 대나무로 엮어 만든 남태, 금속이나 도자기에 칠을 입힌 금태 혹은 도태칠기 등이 있으며 플라스틱이나 가공된 목재로 실용적으로 만든 것들도 있어 종류가 다양하다. 칠기의 붉은색은 '밝음', '옅음'이라는 뜻으로 '경사', '특별한 날'을 의미하며 옛날에는 신분이 높거나 공적이 있는 사람만 이용하였다. 칠기는 습기와 지나친 열, 건조함은 피해야 하고 마찰이 생기면 상처 나거나 갈라지기 쉽다. 사용 후 부드러운 천을 이용하여 미지근한 물로 닦고 겨를 삶은 물이나 중성세제로 바로 세척하여야 하며 하룻밤 정도 말린 후 부드러운 천으로 닦아 보관한다.

칠기에는 계절을 상징하는 문양들이 그려진다. 봄의 상징은 벚꽃, 수선화, 버드나무, 창포, 고사리, 휘파람새, 목단 등이다. 여름의 상징은 수국, 새우, 파도 등이며 가을은 짚, 분꽃, 가을 풀, 단풍, 국화, 토끼, 사슴 등으로 나타낸다. 겨울의 상징은 어린 소나무, 매화, 동백나무, 참새 등이다. 사계절을 나타내는 문양에는 사군자(매, 난, 국, 죽)와 송죽매, 학, 거북이 등도 포함된다.

3) 죽세공류

죽세공류는 여름에 시원하게 사용하기 좋은 식기이다. 단독으로도 사용하지만 대나무 쟁반에 유리를 포개거나 죽세공품에 작은 대나무 잎이나 종이를 곁들일 수도 있고, 대나무발 접시를 만들어 시원하게 이용할 수도 있다. 형태와 질감도 다양하여 불로 쬐어 기름을 빼고 건조하여 표백한 백죽, 검붉게 그을린 대나무 바구니나 소쿠리, 옻을 입힌 견고한 남태 대나무 세공품 등이 있다. 젓가락이나 숟가락, 주걱 등으로도 이용하며 청죽의 줄기를 통째로 썰어 대나무 밥통으로 이용하기도 한다.

4) 목기류

목기는 회석(懷石) 요리에 사용되는 그릇이나 도시락통, 술통, 물통 등으로 이용한다. 장식이 절제되어 있고 나뭇결을 선호하는 일본인의 취향이 나타나 있다. 삼판쟁반 목기는 소나무, 단풍, 부채, 단오절의 무사인형 등이 사계절에 따라 그려져 있으며 현대에까지 많이 이용되고 있다.

그림 9-13
일본 일상 식기류(2)

10장

센터피스와

꽃

센터피스는 식탁 위를 장식하는 꽃이나 물건을 의미하며 식공간 분위기를 완성하는 데 중요한 역할을 한다. 식탁을 구성하는 다른 요소들과 조화를 이루어야 하며 향이 강한 것은 식사에 방해요소로 작용할 수 있으므로 주의해야 한다. 생화를 이용하여 센터피스 디자인을 할 때 구성, 균형, 통일, 대비, 율동감, 초점과 강조, 비례, 조화, 질감, 공간 등을 고려하는 것이 좋다. 꽃이 가지고 있는 특성에 따라 플라워 디자인에서의 역할이 다르고 그에 따른 연출 결과가 다양하게 표현된다. 따라서 다양한 꽃들의 특성을 이해하고 형태와 색상을 조화롭게 표현하는 것이 중요하다.

1. 센터피스의 의미와 역할

식공간 분위기를 완성하는 것은 식탁 중앙에 놓는 센터피스라는 장식물이다. 센터피스(centerpiece)는 중앙의 의미인 'center'와 일부분의 의미인 'piece'라는 두 낱말이 합하여 이루어진 단어로, 식탁 위를 장식하는 물건이나 꽃을 의미한다. 대개 식탁의 중앙에 위치하면서 장식적인 역할을 담당하는 것을 통틀어 센터피스라 부른다.

센터피스는 유럽 왕후 귀족이나 지역 유지가 부와 권력을 자랑하기 위해 많은 사람을 초대하여 커다란 테이블에서 정찬 식사를 할 때 테이블 가운데를 유리나 꽃으로 장식하거나 고급 은제나 도제로 된 호화로운 장식물을 가득 놓아두고 즐기던 데서 유래되었다. 로마인들과 르네상스시대의 사람들은 과일과 채소를 식탁 위에 즐겨 장식하였다. 러시아에서는 식습관에 따라서 중앙 공간이 비게 되자 소금, 후추, 설탕 등이나 귀한 과일류를 배 모양의 네프(nefu)라는 그릇에 놓았는데 이것이 센터피스의 역할을 하기도 하였다. 이후 동양에서 꽃이 들어오면서 꽃으로 중앙을 장식하기 시작하였는데, 오늘날 일반적으로 센터피스라고 하면 이러한 꽃의 장식을 생각하게 되었다. 센터피스로 꽃을 장식하는 것이 일반화된 것은 산업혁명 이후 부르주아 계급이 왕족과 귀족의 취미를 따라하면서부터이다. 빅토리아시대에는 만찬 식탁의 중앙에 비싼 빨간 장미를 잎이 보이지 않을 정도로 장식하기도 했다. 센터피스는 19세기 중엽에 이르러 대

**그림 10-1
센터피스로 많이
사용되는 생화 장미**

중화되었다.

센터피스는 식탁의 중앙에 오기 때문에 테이블 높이를 입체적으로 표현할 수 있는 효과적인 방식이며 미각적인 측면에서 매우 중요한 구성 요소이기도 하다. 센터피스는 식사와 직접 관계는 없으나 매우 중요한 테이블 세팅의 요소이다. 센터피스는 식욕을 돋우고 이야깃거리를 만들어준다. 일반적으로 센터피스로 많이 놓이는 것에는 과일, 계절 꽃의 아트플라워, 촛대 등이 있다. 계절 꽃뿐 아니라 과일, 과자, 양초, 아름다운 유리 장식품, 도기 인형, 조약돌 등으로 센터피스 장식을 할 수 있다. 식욕을 해칠 우려가 있는 향기가 강한 것을 피하고 서로 얼굴을 볼 수 있도록 높이를 배려한다면 정식 원칙이 있는 것이 아니므로 창의적으로 분위기에 어울리도록 장식을 하면 된다. 센터피스는 식사 당일 모임의 목적이나 계절감을 표현하고 테이블의 높이를 강조하는 역할을 하며 차지하는 면적은 테이블의 1/9 정도가 적당하다. 높이는 25cm를 넘지 않도록 하고 눈의 높이를 가리지 않아야 한다. 높이가 45cm 이상인 센터피스를 장식할 경우 꽃을 한두 송이 정도만 높게 꽂아 센터피스 사이로 상대방의 시야를 가리지 않도록 한다. 이때 테이블 중앙에 놓인 꽃은 어느 방향에서 보더라도 균형을 이루어야 한다.

센터피스로 사용되는 꽃은 테이블보와 냅킨의 색상과 조화를 이루는 것이 좋다. 장식 규모는 탁자 크기, 사람 수, 테이블 종류를 고려해야 하며 식기에 닿거나 식사를 방해하지 않도록 한다. 센터피스는 주로 생화를 많이 사용한다. 계절과 모임 목적에 어울리는 꽃을 선택하면 그 계절을 생동감 있게 나타낼 수 있고 꽃의 형태에 따라 식사 분위기를 돋울 수 있기 때문이다. 단, 꽃의 향이 강하거나 꽃잎이나 가루가 떨어지면 식사를 방해하므로 조심해서 선택하여야 한다.

센터피스로서 양초는 상대방의 얼굴과 음식을 돋보이게 하며 분위기 연출에도 도움이 된다. 4인 기준 테이블에는 초 1~2개를 사용하며 식사에 방해가 되는 향이 강한 초는 피해야 한다.

흔히 센터피스는 서양 상차림에서만 이용한다고 생각하나 우리나라 상차림에서도 한쪽에 작고 계절감 있는 꽃병을 놓아 손님을 맞는 정성을 표시하면서

분위기를 우아하게 하는 경우가 많다. 센터피스는 화려하고 특별한 것을 찾기보다는 일상에서 흔히 쓰면서도 의미 있는 것을 이용하면 된다. 최근 지속 가능한 친환경 소재의 센터피스로 꽃 대신 과일이나 채소를 다양하게 소품으로 사용하거나, 냅킨 홀더나 플레이스 카드, 소금, 후추통 등을 소품으로 사용하기도 한다.

2. 플라워 디자인 원칙

생화를 이용하는 센터피스의 디자인을 할 때 재료의 선택이나 제작과정에서 절대적인 법칙은 없다. 다만 플라워 디자인도 모든 디자인의 원리인 구성, 균형, 리듬, 초점과 강조, 통일, 대비, 비례, 조화, 질감 및 공간 등을 고려하면 좋다. 다음은 식공간을 위한 센터피스로 생화를 선택할 때 적용되는 플라워 디자인 원칙들이다.

1) 구성

식공간을 위한 플라워 디자인을 할 때 주위 배경과 짜임새 있는 관계로 구성 (composition)하는 것은 작가의 마음속에 있는 사상이나 감정을 표현하기 위한 구성적인 요인, 즉 설계도를 만드는 것과 같은 것이다. 플라워 디자인의 기본구성은 전반적으로 기하학적인 구성이 많으며 이를 평면적 구성과 입체적 구성, 공간적 구성으로 다시 구분한다. 기하학적 구성은 인위적이며 구체적이어서 딱딱한 느낌을 주기는 하지만 합리적이어서 목적에 알맞은 디자인을 할 수 있다는 장점이 있다. 자연 상태의 꽃을 꽃꽂이의 기본원칙에 따라 구성할 때에는 자연의 질서를 모방하면서 작품에 새로운 질서를 부여해야 하며, 장식해야 할 여러 가지 조건을 고려하여 순수한 예술적인 기능보다는 주변 환경이나 식공간의 목적에 맞도록 구성하도록 한다.

**그림 10-3
구성과 균형을 고려한
플라워 디자인**

2) 균형

균형(balance)은 정해진 중심점에서 양쪽이 평형을 이룬 상태이며 디자인에서 가장 중요한 원칙이다. 크게 대칭적 균형, 비대칭적 균형, 방사형 균형으로 구분한다. 대칭적 균형은 양쪽을 거울 보듯이 규칙적, 정식적, 수동적 균형을 이루도록 만드는

처음 만나는 식문화와 푸드 코디네이션 ✽

것을 말한다. 비대칭적 균형은 형태나 구성이 다르면서도 시각적 균형을 이루고 자연스러우면서 융통성 있는 능동적 균형이다. 방사적 균형은 중심의 주위가 원을 이룬 상태에서 중심 균형을 이루는 것을 의미한다. 균형의 동의어는 안정으로, 플라워 디자인에서는 안정감과 확실성을 주도록 구성되었을 때 균형이 이루어진다.

3) 통일

플라워 디자인의 통일감(unity)은 여러 가지 요소나 소재 또는 조건을 선택하고 정리하여 하나의 완성체로 종합할 때 이루어진다. 서로 무관한 것, 제약하는 것, 반대되는 것 등을 모순되지 않게 관계지어 하나의 전체로 결합하는 것이다. 작품이 전체적인 통일성을 갖기 위해서는 디자인에 속하는 개별의 요소들이 동일성과 동일한 효과를 표현하기 위하여 상호 관련을 지어 구성되어야 한다.

4) 대비

대비(contrast)는 두 개의 서로 반대되는 것 사이에서 형성되는 감각적 차이를 말한다. 서로 반대되는 가치는 자극을 만들고, 그 특징과 속성들을 강조하기 위하여 서로를 대립시킴으로써 새로운 의미가 강조되는 것이다. 작품에서 대비는 색, 크기, 모양, 사용된 재료의 재질에 의해서 이루어지는 조형의 요소로서 구성적 대비와 양적 대비, 형태적 대비, 질감적 대비, 색채적 대비가 있다. 서로 다른 성질을 가진 색채나 형태 또는 질감과 구성에서 대비가 강하더라도 하나의 작품 안에서는 전체적인 통일을 이루어야 한다.

5) 율동감

율동감(rhythm)은 연속성, 재현 또는 율동의 조직을 말한다. 리듬 또는 율동감은 조직화된 시각적 움직임으로 반복, 점진, 대조, 대비 등을 통해 단일성과 다양성으로 표현된다. 반복과 교체, 점진 등은 넓은 의미의 율동감이며, 형태나 재질의 양이 일정하게 같은 경우 색채의 강약과 명암 등의 변화를 통해 작품의 깊이와 율동감을 만들어줄 수 있다. 율동감은 선의 운동으로 표현할 수도 있고 색감의 흐름으로 보여줄 수도 있으며 섬세한 선에서 점차 면으로 형을 구성한 다음 다시 다른 형태로 약화시키는 점감법으로 만들 수도 있다. 또한 곡선이나 수평면의 단순한 반복에 의해 표현될 수도 있다.

　　플라워 디자인에서도 작품 전체에 흐르는 율동감이 필요하다. 예를 들면 흐린 색부터 진한 색까지 꽃을 배치하여 초점의 정점에 도달하게 하거나, 선이나 점에서 시작하여 면이나 뭉치로 구성되는 점강법을 쓸 수 있고, 뭉치의 꽃에서 한두 송이나 줄기로 약화시키는 점약법을 쓸 수도 있다. 이처럼 꽃꽂이에서 율동감은 크고 작은 꽃의 순위나 꽃과의 간격, 꽃과 선의 높낮이, 색채의 명암이나 소재의 질감 등으로 표현할 수 있다.

6) 강조와 초점

플라워 디자인에서 중심이 되는 꽃을 이용해 전체적 구성과 조화를 더욱 강조(accent)할 수 있다. 강조는 디자인에 주어지는 강세 부분으로, 강조가 없으면 전반적으로 단조로우므로 전체적 통일감을 해치지 않게 부분적이고 소극적인 방법으로 사용하며 특정 부분을 강하게 표현하는 것으로 작품의 개성을 나타낸다. 플라워 디자인에서 강조하는 방법 중 하나는 촛대나 휘기어류 등을 사용하여 우세성을 부여하고 부수성을 위해 테이블보 등을 고려하는 것이다. 플라워 디자인의 완성된 작품에서 눈을 끌게 하는 강조 혹은 초점(focal point)은 전체적인 구성과 조화를 더욱 강조하는 요소이자 작품상의 클라이맥스를 이루는 조건이 되기도 한다. 강조 혹은 초점이 되는 꽃으로는 흔히 화려한 꽃이나 강렬한 색깔의 잘 핀 꽃 또는 활력 있는 소재를 사용한다.

7) 비례

비례(proportion)는 디자인에서 전체에 대한 부분의 상대적 관계로, 사용된 꽃의 양, 줄기의 길이, 재료의 양에 따라 이루어진다. 비례는 비율(ratio)과 분할(division)을 뜻하며 대소의 분량, 장단의 차이, 부분과 부분, 부분과 전체의 수치적 관계가 아름답게 분할될 때 좋은 비례가 된다. 비례는 균형과도 밀접한 관계가 있다. 꽃꽂이에서는 가로·세로의 길이와 양의 관계가 좋은 비율을 이루도록 하며 꽃의 소재와 화기(花器), 작품의 형태와 색·재질과의 관계, 작품이 놓이는 장소와 분위기와의 관계 등이 고려될 수 있다. 식공간에서 비례의 설정은 화기와 작품을 놓을 공간의 목적에 따라 결정되며 비례를 고려한 식탁 위 꽃꽂이의 센터피스는 대개 테이블의 1/9 정도 크기를 넘지 않도록 한다.

8) 조화

조화(harmony)는 구성요소들이 강조와 통일을 통하여 다양성과 통일성이 혼합된 조화를 이루게 하는 원칙이다. 이는 작품에 일치감을 주거나 동일성을 부여하기 위하여 플라워 디자인의 구성 요소들을 잘 배합하여 나타내는 것이다. 조화는 비슷한 재료의 혼합이나 고유의 특성을 가진 재료의 대비를 통하여 이루어질 수 있으며 소재와 화기, 설치할 공간과의 조화, 짜임새와 크기, 형태의 조화 등에 대한 세심하고도 섬세한 표현이 필요하다. 플라워 디자인을 할 때는 설계도의 구도에 따라 소재가 가지고 있는 재질의 특성과 표현하고 싶은 작품의 의도, 전체적인 분위기가 작품이 놓이게 될 환경과 잘 어울리도록 재질과 색, 형태를 잘 조화시켜야 한다. 빠르게 변해가는 사회와 과학의 발전은 지금까지 내려온 정통성의 변화를 요구하므로 과거와 현재, 나아가서는 미래에 대한 안목을 가지고 이들을 미적으로 조화시킬 수 있도록 창의력을 키워야 한다.

9) 질감

플라워 디자인에 사용되는 소재의 짜임새 혹은 질감(texture)은 다양하다. 나무나 잎, 꽃, 화기, 그 밖의 여러 가지 물질의 표면이나 짜임새가 주위의 소재와 어떻게 조화를 잘 이루게 하느냐에 따라서 작품의 완성도가 결정된다. 의도적으로 특수 구도를 표현하기 위해 거친 느낌의 소재만으로 작품을 만들거나 화려하고 부드러운 분위기를 표현하기 위한 소재를 사용하기도 하고, 장엄하고 극적인 효과를 표현하기 위한 질감을 선택하기도 하는데, 이에 따라 완성된 작품의 느낌이 많이 달라진다. 일반적으로는 비슷한 재질의 소재끼리 배합하여 작품을 완성하는 경우가 많으나 때에 따라서는 서로 반대되는 소재를 배합하여 극적인 효과를 나타내는 경우도 있다.

10) 공간

공간(space)은 모든 사물을 담고 있는 무한한 영역이며 디자인 구성요소들의 주위에 위치한 입체적 부분이다. 플라워 디자인에서 사용되는 공간의 세 가지 유형에는 양화적 공간, 음화적 공간 및 연결공간이 있다. 양화적 공간은 작품에

알아두기

플라워 디자인 원칙의 공간에서 다른 소재들을 연결하는 네 가지 선의 특징

- **수직선**: 자연의 원리인 중력은 수직선 방향이어서 완전한 수직 방향에 대해 민감한 반응이 있다. 수직선의 요소들을 강조하면 위엄 있는 경건한 분위기가 표현되고 생장력과 긴장된 느낌을 줄 수 있다.
- **수평선**: 하늘과 바다가 만나는 선으로 안정감 있고 평온한 분위기를 자아낸다. 잠을 잘 때 가장 평온한 자세가 수평적 자세이듯 수평선은 휴식과 평온함을 암시한다.
- **사선**: 모든 불완전한 수평선과 수직선을 포함한다. 사선은 연속적인 역동성을 암시하며 사선의 불균형으로부터 균형을 유도할 수 있다.
- **곡선**: 끊임없이 방향을 바꾸는 운동점의 연속으로 나타난다. 자연은 다양한 곡선으로 이루어져 있다. 완만한 곡선은 부드럽고 미묘하여 풍부한 분위기를 나타낸다.

처음 만나는 식문화와 푸드 코디네이션

서 소재나 꽃으로 채워진 공간이며 작품의 절대적 부분을 차지한다. 음화적 공간은 꽃 사이의 공간을 의미하며 시각적인 면에서 본다면 이 공간에 따라 비례, 균형, 강조, 변화 등이 창조된다. 연결공간은 현대 소재들이 다른 디자인과 연결되는 뚜렷한 선들로 수직선, 수평선, 사선, 곡선이 있으며 이 선들은 작품에서 더욱 역동적인 공간을 만든다.

3. 꽃으로 만드는 센터피스
flower arrangement

화기는 주로 꽃병이나 수반을 이용하지만, 바구니나 수프 접시, 까만 숯이나 기왓장 등도 활용할 수 있다. 중심이 되는 꽃(center flower)은 송이가 크고 화려한 것으로 백합, 장미, 국화, 작약 등이며 이런 꽃들은 중심선에서 약간 비껴 꽂는다. 응용 범위가 넓은 꽃은 일 년 내내 구할 수 있는 장미나 국화꽃 등이다. 그린 (green)은 꽃과 꽃 사이의 간격을 메워주는 것으로 필러 플라워와 비슷한 역할을 하며 스프링 겔, 러스커스, 아스파라거스, 설유화, 복숭아 가지, 매화, 사과 가지 등이 있다. 플라워 디자인은 꽃이나 잎, 가지 등이 지니고 있는 특성에 따라 다음과 같이 네 가지 형태의 꽃으로 분류한다.

1) 폼 플라워(form flower, 형태꽃)

일정한 선이나 면이 자칫 단조로워 보일 수 있는 플라워 디자인을 할 때 포인트를 주어 악센트 표현을 해야 하는 경우가 있는데, 이때 효과적인 꽃이 폼 플라워이다. 형태를 만들기 쉽고 눈에 잘 띄는 큰 특수 형태의 꽃으로 수국, 장미, 나리, 카틀레야 등이 여기에 속한다.

**그림 10-4
폼 플라워로 사용
가능한 수국, 장미**

2) 매스 플라워(mass flower, 덩어리꽃)

많은 꽃잎들이 모여서 하나의 덩어리를 이룬 꽃으로, 선과 함께 꽃의 양적 이미
지가 중요할 때 낮게 꽂아 무게감과 안정감을 주는 데 이용하는 둥근 모양의 꽃
이다. 폼 플라워를 도와주는 꽃으로, 폼 플라워 다음으로 큰 얼굴을 가진 꽃이
다. 장미나 국화, 카네이션 등과 같이 한 덩어리로 된 꽃이나 크고 둥근 형태의
꽃은 그 자체가 양감을 가지고 있어 양감을 표현하는 매스 플라워의 작품 구성
에 좋다.

**그림 10-5
매스 플라워로 사용 가능한
장미, 카네이션**

3) 라인 플라워(line flower, 선꽃)

라인 플라워는 긴 줄기에 열을 지어 핀 꽃의 총칭으로 작품의 형태나 윤곽을 잡을 때 중요한 역할을 한다. 직선 혹은 곡선의 형태를 구성하는 플라워 디자인의 기본골격이라 할 수 있다. 플라워 디자인에서는 선이 매우 중요하므로 곧은 줄기의 선이 특징인 꽃꽂이를 할 수 있는 글라디올러스, 금어초와 같은 라인 플라워를 사용한다.

그림 10-6
라인 플라워로 사용 가능한
글라디올러스

4) 필러 플라워(filler flower, 채우기꽃)

꽃과 꽃 사이의 공간을 채워주는 작은 꽃으로 초록색 잎이나 잔잔한 꽃들이 좋다. 필러 플라워는 입체감을 내는 데 중요하며 효과적인 활용으로 작품을 더욱 돋

그림 10-7
필러 플라워로 사용 가능한
안개꽃, 소국, 미니장미,
스타치스

보이게 할 수 있다. 필러 플라워는 하나하나가 매우 작고 한 줄기 또는 여러 줄기에 많은 꽃들이 피어 있는데 안개꽃, 소국, 스타치스, 미니장미 등이 이에 속한다.

4. 계절감을 나타내는 색 이미지

센터피스로 생화가 좋은 이유는 계절의 변화를 생동감 있게 나타낼 수 있으며 색의 변화를 주기 쉽고 형태도 다양해 여러 가지 스타일을 낼 수 있기 때문이다. 꽃이 지닌 특성을 살려 계절감 있게 식탁의 성격에 맞추어 색과 이미지를 고려한 플라워 디자인을 하면 더욱 생동감 있고 아름다운 식탁을 만들 수 있다.

그림 10-8
봄, 여름, 가을, 겨울 꽃의 예

처음 만나는 식문화와 푸드 코디네이션

3월부터 시작되는 봄 꽃꽂이는 꽃이 먼저 핀 후 잎이 나는 개나리, 진달래 등의 소재를 사용하는데, 꽃과 가지만으로도 멋진 형태 연출이 가능하다. 꽃의 색은 주로 노랑, 주황, 연두 계열을 선택하고 이미지는 탄생과 부활, 평온, 아지랑이, 부드러운 바람 등으로 표현할 수 있다.

무더위로 지치기 쉬운 여름에 시원한 이미지를 주는 꽃꽂이 색상은 주로 흰색, 보라, 녹색, 파랑 등이며 이미지는 청량감, 강렬함, 신선함, 바다 등으로 표현할 수 있다. 여러 재료를 사용하기보다는 흰색 프리지아 등을 이용하여 한두 가지 재료로 시원하게 꽃꽂이하면 싱그러운 여름 분위기가 되어 마음의 위로와 정서 안정에도 도움이 된다.

사랑스럽고 부드러우며, 풍요를 상징하는 가을 꽃꽂이의 색상은 갈색, 아름다운 붉은색 혹은 주황색을 특징으로 하며 와인색, 열매, 곡식, 오렌지 등을 이용할 수 있다. 이미지는 가을 국화의 고요함, 우아함을 담을 수 있으며 말린 꽃 등으로 전원풍의 풍요로운 가을 결실 등을 표현하거나 늦여름에서 초가을까지 볼 수 있는 해바라기를 이용할 수 있다.

겨울에는 추운 날씨에도 푸르름을 간직하고 있는 소나무 소재를 이용할 수 있고, 청초함을 표현하는 백합을 신년 꽃으로 사용할 수도 있다. 겨울 추위를 이기는 따스함을 표현하는 겨울용 꽃은 주로 온실에서 키워진 귀한 꽃들이다. 겨울의 색은 주로 빨강, 주황, 자주 등을 활용할 수 있다. 이미지는 크리스마스 꽃으로 알려진 포인세티아를 이용해 따뜻함, 신춘의 희망, 춥고 쌀쌀함, 엄격한 이미지를 표현한다.

5. 테마 식탁과 꽃

식탁을 어떻게 꾸밀지는 계절 혹은 목적에 따라 다르겠으나, 특별한 일이 없는 일상에 감사한 아침이라면 자연의 매일 다른 모습을 꽃꽂이에 표현할 수 있다.

되도록 작은 꽃으로 아담하게 디자인하며 너무 화려하지 않게 한다. 일반적인 오후의 식탁은 밝고 경쾌한 주변과 복장에 어울리는 꽃을 꽂는다. 색의 배합을 고려하여 우아하고 품위 있게 장식을 한다. 때를 막론하고 식탁 위에 잔잔한 계절감을 나타내는 꽃은 식감을 돋울 수 있다. 다만, 백합이나 히아신스 등 향이 강한 꽃은 음식의 향과 맛을 방해하므로 피해야 하며, 열매가 달려 있는 꽃은 독성이 유발될 수 있어 식탁 장식으로는 피하는 것이 좋다. 포멀한 정찬 식탁에 꽃을 세팅할 때는 품위 있고 격조 있고 우아하고 대범하게 한다. 테이블 클로스가 흰색이면 파스텔풍의 격조 있는 꽃이 어울릴 수 있다. 가든 테이블은 뜰에 피는 작고 잔잔한 꽃을 자연스럽게 꽂는다. 다양한 소재들이 지닌 특징과 아름다움을 발견하고 형태와 색상을 조화해가며 아름답게 마음을 표현하는 것이 오늘날의 꽃꽂이라 할 수 있다.

6. 식탁 위에 꽃 배치하는 방법

식탁 위에 꽃을 배치할 때는 그 식탁의 테마를 느낄 수 있게, 누구을 위한, 무엇을 위한 식탁인지를 고려하여 예의에 어긋남 없이 배치하는 것이 중요하다. 타원형의 오벌(oval) 테이블에는 가운데 선을 중심으로 꽃을 길게 놓거나 3개 정도 늘어놓는다. 라운드(round) 테이블이라면 꽃은 한가운데 동그란 형태나 네모난 형태로 만들어 놓는다. 뷔페(buffet) 식탁에 꽃을 배치할 때는 식공간의 목적에 따라 원웨이(one way), 아일랜드(island), 패러렐(parallel) 방법으로 배치할 수 있다. 뷔페에서는 사람이 서서 움직이므로 꽃을 사람 키보다 높게 설치하는 것이 좋다. 사람들의 동선을 고려해서 다이내믹하면서도 한눈에 띄게 배치한다.

　원웨이 방향의 식공간은 주로 왼쪽에서 오른쪽으로 진행하는데, 이 경우 꽃은 식탁 뒤쪽에 나란히 높이를 주어 장식한다. 아일랜드식 식공간에서는 가운데 선을 중심으로 길게 하되 높이를 달리하여 장식한다. 패러렐식 식공간은 양쪽 음식이 똑같으므로 가운데 센터피스로 경계선을 만들어주면 좋다. 식탁 위에 꽃과 함께 혹은 꽃을 대신하여 센터피스 용도로 사용될 수 있는 것으로 초(candle)나 프랍(prop)이 있다. 프랍은 'property'의 준말로 소품을 의미한다. 꽃 이외에 스토리에 맞는 물건들을 활용할 수 있다.

7. 식용 꽃

식용 꽃(edible flower)은 샐러드, 소스, 음료 및 앙트레를 포함한 많은 종류의 요리에 독특한 풍미와 색상을 위해 이용되고 있다. 식용 꽃은 대부분 플레이트를 화려하게 보이게 하기 위해 사용되고 있으나 그중 일부는 건강상의 이점을 제공할 수 있다. 식용 꽃은 다도에서부터 파인다이닝까지 이미 우리 식생활에 깊숙이 자리 잡고 있다.

1) 히비스커스

크고 화려한 꽃과 일반적으로 톱니 모양의 잎을 가진 쌍떡잎식물 아욱목 아욱

그림 10-9
다양한 식용 꽃

그림 10-10
히비스커스를 이용한 음료

과 무궁화속에 속한 식물의 총칭이다. 히비스커스(hibiscus)는 열대 및 아열대 기후에서 자라며 크고 화려한 꽃을 생산하여 디시를 화려하게 만들 수 있다. 여러 종류의 히비스커스가 있지만 식용 꽃으로 가장 많이 사용되고 있는 품종은 로젤(roselle)이다. 꽃은 바로 먹어도 되지만 보통 차, 양념 등으로 사용되고, 화려한 색과 모양으로 가니시 용도로도 사용된다. 히비스커스는 차를 만들어 약용으로 많이 마시는데 이는 혈압과 콜레스테롤 수치를 낮추는 데 도움이 된다.

2) 민들레

그림 10-11
민들레를 이용한 샐러드

민들레(dandelion)는 정원 잡초로 잘 알려져 있으나 영양가가 높고 항산화 작용을 하는 식용 꽃이다. 민들레는 꽃만 먹을 수 있는 것이 아니라 뿌리, 줄기, 잎을 포함하여 모든 부분의 식용이 가능하다. 꽃은 생으로 섭취가 가능하며 샐러드나 스테이크 디시를 화려하게 만들기 위한 가니시로도 사용되고 있다.

3) 라벤더

라벤더(lavender)는 쌍떡잎식물 통화식물목 꿀풀과 라반둘라속에 속하는 식물이

처음 만나는 식문화와 푸드 코디네이션 ❋

며 북부 아프리카와 지중해의 일부 지역에서 자라는 꽃 허브이다. 라벤더는 사람을 진정시키는 효과로 유명한 독특한 향이 있는 것으로 알려져 있다. 강한 색상과 향의 조합으로 인해 라벤더는 제과제빵, 시럽, 차, 갖은 향신료 및 허브 혼합물을 포함한 다양한 식

그림 10-12
라벤더를 이용한 마카롱

품에 활용되고 있다. 조리 시 라벤더는 적은 양으로 시작하여 양을 조절해야 되는데, 너무 많이 사용하게 되면 참기름과 같이 다른 맛을 상쇄(overpowering)시킬 수 있다.

4) 쇠비름

쇠비름(purslane)과의 한해살이풀이며 잎은 쐐기 모양의 타원형이다. 잎채소의 하나이며 오메가-3 지방산이 풍부하고 비타민, 미네랄 및 항산화제 등도 포함되어 있다. 쇠비름은 작고 노란 꽃과 두툼한 잎을 생산하며 꽃과 잎 모두 익히거나 날것으로 먹을 수 있다.

그림 10-13
생식이 가능한 쇠비름

5) 장미

다양한 크기와 색상으로 150종이 넘는 장미(rose)가 있으며 대부분 섭취가 가능

**그림 10-14
장미잎을 이용한 음료**

하다. 모든 종류를 사용하기보다는 향이 좋은 종을 사용하며 꽃잎만 섭취한다. 장미 꽃잎은 향기롭고 약간 달콤한 맛이 있다. 장미는 생으로 먹거나 가니시에 사용되며 샐러드, 잼 등을 만들 때도 사용된다. 장미는 이완 작용을 돕거나 사람의 불안을 줄일 수 있고 다른 재료와의 조합으로 독특한 풍미를 더해주기도 한다.

6) 호박꽃

**그림 10-15
호박꽃 튀김**

호박은 세계 모든 나라에서 사용되고 있는 식재료이지만 호박꽃(squash blossom)이 식용이 가능하다는 사실은 많은 사람이 잘 모를 수도 있다. 호박꽃은 모든 종류의 여름 호박에서 형성되는데, 길고 둥근 종 모양으로 밝은 노란색이다. 데코를 위한 가니시로도 사용되고 튀기거나 팬에서 익히기도 하며 속을 채워 만두피와 같이 사용하기도 한다.

8. 꽃말

꽃말은 꽃의 특징, 색, 향기나 모양 등에 따라 생겨난 말로, 나라와 지역에 따라 다른 경우가 많다. 동서양을 막론하고 예로부터 꽃에 대한 전설이나 신화가 전하여왔고 문학작품이나 일화에서도 꽃말이 생겨났다. 꽃말은 서양의 중세시대 기사가 사랑하는 여인에게 꽃을 보내어 말 없는 뜻이나 감정을 전하면서 전해진 것과 종교적 상징으로 생겨난 것이 대부분이다. 꽃말 가운데 그리스 · 로마 신화나 전설, 그리스도교에 관계된 것들은 그 뜻이 유럽 등 여러 나라에서 대개 공통으로 통하고 있으나, 나라에 따라서 다른 경우도 많다. 예를 들면 '사과'는 영국에서는 이브가 에덴동산의 사과를 먹은 사실을 뜻하는 '유혹'의 의미이지만, 프랑스에서는 '가장 아름다운 사람에게'라는 의미로 그리스 신화의 헤라, 아테네, 아프로디테의 세 여신 앞에 내던져진 황금 사과를 뜻한다.

꽃의 빛깔에 따라서도 각각 다른 꽃말이 생겨나기도 한다. 노란색은 로마 시대까지 애호되고 존중되는 색이었으나 교파 간의 분쟁 속에서 구종교에 속하는 자를 구분하기 위해 그간 존중되어왔던 노란색을 가장 천한 색으로 비하하고 대신 파란색을 최고의 영예 있는 색으로 삼기도 했다. 그래서 서양에서는 노랑을 불길한 색으로 여기고 황혼, 퇴폐, 질병, 죽음, 질투 등의 부정적인 이미지를 나타내기도 하였다. 그러나 중국에서는 노랑을 귀중한 색으로 여기고 있으며, 일본에서는 황금 빛깔의 복수초가 장수와 행복의 상징이기도 하다. 또 다른 예로 빨간색은 중국에서 기쁨의 색깔이며 우리나라에서는 특히 2002 월드컵 이후 빨간색을 기쁨의 색으로 표현하나, 인도에서는 노여움의 의미로 통하기도 한다. 이같이 꽃말은 나라마다 역사적 환경 등의 차이로 서로 다른 경우가 많이 있다. 다양한 꽃말은 적재적소에 더 다양한 소재로 활용할 수 있다.

1) 장미

장미의 학명은 'Rosa hybrida'로 품종에 따라 형태, 모양, 색상이 다양하며 일반적으로 5월 중순부터 9월까지 담홍색, 담자색, 흰색 등으로 꽃이 피는 개량 품종이 많은 관상 꽃나무이다. 장미는 온대성 상록 관목으로 따뜻한 햇빛을 좋아하는 식물이며, 물빠짐이 좋고 공기유통이 잘 되는 비옥한 사양토에서 잘 자란다. 꽃의 여왕답게 '사랑'이라는 의미를 가지고 있어 선물로 많이 사용되며, 로즈데이는 매년 5월 14일로 정해져 있어, 로맨틱하고 아름다운 분위기 속에서 장미로 사랑과 애정을 표현하는 날로 알려져 있다. 장미의 향은 다른 설명 없이 장미향이라 불릴 정도로 특유의 느낌이 있어 그 향을 느끼기 위해 장미차로 끓여 마시기도 한다.

알아두기

장미 색별 꽃말

● **빨간색**: 정열적인, 열렬한 사랑, 아름다움
  - 한 송이: 당신을 영원히 사랑해요, 당신은 나의 반쪽입니다
  - 두 송이: 당신과 교제하고 싶습니다
  - 100송이: 100% 완전한 사랑
● **진홍색**: 수줍음
● **분홍색**: 행복한 사랑, 감명, 사랑의 맹세, 청혼
● **흰색**: 존경, 순결, 청순, 매력, 결혼식장에서 자주 사용

● **흰색**: 나는 당신에게 어울리는 사람이에요
● **노란색**: 우정, 영원한 사랑, 질투, 시기, 완벽한 성취, 응원
● **파란색**: 자연이 낼 수 없는 색상인 파란색을 연구와 재배로 만들어내서 불가능, 이루어질 수 없는 사랑의 부정적 의미를 가지고 있다가 이루어짐, 희망, 기적이라는 긍정적 의미로 변경됨
● **보라색**: 영원한 사랑, 불완전한 사랑
● **들장미**: 고독, 소박한 아름다움
● **미니장미**: 끝없는 사랑

2) 카네이션

카네이션은 패랭이꽃속에 속하는 여러해살이풀로 미국 오하이오주를 상징하는 꽃이다. 미국의 애나 자비스(Anna Jarvis)라는 여성이 자신의 어머니가 카네이

션을 좋아하여 5월 둘째 주 일요일에 어머니께 카네이션을 선물하였는데, 이것이 미국과 캐나다에서 어머니의 날에 부모에게 카네이션을 드리는 전통이 되었다. 우리나라에서도 어버이날이나 스승의 날에 선물로 이용하는 꽃이다. 카네이션은 이탈리아 사회당의 상징이기도 하며 1974년 4월 포르투갈에서 독재 정권에 반대하여 시민들과 혁명군이 일으킨 무혈 쿠데타를 카네이션 혁명이라고 한다.

알아두기

카네이션 색별 꽃말

● **빨간색**: 어버이에 대한 사랑, 건강 기원, 모정, 존경, 사랑
● **분홍색**: 감사하는 마음, 사랑의 고백, 아름다운 몸짓
● **노란색**: 우정, 실망, 경멸, 거절

● **주황색**: 순수한 사랑
● **파란색**: 영원한 행복
● **흰색**: 추모, 존경, 깨끗함, 순수한 사랑
● **보라색**: 기품, 자랑, 자유

3) 안개꽃

안개꽃(gypsophila 또는 baby's breath)은 석죽과의 한해살이풀이다. 원산지는 캅카스 등 아시아 등지이다. 많은 잔가지에 피어 있는 작은 송이의 꽃들이 안개가 내려앉은 듯하여 안개꽃이라는 이름이 붙여졌다. 안개꽃에 관련하여 해군 장교와 제니의 사랑 이야기가 전해지고 있다. 평소 제니를 눈여겨보던 한 부잣집 아들이 제니에게 청혼을 하나 해군 장교를 사랑했던 제니는 청혼을 거절한다. 이에 부잣집 아들은 해군 장교를 죽이려 하고 제니가 이를 막기 위해 신께 기도하자 안개가 나타나 부잣집 아들을 감싼다. 부잣집 아들은 안개를 벗어나려고 하다가 자기 칼에 찔려 죽는다. 안개가 없어지자 해군 장교와 제니 주변에 안개꽃이 피었다고 한다. 꽃꽂이에서는 주로 아랫부분을 풍성하게 하여 전체적인 밸런스를 잡는 용도로 많이 쓰이며, 안개꽃만으로 다발을 만들기도 한다. 안개는 죽음이라는 의미도 있으므로 단독으로 안개꽃만 선물하는 것은 주의할 필요가 있다.

안개꽃 색별 꽃말

- **흰색**: 순수한 마음, 사랑의 결실, 약속
- **파란색**: 영원한 사랑

- **분홍색**: 죽을 만큼 사랑합니다
- **빨간색**: 행복한 순간, 기쁨의 순간
- **노란색**: 성공, 성취
- **보라색**: 깨끗한 마음, 영원히 함께하고 싶습니다

4) 튤립

튤립은 남동유럽, 중앙아시아가 원산인 백합과 식물로 개화시기는 4~5월경이고 네덜란드와 튀르키예의 국화이다. 야생 튤립의 원산지는 중앙아시아 파미르고원이다. 야생종은 노지에 묻어놓기만 하면 매년 튤립을 보여주나, 우리가 흔히 아는 튤립은 원예종으로 개량된 튤립으로 우리나라의 덥고 습한 여름을 견디지 못해 보통 한 구근으로 딱 한 번만 꽃을 보는 것이 일반적이다. 백합목 식물이기 때문에 개와 고양이에겐 맹독으로 작용하므로 절대 접근금지가 필요하다.

튀르키예에서 튤립은 예술의 모티브로 많이 쓰였고, 18세기 튀르키예 문화의 전성기를 일컬어 튤립 시대라 한다. 튤립은 1600년대 네덜란드로 소개되면서 폭발적인 인기를 얻어 수요가 늘어나고 자연스럽게 가격이 상승했는데, 사람들이 튤립 사업에 너무 많은 투자를 하는 바람에 공황이 발생하여 가격이 폭락해 버렸던 일이 있다. 튤립 공황이라 부르는 이 사건은 자유 방임주의의 위험성을 미리 알린 대표적인 사례다.

한편 튤립에 관한 전설도 있다. 네덜란드의 예쁘고 마음씨 착한 여인이 세 청년에게 구혼을 받게 되었는데, 지방 성주의 아들은 사랑의 정표로 왕관을, 기사의 아들은 보검을, 부유한 상인의 아들은 보석상자를 선물하였다. 그들의 청혼을 거절할 수 없었던 그녀는 꽃의 신에게 부탁해서 튤립이 되었으며, 꽃은 왕관, 줄기와 잎사귀는 보검, 뿌리는 보석상자를 뜻한다는 이야기가 있다.

튤립 색별 꽃말

● **노란색**: 헛된 사랑, 이루어질 수 없는 짝사랑
● **분홍색**: 사랑의 시작, 애정, 배려, 웨딩 부케용으로도
　사용

● **빨간색**: 사랑의 고백, 매혹
● **보라색**: 영원한 사랑
● **흰색**: 과거의 우정, 실연, 순결, 고귀함, 새로운 시작
● **망고 튤립**: 수줍은 사랑의 표시, 매혹적 사랑
● **자몽 튤립**: 사랑의 고백

5) 국화

국화는 국화과에 속하는 다년생 식물이며 동양에서 재배하는 관상식물 중 가
장 역사가 오래된 꽃이다. 중국에서 재배된 국화는 일본으로까지 건너가 벚꽃
과 함께 일본 황실을 대표하는 꽃이 되기도 하다. 조선시대에 국화는 값이 비쌌
는지, 정약용이 유배 중 자식에게 보낸 편지에는 국화 한 이랑만 팔아도 몇 달
치 식량을 살 수 있다는 구절이 있다. 국화는 사군자(四君子) 중 하나로 매화·
난초·대나무와 함께 학식과 인품이 높은 군자의 상징이다. 다양한 꽃이 피는
봄·여름에 피지 않고 날씨가 차가워진 가을에 찬바람을 이겨내고 꿋꿋이 향기
로운 꽃을 피워내는 국화의 모습이 어떤 조건에도 흔들림 없이 자신의 신념을
지켜내고자 하는 군자와 닮았다고 하여 지조와 절개를 지닌 군자를 상징하게
되었다. 한국에는 개화기 이후 그리스도교 문화가 들어오면서 장례식장 영전에
국화를 헌화하는 관습이 생겼다.

국화 색별 꽃말

● **빨간색**: 나는 당신을 사랑해요, 진실
● **노란색**: 진실, 짝사랑

● **보라색**: 내 모든 것을 그대에게, 마음을 함부로 주지 않
　겠다는 의지
● **흰색**: 성실과 감사, 진실, 장례식장에서 추모의 의미로
　하늘에서 편안히 영면하기 바라는 마음

6) 무궁화

무궁화(rose of sharon)는 쌍자엽식물강 무궁화속 꽃으로 7월 초순에서 10월 중순까지 매일 꽃이 피며, 보통 한 그루에 2,000~3,000여 송이가 핀다. 옮겨 심거나 꺾꽂이를 해도 잘 자라고 공해에도 강하다. 무궁화는 우리나라를 상징하는 꽃으로, 화려하지 않으나 은은하고 우아한 모양새를 가진 꽃이다. 무궁화는 고조선 이전부터 하늘나라의 꽃으로 귀하게 여겨졌고, 신라는 스스로를 '무궁화 나라(근화향, 槿花鄕)'라고 부르기도 했다. 조선 말 개화기를 거치면서 "무궁화 삼천리 화려강산"이란 노랫말이 애국가에 포함되며 더욱 국민들의 사랑을 받게 되었다. 꽃말은 섬세한 아름다움, 일편단심, 은근, 끈기로 '영원히 피고 또 피어서 지지 않는 꽃'이라는 뜻을 지니고 있다.

**그림 10-16
무궁화의 종류**

7) 백합

백합은 순우리말로는 '나리'라고 하는데 흔히는 흰나리(*Lilium longiflorum*)를 백합이라 한다. 학명 중 lilium은 라틴어 li(희다)와 lium(꽃)의 합성어이다. 그러나 백

처음 만나는 식문화와 푸드 코디네이션 ✖

합과 중 실제로 꽃잎 색이 하얀 경우는 그리 많지 않으며 빨간색과 주황색, 노란색, 분홍색, 보라색, 자주색 등 다양한 색상의 백합과 식물이 있다. 흰색 백합이 대중화된 것은 그 색상과 향기 덕분에 원예작물로서 각광을 받았기 때문이다. 밀폐된 공간에 백합과 함께 있으면 그 향기로 질식할 수 있다는 말이 있으나 과학적 근거는 없으며, 적당량의 백합은 오히려 숙면에 도움이 된다고도 한다.

꽃잎 세 장으로 이루어진 백합의 심볼(❧ fleur-de-lis, 백합 문장)은 성 삼위일체의 상징으로 쓰였으며, 성모 마리아의 순결을 나타내어 가톨릭권에서 애용되었다. 다만 미국과 영국에서는 백합을 장례식에서 사용하기 때문에 선물로는 좋지 않고, 병문안을 갈 때도 백합은 피하는 것이 좋다. 백합의 알뿌리는 동서양에서 음식의 재료 및 향신료로 사용되어왔다. 파, 마늘, 양파, 부추 등의 백합과 식물은 향신료나 향이 강한 식재료로 사용되며, 과거의 크론키스트 분류 체계에서는 백합과로 분류되었으나 현재는 APG 분류 체계에 따라 아스파라거스목 수선화과 부추아과 부추속으로 분류하기도 한다. 백합목 식물들은 개와 고양이에게는 매우 주의가 필요한데 개가 양파가 들어간 음식을 먹고 거품을 물었다는 얘기도 있고 고양이가 백합 꽃가루 범벅이 되어 죽었다는 이야기도 있다.

알아두기

백합 색별 꽃말

● **흰색**: 깨끗한 사랑, 순수한 사랑, 순결
● **주홍색**: 명랑한 사랑

● **노란색**: 유쾌한 하루
● **분홍색**: 핑크빛 사랑
● **빨간색**: 열정적이고 깨끗한 사랑

8) 수국

수국(水菊)의 '수'는 물을 뜻한다. 학명은 *Hydrangea macrophylla*이며, '하이드랜

지어(hydrangea)'는 라틴어로 '물을 담는 그릇'이라는 뜻이다. 당나라 대시인 백거이가 어느 절에서 수국을 처음 보고 쓴 시에서 보랏빛 태양의 꽃이란 뜻으로 자양화(紫陽花)란 이름을 붙여주기도 하였으며, 비단으로 수놓은 공이라는 뜻의 수구화(繡毬花)라고도 한다. 수국은 색이 변하므로 팔선화(八仙花), 칠변화(七變花)라는 별명도 있다. 우아하고 청초하며, 풍성하며 단촐하고, 당당하며 수줍음을 나타내기도 한다. 예식장 카펫에 막 첫 발자국을 떼는 6월의 신부 같다고 하여 여름 신부들은 하얀 수국 부케를 이용하기도 한다. 또한 수국은 장마를 알리는 비의 꽃이다.

수국은 진심과 변심이라는 상반된 두 가지 꽃말을 갖고 있다. 꽃의 색깔에 따라 흰색은 변심, 보라색은 진심, 파란색은 냉정, 빨간색은 처녀의 꿈이라는 꽃말을 붙이기도 한다. 정반대의 꽃말을 함께 가진 건 수국의 색이 시간에 따라 변하기 때문이다. 수국은 일반적으로 노란색이 도는 흰색으로 피기 시작해 점차 푸른색이 되고 여기에 붉은색을 더해 보라색으로 변하는 경향이 있다. 그 이유는 바로 토양의 성분 때문이다. 중성 토양에선 흰색이, 산성이 강한 흙에서는 파란색이, 알칼리성에선 빨간색이 돋아나는데, 이는 수국에 있는 알루미늄 이온이 산성과 알칼리성 흙에서 녹는 정도가 다르기 때문이다. 같은 밭에서도 수국마다 색이 다양하고, 한 그루에서도 뿌리의 길이나 수분 흡수, 시간의 흐름에 따라 다른 색으로 핀다. 파란 수국에 달걀 껍질을 곱게 갈아 뿌리면 붉은 꽃으로 변하며, 수국 주위에 백반을 묻히면 흰색의 꽃이 푸르게 변한다. 지혜로운 선조들은 수국의 색을 보고 퇴비량을 조절했다고 한다.

9) 금잔화

금잔화는 메리골드라고도 하며 꽃말은 가엾은 애정, 이별의 슬픔, 비탄, 비애, 소박한 마음이다. 옛날 한 여인이 같은 마을에 사는 청년을 짝사랑하여 청년에게 사랑을 고백했지만 거절당했다. 이후 총각이 다른 사람과 결혼을 하자 낙심하다가 결국 죽고 말았다. 그녀가 죽은 자리에 피어난 꽃을 메리골드, 즉 금잔화라고 부르기 시작했다.

10) 아네모네

아네모네의 꽃말은 고독, 배신, 속절없는 사랑, 허무한 사랑, 이룰 수 없는 사랑이며 그리스 · 로마 신화에서 내려오는 꽃말과 관련한 전설이 있다. 미의 여신 아프로디테는 에로스가 쏜 사랑의 화살을 맞고, 아름다운 소년 아도니스를 사랑하게 된다. 아도니스가 멧돼지 사냥을 나갔다가 변을 당하자 이로 인해 슬픔에 빠진 아프로디테는 아도니스의 가슴에 흐르는 피에 신주를 뿌려 꽃으로 만들었는데, 그것이 바로 아네모네꽃이라는 설이 있다. 한편 제피로스 신이 귀여운 아가씨 아네모네를 보고 한눈에 반해버렸는데 제피로스의 아내인 꽃의 여신 플로라가 아네모네를 꽃으로 바꾸어버렸다는 전설도 있다.

11) 라벤더

라벤더의 꽃말은 침묵이다. 먼 옛날 어느 나라의 공주가 이웃 나라의 왕자를 사랑하여 그 왕자와 마주치기 위해 왕자가 말을 타고 다니는 들판에 계속 나갔다. 왕자와 마주치기도 하였지만, 왕자는 눈길 한번 주지 않는 것 같았다. 공주는 고심하다가 어렵게 왕자에게 고백했고 왕자에게 자신을 사랑하는지 물어보았지만, 그는 빙그레 웃기만 할 뿐 아무런 대답도 없이 자신의 나라로 돌아가 버렸다. 며칠 뒤 왕자는 다른 나라와 전쟁을 하게 되고, 걱정만 하던 공주는 급기야 전쟁터에 나가는 왕자에게 달려가 사랑한다는 말을 해달라고 애원했지만, 여전히 왕자는 아무런 말도 해주지 않았다. 공주는 왕자가 전쟁터에서 죽음을 맞이했다는 소식을 듣고 나서 우울한 나날을 보내다가, 왕자를 만났던 들판에서 죽게 되었다. 공주가 죽은 뒤 그곳에 아름다운 라벤더가 피어났다고 한다. 그런데 왕자는 사실 말을 할 수 없는 언어 장애인이었는데, 공주를 사랑했지만 안타깝게도 자신이 장애를 가진 사실을 그 공주가 알게 되면 사랑을 잃어버릴 것이라는 생각에 공주에게 그 사실을 알리지 않은 것이었다고 한나.

알아두기

기타 다양한 꽃말

- **개나리**: 희망, 나의 사랑은 당신보다 깊습니다
- **글라디올러스**: 모정, 사랑, 감사, 승리, 용기, 밀회, 비밀, 조심, 묻어줌, 경고, 주의
- **금어초**: 지혜, 변함없음
- **군자란**: 고귀, 희망, 우아, 고결
- **나팔꽃**: 기쁜 소식, 결속
- **다알리아**: 당신의 마음을 알아 기쁩니다
- **달맞이꽃**: 소원, 기다림, 마법
- **데이지**: 겸손과 아름다움, 천진난만함, 순수
- **동백**: 겸손한 아름다움, 고결한 사랑
- **들국화**: 상쾌
- **라일락**: 젊은 날의 추억, 사랑의 첫 감정
- **모란**: 부귀, 성실
- **목련**: 은혜, 존경, 지인에의 사랑, 연모, 이루지 못한 사랑, 애틋한 사랑

- **민들레**: 내 사랑 그대에게, 사랑의 사도
- **선인장**: 불타는 마음
- **수선화**: 고결, 자만, 신비
- **아마릴리스**: 눈부신 아름다움
- **아이리스**: 사랑의 메시지, 변덕스러움
- **접시꽃**: 열렬한 사랑
- **자주색 제라늄**: 그대가 있어 행복합니다
- **제비꽃**: 진실한 사랑
- **진달래**: 사랑의 희열
- **채송화**: 수련, 가련
- **코스모스**: 순정, 애정
- **프리지아**: 순결, 천진난만, 순진
- **해바라기**: 애모, 당신을 바라봅니다
- **호접란**: 행복이 날아오다, 당신을 사랑합니다
- **히아신스**: 멋진 사랑, 슬픔, 추억

11장

컬러푸드와

과일 상차림

미국의 'Five A Day' 캠페인은 성인을 대상으로 하여 하루에 다섯 가지 컬러의 과일과 채소를 꾸준히 섭취하자는 운동으로 미국인들의 식단에 큰 영향을 주고 있다. 그 결과 성인병과 암 발병률이 80%까지 낮아졌다고 한다. 과일은 모양 내어 깎은 다음 예쁘게 담아 후식이나 차 상차림에 곁들이면 평범한 과일이 푸드 스타일을 한 과일 상차림이 될 수 있다. 본 장에서는 컬러푸드와 과일 상차림에 대해 알아본다.

1. 컬러푸드

컬러푸드(color food)는 고유한 천연의 색을 가지고 있는 식품을 의미한다. 과일은 저마다 고유의 색을 지니고 있다. 이것은 파이토케미컬(phytochemical)이란 성분에 의해 결정된다. 파이토케미컬이란 식물이 외부 환경으로부터 자신을 보호하기 위해 만든 방어 물질이며, 식물의 색을 내는 것 외에도 인체 내에서 면역기능 향상, 항산화, 항암, 해독 효과 등의 기능을 수행한다. 파이토케미컬의 함량은 식물의 색상이 짙고 화려할수록 높은 것으로 알려져 있다. 다섯 가지 컬러의 식품은 레드 푸드, 오렌지-옐로 푸드, 그린 푸드, 퍼플-블랙 푸드, 화이트 푸드로 구분한다.

1) 레드 푸드

레드 푸드는 토마토, 사과, 딸기, 자두, 체리, 석류, 고추, 비트, 수박 등 붉은색을 띠는 식품이다. 주요 성분은 리코펜과 안토시아닌이며 항산화, 항암, 혈관 건강, 면역력 향상, 노화 방지 등의 효능이 있다. 리코펜(lycopene)이 풍부하게 함유되어 있는 대표적인 식품은 토마토이다. 토마토는 다른 채소들에 비해 암세포 성장 억제 효과가 10배 이상 강한 것으로 알려져 있다.

사과에 함유되어 있는 안토시아닌 같은 항산화 성분은 활성산소를 억제 및 제거하여 노화를 방지하는 역할을 한다. 안토시아닌은 사과의 껍질에 함유되어 있기 때문에 사과는 껍질째 먹는 것이 좋다. 또한 사과에는 장운동을 원활하게 해주는 펙틴(pectin)이 많이 함유되어 있고 사과산, 구연산 등의 유기산 성분이 함유되어 있어 피로회복에 도움을 준다. 특히 '아침에 먹는 사과는 금(金)'이라는 말처럼 아침에 사과를 섭취하는 것이 건강에 좋다고 알려져 있다.

수박은 여름철의 대표적인 과일로서 체내에 수분을 공급하고 나트륨을 체외로 배출하는 것을 돕는다. 딸기와 자두에는 염증을 없애는 소염작용 성분이

**그림 11-1
레드 푸드**

함유되어 있으며 이는 아스피린보다 10배나 강하다고 알려져 있다.

2) 오렌지-옐로 푸드

오렌지-옐로 푸드에는 당근, 오렌지, 귤, 복숭아, 망고, 고구마, 옥수수 등의 식품이 포함된다. 주요 성분은 카로티노이드(carotinoid)이며 항산화, 항염, 면역력 향상, 혈액 개선 등의 효능이 있다. 카로티노이드 중 베타카로틴(β-carotin)은 우리의 몸에서 비타민 A로 전환된다. 비타민 A는 야맹증, 동맥경화, 빈혈을 예방하며, 면역 반응 등의 각종 생리적 기능을 활성화시킨다. 또한 피부를 매끄럽게 하는 데 도움을 주는 것으로 알려져 있다. 루테인(lutein)은 자외선에 의해 눈 안에 발생하는 활성산소를 제거하며 시력회복의 기능을 한다.

오렌지-옐로 푸드 중 당근은 시력 저하와 여드름을 예방해주며, 기름에 살짝 볶은 후 섭취하는 것이 좋다. 감귤에는 비타민 A와 비타민 C가 풍부하게 함유되어 있으며 눈의 각막, 망막 등의 세포분화에 관여한다. 또한 혈중 콜레스테롤을 감소시키고 기관지 계통의 질병을 예방해준다. 망고는 피부에 좋고 동맥경화, 백내장 등을 예방해주며 엽산과 철분이 함유되어 있어 빈혈 예방에도 효과적이다.

**그림 11-2
오렌지-옐로 푸드**

처음 만나는 식문화와 푸드 코디네이션

3) 그린 푸드

그린 푸드에는 청포도, 키위, 시금치, 오이, 부추, 양상추, 브로콜리, 키위, 양배추 등의 식품이 포함된다. 주요 성분은 클로로필(chlorophyll)이며 폐와 간 기능을 돕고 몸의 독소를 해독하여 자연 치유력을 높여준다. 클로로필은 구조상 마그네슘을 포함하는데, 이러한 마그네슘이 체내에서 철로 바뀌어 세포를 건강하게 해준다. 청포도에는 유기산이 풍부하여 피로회복에 도움을 주고 루테인과 인돌(indole) 등의 항산화 성분이 함유되어 눈의 건강과 항암 등에 효과가 있다. 또한 청포도에 함유된 칼륨은 체내의 염증과 나트륨의 체외로의 배출을 도와 붓기와 부종 증상을 제거하는 데 도움을 준다.

키위는 열매가 갈색 털로 덮여 있어 뉴질랜드에 서식하는 새인 '키위'와 닮았다고 하여 붙여진 이름이다. 키위는 식이섬유가 풍부하여 당, 콜레스테롤의 체내 흡수를 지연시키는 효능이 있다. 또한 키위는 혈당지수(GI, Glycemic Index)가 낮은 대표 과일로 알려져 있다. 혈당지수는 탄수화물이 혈당에 미치는 효과를 나타내며 식품을 섭취한 후 얼마나 빠르게 혈당을 많이 올리는가를 나타내는 수치이다. 당뇨병 환자는 혈당 조절이 필요하며 가급적 혈당지수가 낮은 식품을 선택하는 것이 바람직하다.

그림 11-3
그린 푸드

4) 퍼플-블랙 푸드

퍼플-블랙 푸드는 포도, 복분자, 블루베리, 가지, 적양배추, 자색고구마, 자색당근, 검은콩, 흑미, 검은깨, 다시마 등의 식품을 말한다. 주요 성분은 안토시아닌

그림 11-4
퍼플-블랙 푸드

(anthocyanin)이며 항산화, 항노화, 항암, 면역력 향상, 심혈관계 질환의 위험 감소, 기억력 향상 등의 효능이 있다. 특히 안토시아닌은 시력 저하 및 망막 질환을 예방해주기 때문에 컴퓨터를 오래 사용하는 현대인들에게 퍼플-블랙 푸드는 필수적이다. 안토시아닌 성분을 섭취하면 혈액에 빠르게 흡수되고 그 순간부터 산화 방지 및 노화 지연에 도움을 준다. 또한 혈압 상승 효소를 억제하여 혈압 상승을 막아주기 때문에 고혈압 환자들에게 퍼플-블랙 푸드의 섭취는 바람직하다. 포도는 제철에 생으로 먹기도 하고 제철이 아닌 경우에는 주스, 잼 등으로 가공하여 먹는다. 포도의 색소는 가열에 의해 파괴되지 않기 때문에 가공을 해서 섭취해도 안전하다.

5) 화이트 푸드

화이트 푸드에는 배, 바나나, 뿌리채소, 마늘, 양파, 도라지, 무, 버섯 등의 식품이 포함된다. 주요 성분은 안토잔틴(anthoxanthin)이며 항균, 항알레르기, 항산화 등의 효능이 있다. 화이트 푸드를 섭취하면 몸속 유해물질을 몸 밖으로 배출하고 심장병을 예방하며 면역력을 높일 수 있다. 화이트 푸드는 폐와 기관지가 약한 사람들에게 좋은 식품이다. 특히 폐경기 초기의 증상을 완화할 수 있어서 중년 여성들에게 좋은 식품으로 알려져 있다.

배는 소화를 돕고 혈액을 중성으로 유지시키며 기침이나 가래 등을 완화시켜준다. 또한 음주로 인한 숙취해소 및 갈증해소, 간 기능 개선에도 도움을 주는 것으로 알려져 있다. 바나나는 껍질의 색에 따라 효능이 다르다. 껍질이 녹색인 덜 익은 바나나는 잘 익은 바나나에 비해 저항전분의 함량이 높다. 따라서

그림 11-5
화이트 푸드

바나나의 탄수화물이 포도당으로 전환되는 속도를 늦추어 혈당을 안정시켜주지만 소화기관이 약한 사람의 경우 섭취에 주의해야 한다. 껍질이 노란색인 잘 익은 바나나는 소화 기능이 약한 사람이 섭취하는 것이 바람직하다. 또한 비타민 C 함량이 다른 색깔의 바나나에 비해 높아 활성산소를 제거하는 항산화 기능을 한다. 바나나가 과숙하면 껍질에 갈색 반점이 생긴다. 갈색 반점이 생긴 바나나는 종양을 파괴하는 기능이 있고, 백혈구의 힘을 강화하며, 산화 방지 물질이 풍부하다는 장점이 있다.

2. 제철 과일과 과일 상차림

1) 제철 과일

제철 과일은 계절에 순응하여 자라므로 우선 맛이 좋고 농약이나 화학비료를 최소화할 수 있으며 가격도 합리적일 뿐 아니라 무엇보다 건강에 도움이 된다. 최근 재배방법이 진보하여 계절감 없이 많은 과일을 먹을 수 있기는 하나, 제철 과일은 신선한 특유의 맛과 영양이 있다. 과일은 그대로 먹기도 하고 케이크 등에 토핑으로 얹어 장식적 의미를 주면서 먹기도 하며 디저트로 이용할 수도 있다. 과일은 오래 저장하지 않아야 싱싱하게 먹을 수 있다.

봄이 제철인 과일은 4~6월 사이의 과일로 망고, 체리, 멜론, 여름 귤, 여름 밀감 등이 있다. 노란색의 완숙 망고는 달콤한 향과 진한 단맛, 걸쭉한 식감이 있는 과일이다. 껍질이 약간 붉은색이고 달콤하고 아삭한 식감의 애플망고도 있다. 외관상 주름이 잡혀 있고 너무 말랑한 망고는 오래되었을 가능성이 있다. 완숙되지 않은 망고 표면에는 '블룸(bloom)'이라고 하는 하얀 가루 같은 것이 있는데 농약이나 질병은 아니고 오히려 망고가 익는 동안 망고를 보호하는 효과가 있으며 망고가 익어감에 따라 점차 사라진다. 체리는 전체가 균일한 빨간색으로 윤기가 있고 상처가 없으며 꼭지가 굵고 선명한 녹색인 것이 좋다. 체리는 그대로 먹기도 하고 케이크 토핑으로도 많이 이용되는데, 장시간 냉장고에 보관하면 단맛이 떨어진다. 멜론은 그물망이 도톰하고 균일한 것을 선택한다. 멜론은 대개 덜 익은 상태로 유통되므로 상온에서 2~3일 후숙하면 좋다. 꼭지 반대 부분을 눌러보아 부드러워지면 먹기에 적당하며 먹기 2~3시간 전에 냉장 저장하면 된다.

여름 과일은 7~9월 사이에 나오는 것을 가리킨다. 초여름 제철 과일엔 복숭아, 수박, 블루베리 등이 있고 8~9월이 되면 다양한 품종의 배와 포도가 제철이다. 고급진 향과 단맛이 있는 복숭아를 고를 때에는 향이 좋고 반점 모양의 무늬가 과일 전체에 퍼져 있으며 세로로 나뉜 부분이 좌우 대칭인 것, 붉은색이 짙은 것을 선택한다. 반점 모양의 무늬가 과일 전체에 퍼진 모양은 태양을 제대로 받아 맛이 달다는 증거가 되기도 한다. 복숭아는 먹기 1~2시간 전에 냉장고에 넣어 차게 하여 먹으면 더 단맛을 느낄 수 있다. 여름 대명사 과일인 수박은 무늬가 뚜렷하고 원형에 가까운 것이 더 달콤하며 후숙할 필요가 없는 과일이다.

가을 과일은 10~12월 사이에 나오는 포도, 배 등이 제철 과일이다. 포도는 품종 자체의 색상이 짙고 전체의 알맹이가 가지런하며 과일이 단단하고 열매가 붙어 있는 가지가 초록색으로 싱싱한 것을 선택한다. 거봉은 흑자색, 청포도는 선명한 연두색이 좋고 과일에 탄력이 있는 것이 포도 특유의 달콤함이 있다. 포도는 한 송이씩 신문지로 싸서 냉장고 채소 칸에 보관하면 일주일 정도 저장이 가능하다. 배는 8월 무렵부터 가을에 걸쳐 제철인 과일이다. 배는 과일 꼭지 반대편 고리 바깥쪽이 붉고 안쪽은 약간 푸르스름하고 고리 모양이 선명하며 전반적으로 묵직한 것이 과즙이 풍부하다.

겨울 과일은 1~3월 사이에 나오는 것들이 제철 과일이다. 겨울에는 귤, 딸기, 한라봉 등이 제철 과일이다. 과일 중에서도 딸기는 그냥도 먹지만 케이크 등의 디저트에도 자주 사용되고 있다. 딸기는 표면에 있는 톱니가 선명하고 과일의 색이 붉고 균일한 것이 좋다. 신선한 딸기는 꼭지가 싱싱한 초록색이다. 딸기는 구입한 날부터 2~3일 이내에 먹어야 신선하다. 귤은 비교적 타원형에 가까운 것을 선택하고 꼭지 부분이 작을수록 달콤하고 맛이 있다. 냉장고 보관보다 서늘하고 그늘진 곳에서 보관하면 더 싱싱하게 오래 보관할 수 있다.

표 11-1 월별 제철 과일

구분		종류
봄	4월	딸기, 망고, 비파, 한라봉, 여름 귤 등
	5월	체리, 비파, 여름 밀감, 자몽, 참외 등
	6월	매실, 무화과, 살구, 자두, 수박, 멜론, 여름 밀감 등
여름	7월	복숭아, 살구, 수박, 블루베리, 라즈베리, 무화과, 멜론, 자두 등
	8월	거봉, 무화과, 복숭아, 수박, 배, 청포도, 자두 등
	9월	감, 배, 사과, 무화과, 밤, 청포도 등
가을	10월	감, 포도, 밤, 무화과, 사과, 배 등
	11월	조생 귤, 유자, 사과, 감, 포도 등
	12월	유자, 귤, 포도, 사과 등
겨울	1월	귤, 유자, 딸기, 금귤 등
	2월	딸기, 한라봉, 귤 등
	3월	딸기, 키위, 금귤 등

2) 과일 상차림

귀한 손님을 위한 후식이나 차 상차림을 위해 과일을 예쁘게 깎아 준비하면 정성과 품위가 있는 과일 상차림이 될 수 있다. 상차림을 위해 조금만 깎는 방법에 신경을 쓰면 평범한 과일이 푸드 스타일을 한 과일 상차림이 된다. 과일을 멋있고 맛있게 깎는 일은 오직 푸드 스타일리스트만이 전문가의 솜씨를 발휘해 전문가들이 쓰는 칼을 써서 할 수 있는 일이라고 생각할 필요는 없다. 전문가용 칼이 아닌 집에서 흔히 쓰는 도구만으로도 조금만 연습하면 누구나 어느 정도 과일을 예쁘게 깎아 디저트 과일 상차림이나 차 상차림 등에 응용할 수 있다. 이러한 과일 깎기 방법을 몇 가지 소개한다.

(1) 사과

① 토끼 귀 모양

먼저 사과를 세로로 8등분한 후 각 조각의 바닥이 평평하게 되도록 꼭지부터 씨까지 일자로 깔끔하게 잘라낸다. 사과 껍질과 과육 사이에 2/3 정도까지 칼집을 넣어 벗기고 1/3 정도만 껍질을 남긴다. 칼집이 내어진 쪽의 껍질 위쪽에 V자로 칼집을 내어 잘라내면 토끼 귀 모양의 껍질이 과육에 붙어 남아 있게 된다. 깎은 사과를 2~3쪽 접시에 담고 허브나 채소 잎 등으로 장식한다.

그림 11-6
토끼 귀 모양 사과 깎기

② 나뭇잎 모양

사과를 먼저 세로로 6등분하여 나눈다. 각 조각의 사과를 꼭지부터 씨까지 일자로 깔끔하게 잘라 정리한다. 조각낸 사과의 껍질 부분이 위를 향하게 하여 양 가장자리에 V자 모양으로 홈이 파이도록 바깥쪽부터 고르게 2~3mm 간격으로 3~4번 자른다. 일정한 간격으로 V자 모양으로 어슷하게 칼집을 내어 자른 사과를 한 방향으로 가지런히 층 밀듯이 밀어 나뭇잎 모양을 만든다. 나뭇잎 모양으

처음 만나는 식문화와 푸드 코디네이션

그림 11-7
나뭇잎 모양 사과 깎기

로 만들어진 사과를 접시에 2~3쪽 담고 허브나 채소 잎 등으로 장식한다. 사과를 일렬로 담지 말고 약간 어슷하게 담으면 더욱 멋스럽다.

(2) 멜론

잘 익은 아삭하고 달콤한 멜론을 세로로 8등분한다. 숟가락이나 나이프를 사용해 씨를 걷어낸다. 조각낸 멜론의 양 끝을 조금 다듬기 위해 잘라내고 껍질과 과육 사이에 칼집을 내어 과육을 껍질에서 분리해낸다. 한쪽 끝은 0.5cm 정도 껍질을 남겨두어 껍질과 과육을 완전히 분리시키지 않으면 접시에 옮겨 담기 쉽다. 과육이 위로, 껍질이 바닥으로 향하게 하고 과육 부분만 먹기 좋은 한 잎 크기로 일정하게 칼집을 낸 후, 껍질 위에서 지그재그의 보트 모양으로 엇갈리게 하여 접시에 멋스럽게 담는다.

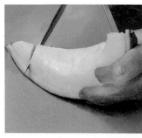

그림 11-8
지그재그 보트 모양
멜론 썰기

(3) 바나나

① 해군 모자 모양

깨끗한 바나나 한 개의 양 끝을 다듬고 큰 바나나는 반을 나눈다. 작은 바나나 한 개 혹은 큰 바나나 반 개의 긴 방향 양쪽 끝부분을 1cm 정도 남기고 긴 방향의 중간 부분이 관통하도록 칼을 꽂아 긴 방향의 아래 방향으로 칼집을 낸다. 중앙 안쪽 부분에 칼집 낸 부분이 바닥과 평행하도록 바나나를 바닥에 놓고 껍질 중앙 부분의 위쪽부터 사선으로 속 중앙 부분의 칼집이 있는 부분까지 칼집을 낸다. 바나나를 뒤집어 반대편에 낸 사선과 엇갈리게 엑스(X) 방향으로 칼집을 내어 분리하면 해군 모자 모양의 바나나가 두 쪽이 생긴다. 모자 모양의 아랫부분을 반듯하게 잘라 모자 모양으로 접시에 담고 허브 등으로 장식한다.

그림 11-9
해군모자 모양
바나나 자르기

② 보트 모양

바나나는 깨끗이 씻어서 꼭지와 끝을 약간 잘라내고 밑부분은 접시에 보트 모양이 잘 유지되며 담길 수 있도록 껍질 부분을 약간 썰어 다듬는다. 바나나를 접시에 담는 모양으로 잡은 후 위쪽 부분 껍질만 벗길 수 있을 정도로 칼집을

그림 11-10
보트 모양 바나나 깎기

처음 만나는 식문화와 푸드 코디네이션 ✖

넣는다. 양쪽에 칼집을 낸 껍질 부분을 조심스럽게 돌돌 말아가며 벗겨서 한쪽 끝 꼭지 쪽에 이쑤시개로 돌돌 만 껍질을 고정시킨다. 드러난 바나나 과육에 먹기 좋은 크기로 칼집을 내어 썰어 보트 모양 바나나를 완성한다. 접시에 조심스럽게 옮겨 담고 레몬즙을 뿌리면 색이 변하는 것을 막을 수 있다.

(4) 수박

수박은 평범하게 한입 크기의 정육면체로 썰기도 하고 삼각형 모양으로 먹기 좋게 썰기도 하는데 본 장에서는 나무 모양 썰기를 해본다. 깨끗하게 씻은 수박을 세로로 8등분한 뒤 2cm 두께로 얇게 썰어 삼각형이 되게 한다. 껍질 부분 가운데를 중심으로 2cm 정도만 남기고 과육과 껍질 사이에 양쪽 끝에서 중앙으로 칼집을 넣는다. 양쪽 끝의 껍질은 잘라내고 가운데 껍질은 손잡이로 쓸 수 있도록 남긴다. 접시에 예쁘게 장식하여 담아 낸다.

그림 11-11
나무 모양 수박 썰기

(5) 토마토

깨끗이 씻은 토마토의 꼭지를 잘라 다듬고 세로로 작은 토마토는 4등분하고 조금 큰 토마토는 6등분하여 자른다. 접시에 날개 모양으로 세울 수 있도록 바닥에 닿는 꼭지 부분을 평평하게 조금 잘라낸다. 조각낸 토마토 윗부분부터 끝부분을 0.5cm 정도 남기고 조심스럽게 껍질을 벗긴다. 벗긴 껍질 부분을 예쁘게 바깥쪽으로 날개 모양으로 벌린다. 접시에 3~4쪽을 담은 후 장식한다.

그림 11-12
날개 모양 토마토 썰기

(6) 귤

껍질이 두껍지 않은 오렌지 혹은 귤을 껍질째 깨끗하게 씻어 먼저 꼭지에서 아래쪽 반대 방향으로 2등분한다. 귤 반쪽의 중앙 윗부분부터 아래쪽으로 1/4등분하는 모양으로 껍질 부분이 완전히 떨어지지 않도록 조심하여 칼집을 내어 껍질을 크게 두 부분으로 나눈다. 겉껍질 1/4등분한 부분의 중앙에 위쪽과 아래쪽으로 약 1cm 정도 칼집을 넣는다. 껍질을 조심스럽게 위에서 아래쪽으로 벗겨 날개 모양으로 펼친다. 반으로 잘린 안쪽 과육 부분을 도마 위에 닿게 놓고 칼을 과육 속껍질 중앙 윗부분에서 아래쪽으로 0.2cm 남기고 칼집을 낸 후 위에서 아래쪽으로 펼치면 온전한 원 모양의 귤 과육 부분과 날개 모양 껍질이 장식된 디저트용 귤 썰기가 완성된다. 접시에 예쁘게 담고 초록색 잎으로 장식한다.

그림 11-13
날개 모양 귤 썰기

처음 만나는 식문화와 푸드 코디네이션 ✖

(7) 참외

① 꽃잎 모양

깨끗이 씻은 참외를 가로로 반 자른 다음, 다시 큰 참외는 6등분하고 작은 참외는 4등분 길이로 자른다. 씨 부분을 칼로 잘라내고 접시 바닥 부분에 잘 놓이도록 한다. 조각낸 참외 껍질 부분의 위아래 짧은 가로 부분 양쪽에 일정한 부분을 남기고 중앙 부분에 길이로 V자 모양의 칼집을 넣는다. V자 모양의 칼집 아랫부분의 껍질을 위쪽으로 하여 칼로 껍질을 얇게 1/3 정도 남기고 조심스럽게 벗긴다. 벗긴 껍질을 손을 사용해 안으로 밀어 넣으면 V자 아랫부분이 바깥쪽으로 꽃잎처럼 펼쳐진다.

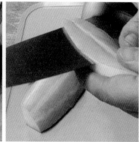

그림 11-14
꽃잎 모양 참외 썰기

② 동그란 꽃잎 모양

참외는 깨끗이 씻어 긴 부분이 아닌 짧은 부분을 위와 아래 방향으로 하여 2cm 두께로 동그랗게 썬 후 씨를 뺀다. 접시에 도넛 모양 참외를 먼저 담는다. 나머지 도넛 모양의 참외를 반으로 나누어 3조각 정도 둥근 반달 모양이 위로 가도록 도넛 모양 안쪽과 바깥쪽에 걸치는 모양으로 담는다. 도넛 모양 참외의 안쪽과 바깥쪽에 걸쳐 놓은 반달 모양 참외의 등 부분에 사과껍질 혹은 허브로 장식을 하여 꽃 모양을 완성한다.

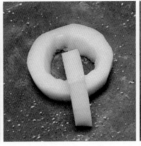

그림 11-15
동그란 꽃잎 모양 참외 썰기

(8) 망고

거북이 등 모양으로 망고를 썰기 위해 깨끗이 씻은 망고를 씨가 걸리지 않게 긴 쪽으로 하여 반으로 자른다. 망고의 과육 부분에 1.5cm 간격으로 일정하게 바둑판 모양의 칼집을 내는데 껍질이 갈라지지 않도록 주의한다. 망고 껍질 부분을 안쪽으로 밀어넣으면 바둑판 칼집이 벌어지며 거북이 등 모양의 망고 썰기가 완성된다. 접시에 예쁘게 담고 장식한다.

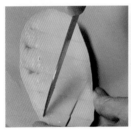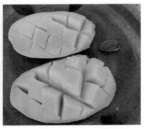

그림 11-16
거북이 등 모양 망고 썰기

(9) 포도

포도는 적포도, 청포도, 거봉 등 여러 종류를 사용할 수 있다. 먼저 꽃 모양의 포도를 만들기 위해 거봉을 깨끗이 씻은 후 반듯이 서 있을 수 있게 밑부분을 살짝 절단한다. 거봉 윗부분에 4등분 칼집을 내어 껍질을 반만 벗겨 낸 후 그릇에 담는다.

　　포도를 담는 또 다른 방법은 작은 포도송이처럼 만드는 것이다. 깨끗한 포도를 한 알씩 떼어 내고 개인 접시에 포도송이인 것처럼 모아 담은 후 끝부분을

그림 11-17
꽃 모양 포도와
포도송이 만들기

초록색 잎이나 파슬리 등으로 장식한다.

(10) 모듬 과일 샐러드 담기

과일은 수분이 많고 섭취 후 포만감이 있을 뿐 아니라 독특한 향과 맛, 아름다운 색상으로 식욕 증진에 도움이 되고 비타민과 무기질이 풍부하여 우리 몸에 조절 영양소를 공급하며 섬유질이 많아 변비 예방에도 도움이 된다. 제철 과일을 봄에 적당량 섭취하면 피로회복과 피부 노화를 방지할 수 있고 여름에 과일을 섭취하게 되면 더운 날씨에 갈증 해소에 좋다. 건강에 좋은 제철 과일을 다양하고 창의적인 예쁜 상차림 방법으로 서빙하면 과일의 맛과 영양은 물론이고 멋과 분위기도 챙기면서 일상생활에 활기를 부여할 수 있다.

그림 11-18
모듬 과일과 과일샐러드
담기 실습의 예

12장

차, 커피

그리고 와인

차·커피·와인은 현대인의 3대 기호 음료이다. 많은 사람들이 매일 차와 커피, 와인 중에 하나는 마시며 살아가고 있다. 차와 와인은 2002년 미국 타임지에서 10대 건강식품으로 선정하였다. 커피는 전 세계인이 물 다음으로 많이 마시는 음료로, 2020년 각국의 연간 커피 소비량은 프랑스 551잔, 한국 367잔, 미국 327잔, 일본 280잔, 중국 9잔이며, 전 세계 평균은 161잔이라고 한다. 한국의 커피 소비량은 전 세계 평균의 두 배 이상인 세계 2위로, 한국인 5,000만 명이 하루에 한 잔 이상의 커피를 마시는 셈이다. 본 장에서는 현대 식문화와 푸드 코디네이션에서 빠질 수 없는 차·커피·와인에 대해 알아본다.

1. 차 茶, tea

1) 차의 개요

차나무(*Camellia sinensis*)는 차나무과에 속하는 사시사철 잎이 푸른 상록수이다. 차는 4~6월 사이에 차나무에서 연한 잎을 채취하여 그 잎을 덖거나 찌거나 발효시킨 것을 끓인 물에 알맞게 우려낸 것이다. 차는 초기에는 약으로 사용되어 귀족들만이 마셨으나 6세기경부터 일반화되기 시작하였다. 동양에서는 B.C. 3000년경부터 차를 마셔왔으며 동양문화는 차를 마시는 것과 밀접한 관계가 있다. 유럽이나 미국에서는 발효차인 홍차가 주종을 이루는 반면 동양에서는 불발효차인 녹차의 이용이 더 많다. 요즘은 율무차, 유자차, 쌍화차, 생강차, 오미자차, 인삼차, 모과차 등과 같은 모든 마실 거리를 차라고 한다. 그러나 다산 정약용의 『아언각비(雅言覺非)』에서 이들은 차가 아니라 탕이라고 지적하였다.

한편 녹차라는 명칭은 일본인들이 부르기 쉽도록 차의 색깔을 나타낸 것에서부터 유래되었다. 우리 선조들은 차를 차나무의 찻잎 모양을 보고 참새의 혓바닥과도 같다고 하여 작설(雀舌)이라고 하였다. 한국, 중국, 일본 3국은 각각 독특한 차문화가 있다. 중국에서는 차를 마실 때 향을, 일본에서는 색을 먼저 중요하게 생각하는 반면 한국에서는 차의 빛깔, 색 그리고 그 향의 어우러짐을 느끼며 맛과 멋을 모두 즐기면서 차를 마시는 경향이 있다.

2) 차의 역사

차의 원산지는 중국 운남성이며 신농황제 때(B.C. 2737년)부터 기호 음료로서 이용되었는데, 중국에서 한반도를 거쳐 일본에 전해졌다. 『삼국사기』, 『동국통감』, 『동국여지승람』 등의 문헌에 의하면 신라 흥덕왕 3년(828년) 당나라 사신으로 갔던 김대렴이 차의 씨를 가지고 와서 흥덕왕이 지리산 쌍계사, 화엄사 일대에

표 12-1 차의 역사

구분	특징
4세기경	중국의 기록에 차 이야기가 남아 있음
6세기경	선덕여왕 때 제물용으로 차를 올리기 시작함
1610년	네덜란드의 동인도회사가 본격적으로 유럽에 차를 수입함
1773년	보스턴 차 사건(Boston Tea Party)
1775년	아메리카 독립 전쟁
1840년	아편 전쟁
1843년	베드포드 공작부인이 애프터눈 티(Afternoon Tea)를 유행시킴
1852년	티 클리퍼(T Clipper) 시대
1869년	수에즈운하 개통

심게 했다고 한다. 차에 관한 역사와 재배법, 채취법, 만드는 법, 마시는 예절 등 차문화에 대한 기록은 다산 정약용의 『다신계절목(茶信契節目)』, 초의선사의 『동다송(東茶頌)』, 『다신전(茶神傳)』 등에 기록되어 있다. 유럽의 차는 초기에는 중국에서 유럽으로 전해졌으며 나중에는 일본에서 유럽으로 수출되었다. 영국의 빅토리아 여왕 시대에는 홍차가 유행하여 19세기 후반에 영국은 식민지에서 차를 재배하여 생산에서 소비까지를 전부 지배하는 홍차 대국이 되었다.

3) 차의 분류

(1) 채취시기에 따른 분류

4~5월경(4월 20일~5월 10일에 채엽)에 채취하면 첫물차이자 봄차로, 6월경(6월 중순~6월 하순에 채엽)에 채취하면 두물차이자 여름차로, 9~10월경(9월 하순~10월 초순에 채엽)에 채취하면 세물차이자 가을차로 구분되는데 첫물차의 품질이 가장 뛰어나며 가격도 비싼 편이다.

(2) 제조법에 따른 분류

정통 차는 발효 정도에 따라 불발효차, 반발효차, 완전발효차, 후발효차로 분류
한다.

불발효차는 녹차와 같이 덖거나 볶거나 찌는 방법에 의해서 찻잎 속의 산
화 효소의 작용을 억제시켜 발효를 방지한 것이다. 녹차는 가공된 찻잎이 녹색
을 띠고 찻물색은 연두색이거나 황금색이며 신선한 풋내음이 있다. 덖거나 볶
은 녹차는 한국풍이며 찐 녹차는 일본풍이다.

반발효차는 발효가 10~65% 정도 된 것으로 10% 정도 발효된 백차류, 20%
정도의 화차류, 20~50% 정도의 포종차류, 그리고 65% 정도 발효된 우롱차
(oolong tea)로 나눌 수 있다. 반발효차는 발효 도중 생긴 독특한 향과 부드러운 맛
이 특징이며 주로 일본풍이다.

발효차는 발효가 85% 이상 된 것으로 홍차(black tea)가 있으며 유럽풍 차라
고 할 수 있다. 홍차는 잎차형과 파쇄형으로 나눌 수 있다. 파쇄형은 맛과 홍색
을 띠는 찻물색이 강하여 티백용으로 사용되고 잎차형은 티포트에 넣어 우려

**그림 12-1
다양한 차의 종류**

마신다. 잎차형이 찻물색은 연하나 향기가 파쇄용보다 뛰어난 고급차이다.

후발효차는 황차와 보이차 같은 흑차 등인데 주로 중국풍의 차이다. 비효소성 발효 방법으로 만들어지는 것이 황차이고 아스퍼질러스(*Aspergillus*) 등의 곰팡이 균류가 관여하여 떫은맛과 풋내를 없애고 흑색으로 변하도록 발효시켜 만든 것을 흑차라고 한다.

(3) 형태에 따른 분류

차의 형태에 따라 잎차, 단차, 말차, 화차 등으로 분류한다.

잎차는 찻잎을 그대로 덖거나 찌거나 발효시킨 것으로, 찻잎의 모양을 변형시키지 않고 그대로 보존시킨 차이다. 종류는 작설차, 녹차, 홍차 등이 있다. 산지, 채취 시기, 제다 시기, 제다 방법이나 제다한 사람 등에 따라 이름이 달라진다.

단차는 차의 가루를 뭉쳐서 조그맣게 만들어 놓은 덩이라는 의미의 차이며 덩이차, 전차 혹은 떡차라고도 한다. 대개 덩어리 모양인 보이차가 대표적인 고

그림 12-2
다양한 형태의 차

형차이다. 단차는 옛날 엽전처럼 생겼다고 해서 전차라고 하기도 하고 떡처럼 생겼다고 해서 떡차라고도 한다.

말차는 증기로 찐 찻잎을 냉각 후 그늘에서 말린 다음 미세하게 갈아 만든다. 가루차는 단차나 잎차를 가루 내어 만들기도 했는데 우리나라에서는 삼국시대부터 애음해 오던 것이나 그 제조 방법이 복잡하고 사용법이 까다로워 조선시대에 들어서면서 쇠퇴했다고 한다.

화차는 꽃잎을 섞어 향기를 더한 차이다. 찻잎에 꽃 고유의 향기를 흡착시켜 제조하기도 하고 꽃을 그대로 말려서 이용하기도 한다. 종류에는 자스민차, 국화차, 장미차 등이 있다.

4) 차의 효능

차의 주성분인 카테킨(catechin)은 항암성분이 있어 암을 예방하며, 녹차를 자주 마시면 치매를 예방할 수 있다는 연구결과 보고가 있다. 차는 식생활의 서구화로 지방섭취가 많아진 현대인의 식습관으로 인해 인체 내 늘어난 해로운 콜레스테롤을 감소시키는 역할을 한다. 고혈압 환자를 대상으로 한 임상실험에서는 녹차가 혈압을 낮추는 데 탁월한 작용을 하였다고 하며, 저혈압 환자도 적당량을 마시면 좋다고 하였다. 일본에서는 옛날부터 민간요법으로 차를 당뇨병 치료에 이용했는데, 차는 혈당 강하작용을 하여 당뇨병 예방에도 도움이 된다. 찻잎에는 비타민 C와 E의 함량이 많아 피부노화의 원인인 유해산소를 억제하고 잡티나 기미 등을 막아주며 피부를 희고 윤택하게 만들어준다. 또한 차는 냄새 제거 효과가 강하여 고기나 생선요리를 할 때 찻잎을 넣으면 특유의 냄새가 제거된다. 장마철에 차 찌꺼기를 말려 옷장 속에 두면 특유의 냄새가 없어지고 냉장고에 넣으면 음식 냄새 제거에 도움이 된다.

차에는 강한 살균 효과가 있어 식중독 예방에도 도움이 된다. 장염을 일으키는 비브리오균이나 콜레라균, O-157균 등을 억제하는 효과가 있다. 입속의 충치 세균을 줄여주며 불소도 함유되어 있어 치아를 보호해준다. 또한 소염 효능이 있어 차를 우린 물로 세수를 하면 여드름이 없어지고 머리를 감으면 비듬이 적어진다고 한다.

차에 함유된 폴리페놀(polyphenol)계 화합물인 타닌(tannin) 성분이 체내에 들어가면 해로운 중금속 등을 해독하고 배설하게 한다. 또 술을 많이 마신 후 숙취 제거에도 좋다. 그 밖에도 차에는 무기질, 사포닌, 칼륨 등 몸에 좋은 성분들이 많이 함유되어 있다.

차는 정신 건강에도 도움이 된다. 차는 마음을 안정시켜 스트레스를 없애주어 긍정적인 생각과 건전한 생활습관으로 건강해질 수 있게 해준다.

5) 세계 3대 명차

세계 3대 명차는 인도 홍차, 스리랑카 홍차, 중국 홍차이다. 인도 홍차는 다즐링(Darjeeling), 아쌈(Assam), 닐기리(Nilgiri)가 대표적이며 스리랑카 홍차는 우바(Uva), 딤불라(Dimbula), 누와라엘리야(Nuwara Eliya)가 잘 알려져 있다. 중국 홍차는 기문홍차(Keemun)와 랍상소우총(Lapsang souchong) 등이 유명하다.

(1) 인도 홍차

다즐링 차는 인도 북부 서쪽 뱅갈주에 위치한 다즐링 지방의 차이다. 차의 물빛은 엷고 오렌지색으로 산뜻하고 달콤한 머스캣 향미가 있으며 가볍고 섬세한 맛이 있다. 머스캣은 꿀 발린 청포도의 향미이다. 홍차의 샴페인이라고도 한다. 다즐링 차는 수확 시기에 따라 구별하는 기준이 있다. 이른 봄인 3~4월에 수확하는 차는 첫물차(first flush tea)라고 하며 산뜻하고 신선한 풀의 싱그러움이 있다. 첫물차 후 5~6월에 두물차(second flush tea)를 수확하는데, 첫물차보다 진한 홍차에 가까우며 흔히 가장 다즐링다운 다즐링이라고 한다. 두물차 이후 여름에 수확하는 차는 세물차(Monsoon flush tea)이며 두물차보다 색과 떫은맛이 더 강하다. 가을인 9~10월 수확하는 다즐링차는 오텀널 플러시 티(Autumnal flush tea)이며 떫은맛이 가장 진하고 가을의 느낌이 있는 풍부한 바디감이 있다.

첫물차 두물차

그림 12-3
다즐링티 첫물차, 두물차
출처: Teasource

아쌈은 인도 북부의 히말라야에서 나며 맛과 향이 강한 스트롱티로 우유를 넣어 밀크티로 많이 이용한다. 4~6월경에 수확되는 두 번째 신선한 차(second fresh tea)를 최고로 친다. 차의 물빛은 밝은 적갈색이며, 강한 맛이 특징이다.

닐기리는 '푸른 산'이라는 뜻으로 남인도의 닐기리스에서 생산되는 홍차이다. 이 지역은 스리랑카와 기후나 풍토가 비슷하며 차의 맛도 스리랑카의 홍차와 비슷하다. 차의 물빛은 밝은 오렌지색이며, 떫은맛이 거의 없고 신선하며 산뜻한 맛이다.

(2) 스리랑카 홍차

스리랑카는 1972년 전까지는 실론으로 불렸기 때문에 실론티(Ceylon tea)는 현재에도 스리랑카에서 생산되는 차에 표기되는 브랜드가 되었다. 2019년 기준 스리랑카는 세계 3위의 차 수출국이다. 스리랑카는 재배지역의 기후와 고도에 따라 각각의 차들이 지닌 매력이 다르다. 계절풍에 의한 몬순기후의 영향으로 스리랑카 홍차에는 그 자체의 독특한 향미가 있다. 해발 1,200m 이상(high grown)에서는 누와라엘리야, 딤블라, 우바가 생산되며, 해발 600~700m(medium grown)에서는 캔디차가 생산되고, 해발 600m(low grown)에서는 루후나와 사바라감무와가 생산된다.

우바차는 스리랑카 남동부 우바 고산지대에서 생산되며 특히 7~8월경에 수확하여 만든 차가 고품질의 차로 가장 향기롭고 상쾌하면서도 기분 좋은 떫은 맛이 있다. 우바 홍차는 시원한 멘톨의 상쾌한 민트 향미와 향긋한 장미꽃 향미

그림 12-4
스리랑카 실론티
출처: 위키백과

우바 | 딤불라차 | 누와라엘리야차 | 스리랑카 실론티 로고

그림 12-5
우바 홍차
출처: 왼쪽부터 harney&sons,
Steven Smith Tea, BASILUR

의 독특한 밸런스가 있어 머리를 맑게 하는 느낌이 있고 바디감이 있는 부드러운 맛이 있다.

딤불라차는 스리랑카의 남서부 고원지대에서 생산된다. 2~3월에 생산되는 것이 고급차이다. 차의 물빛은 밝은 오렌지색을 내며 장미향이 나고 맛은 부드럽다.

누와라엘리야차는 스리랑카 중부 산악지대 서측 누와라엘리야에서 생산되며, 1~2월에 생산되는 것이 고급차이다. 차의 물빛은 엷은 오렌지색이며 맛은 우바차나 딤불라차보다 더 부드럽다.

(3) 중국 홍차

기문 홍차는 1875년에 만들어졌는데 이후 뉴욕과 유럽 시장에서 높은 가격으로 거래되며 고급 홍차로 이름을 알렸고 국제, 국내 대회에서 많은 수상을 하였다. 안후이성의 온난한 기후와 강수량으로 기문 홍차만의 독보적인 독특한 향미가 만들어져 세계적으로 큰 사랑을 받고 있다. 기문 홍차는 맑고 청아함이 느껴지

고 난초과 과일의 향미가 있으며 때로는 은은한 꽃향이 있고 매력적이고 부드
러운 와인 향미가 있다. 잉글리시 브랙퍼스트나 얼그레이의 베이스로 많이 쓰
인다. 기문 홍차 자체는 다른 홍차들보다 부드럽고 연한 차에 속한다. 기문 홍차
의 전통 제다법으로 훈연의 과정이라 볼 수 있는 '홍배'라는 과정이 있는데 이
때문인지 기문 홍차는 살짝 달콤한 차의 향미와 함께 스모키향도 있다.

랍상소우총차는 북건성에서 생산되는 차이다. 솔잎을 태워서 그을려 찻잎
을 만들기 때문에 소나무 향이 나며 차의 물빛은 진한 홍색이다.

6) 홍차의 종류 및 등급

홍차는 종류에 따라 스트레이트 티(straight tea), 블랜드 티(blended tea) 및 플레이버
리 티(flavory tea)로 구분한다.

스트레이트 티는 보통 한 종류의 찻잎으로 만드는 차를 말하며 다즐링, 아
쌈, 실론 등 주로 산지의 이름을 그대로 따서 쓴다. 그러나 100% 원산지의 차로
만든 것은 구하기 어렵고 산지의 기후와 토양의 상태에 따라 해마다 풍미가 달
라지므로 대체로 원산지 차를 바탕으로 블렌드해서 만든다. 스트레이트는 차의
종류 외에도 차를 마시는 방법으로도 불리기도 한다.

블렌드 티는 두 종류 이상의 찻잎을 배합해 만든 것을 말한다. 일정한 품질
유지를 위해 스트레이트 티도 블렌드하고 있으므로 현재 시판되는 대부분의 홍

차는 블렌드 티라 할 수 있다. 잉글리시 브랙퍼스트, 잉글리시 애프터눈, 아이리시 브랙퍼스트, 오렌지 페코 등이 많이 알려져 있다. 잉글리시 브랙퍼스트나 아이리시 브랙퍼스트는 향과 맛이 강하여 우유와 함께 만드는 밀크티용으로, 잉글리시 애프터눈과 오렌지 페코는 스트레이트로 마시는 게 더 좋다.

플레이버리 티는 찻잎에 베르가못, 정향나무, 사과, 딸기, 복숭아 등의 천연 향료나 꽃의 향을 더하여 만든 차이다. 얼그레이차는 중국 흑차에 베르가못 향을 더한 훈제 차이며 스트레이트나 아이스 티로 마신다.

홍차는 채취 시기와 찻잎의 크기에 따라 등급이 매겨진다. 일반적으로 9~10월경에 줄기 끝에 난 어린잎을 따서 발효시키며, 찻잎에 흰털이 많고 작은 것이 상등품이다. 상등품은 대부분 잎차 형태로 판매되며 중·하급품은 색이 짙고 찻잎이 거칠기 때문에 티백용으로 주로 사용한다. 찻잎은 차나무에 달린 위치와 형태에 따라 다르게 부른다.

알아두기

홍차의 등급

- 플라워리 오렌지 페코(FOP, Flowery Orange Pekoe): 플라워리 오렌지 페코는 줄기의 가장 끝부분에 있으며 개화하지 않은 어린 새싹이다. 홍차 중에서 가장 고급이며 품질이 뛰어나다. 플라워리는 꽃이 아닌 잎의 눈을 의미한다. 잎의 눈에는 '팁(tip)'이라고 하는 가는 털이 나 있는데 팁이 많은 차를 티피(tippy)라 한다.
- 오렌지 페코(OP, Orange Pekoe): 오렌지 페코는 줄기의 끝에서 두 번째 잎이며 스리랑카 홍차에서 많이 볼 수 있다. FOP와 페코(P)의 중간 등급이다. 오렌지 페코는 홍차의 대표적인 브랜드이기도 하다.
- 페코(P, Pekoe): 줄기의 끝에서 세 번째 잎이며 중국어로 백호(白毫), 즉 흰털이라는 의미도 있다. OP등급보다 새싹 함유량이 적은 홍차에 P등급을 적용한다.
- 페코 소우총(PS, Pekoe Souchong): 줄기의 끝에서 네 번째 잎으로, PS등급으로 홍차로 제조되는 일은 거의 없다.
- 소우총(S, Souchong): 찻잎 중 가장 커다란 잎을 말한다. PS등급과 마찬가지로 현재 S등급으로 홍차가 제조되는 일은 거의 없다.

오렌지 페코(OP)
플라워리 오렌지 페코(FOP)
페코(P)
페코 소우총(PS)
소우총(S)

그림 12-7
홍차의 등급

대표 홍차 브랜드

- **포트넘 앤 메이슨(Fortnum & Mason)**: 영국의 대표적인 홍차 회사로서 홍차뿐 아니라 다양한 종류의 고급 식품을 취급한다.
- **아마드(Ahmad)**: 영국의 홍차 회사로 저렴한 가격에 비해 향이 좋고 다양한 과일향 홍차들이 있다.
- **트와이닝(Twinings)**: 세계에서 가장 오래된 홍차 회사 중의 하나이다. 오렌지 페코, 다즐링, 얼그레이, 레이디 그레이 등이 있으며 특히 오렌지향이 들어간 레이디 그레이는 트와이닝에서만 볼 수 있다.
- **위타드 오브 첼시아(Whittard of Chelsea)**: 영국을 비롯한 전 세계 100여 곳에서 40여 종이 넘는 차를 공급하고 있으며 특히 일본에서는 최고 품질의 차로 평가받고 있다.
- **틸러스(Tylos)**: 실론 홍차를 주종으로 하는 브랜드이다. 실론, 얼그레이, 브랙퍼스트 등의 기본 홍차와 여러 가지 과일 홍차들이 있고 떫은맛이 적어서 처음 홍차를 대하는 사람에게 좋은 브랜드이다.
- **립톤(Lipton)**: 국내에서 가장 많이 접할 수 있는 홍차 브랜드이다. 여러 가지 찻잎을 섞는데 주종은 실론산이다. 우리나라에 들어오는 것은 옐로 라벨의 립톤차이다.

7) 홍차 상차림

성공적인 차 상차림을 위해서는 맛있는 차를 우려내는 것이 중요하다. 차의 성분은 계절에 따라 다소 변화가 있다. 일반적으로 첫물차는 아미노산이 많아 감칠맛이 강하고 두물차나 세물차는 카테킨이 많기 때문에 떫은맛이 강하다. 또한 뜨거운 물로 차를 우리면 차의 맛이 떫고, 낮은 온도의 물로 천천히 우리면 감칠맛이 나는 차가 된다. 따라서 차의 종류에 따라 물 온도를 다르게 하여 맛있는 차가 되도록 조절하는 것이 중요하다. 보온력이 강한 사기류 재질의 다관을 사용하는 것이 적당하며 다관을 따뜻하게 하여 찻물의 온도가 떨어지지 않도록 주의하도록 한다.

(1) 홍차 맛있게 끓이는 법

홍차는 밝고 투명한 적등색을 띠는 물의 색, 풍부한 향기 및 약간의 떫은맛으로 세계 각국에서 가장 널리 음용되고 있는 차이다. 홍차를 맛있게 끓이는 네 가지 규칙을 '골든 룰(golden rules)'이라고 한다. 예전부터 이어져 오는 정통적인 차 끓이는 방법으로 영국식의 가장 대표적인 방법이기도 하다.

① 신선한 물을 끓인다.
② 차를 우리기 전 사용할 티포트와 찻잔을 뜨거운 물로 예열한다.
③ 찻잎 약 3g 정도를 티포트에 넣고 뜨거운 물 300mL를 찻잎에 빠르고 강한 물줄기로 부어준다. 홍차 향미의 주요 성분인 폴리페놀류는 물이 100℃로 뜨거워야 잘 우러난다. 홍차의 양은 홍차의 종류, 등급, 마시는 방법, 만드는 분량 등에 의해 변하지만 기본은 1잔에 1티스푼 정도인 약 3g을 넣어 우러난 홍차의 맛을 보고 양을 가감하는 것이다.
④ 차를 우리는 시간을 지키는 것이 좋으며 티백은 1~1.5분, 가는 찻잎은 3분, 큰 찻잎은 4~5분 정도가 적당하다. 일반적으로 2분이면 충분하며 너무 짧으면 제대로 우러나지 않고 너무 길면 떫은맛이 강해진다. 아무리 좋은 홍차라도 골든 룰을 지키지 않으면 제대로 된 홍차 맛을 즐길 수 없다.

(2) 아이스티 맛있게 만드는 법

아이스티는 급랭법으로 뜨거운 찻물을 급속하게 냉각시켜 만든다. 차를 우리기 전에 티포트와 찻잔을 뜨거운 물로 예열한다. 찻잎은 뜨거운 차를 우릴 때보다 많은 5g 정도를 준비하며 티백은 2개를 사용한다. 끓는 물 200mL를 찻잎에 빠르고 강한 물줄기로 부은 후 3분 정도 진하게 우려 준다. 차를 마실 잔에 얼음을 가득 채운 후 잘 우러난 뜨거운 찻물을 부어 아이스티를 만든다. 건조 레몬, 오렌지와 같은 상큼한 과일을 함께 세팅하면 좋다.

아이스티는 냉침법으로 차가운 물에서 서서히 우려내어 만들 수도 있다. 이 경우 떫은 느낌이 거의 없다. 냉침법으로 아이스티를 만들 때는 찻잎 5g을 물 500mL에 넣어 냉장고에서 10~12시간 보관한 후 거름망으로 찻잎을 건져 먹는다. 냉침하는 시간이 길어 부드러우면서도 독특한 향미가 우러난다.

그림 12-8
따뜻한 홍차와 아이스티

알아두기

영국의 티타임 종류

● **얼리모닝 티(early morning, bed tea):** 잠자리에서 일어나 자마자 마시는 차로 갈증해소, 수분공급 등 생리적 역할을 하며 졸음을 쫓아주기도 한다. 정서적으로는 남성이 여성에게 서비스하는 사랑이 담긴 차 문화이다.

● **브랙퍼스트 티(breakfast tea):** 아침식사와 같이 마시는 차는 강하지 않은 것으로 한다. 수분을 보급하고 음식이 잘 넘어가게 하며 소화촉진과 신진대사 활동과 같은 생리적 활동에 도움이 된다.

● **오전 11시 티(elevenses tea):** 티 브레이크(tea break) 때 마시는 차이다.

● **런치 티(lunch tea):** 점심 식사 중 함께 마시는 차로, 점심 메뉴에는 연어가 대표적인 요리재료로 쓰인다.

● **애프터눈 티(afternoon tea):** 오후 3시경 과자나 케이크와 함께 차를 마시는 것으로 사교적 성격의 티모임이다.

● **다크애프터눈 티 혹은 하이 티(dark afternoon or high tea):** 오후 5시 이후 마시는 차로 시골에서 하루 종일 농사짓고 돌아와 저녁을 먹기 전에 간단한 요기로 마시는 차이다. 남성적인 차라고 할 수 있다.

● **정찬 티(dinner tea):** 정찬과 함께 마시는 차이다.

● **애프터디너 티(after dinner tea):** 식사 후 마시는 홍차로 휴식과 온화함, 편안함, 여유와 단란한 사랑의 개념이 있다.

8) 한국의 다례

한국의 전통 다례는 끽다법, 전다법 및 행다법식 다례법으로 불린다. 이와 같이 명칭은 각양각색이지만 그 내용은 차를 우려서 손님을 대접하며 함께 마신다는 것으로 같다. 다양한 전통 다례법이 있을 수 있지만 현대에 적용할 수 있는 간단한 다례 방법을 소개한다.

(1) 다구의 명칭과 쓰임새

다구는 차를 마시기 위해 갖추어야 할 도구이다. 찻물은 돌 틈에서 솟아나는 석간수가 가장 좋은 물로 알려져 있다. 일반 수돗물을 사용할 경우에는 하룻밤 정도 재워서 쓰면 좋다. 다관(茶罐)은 차를 우려내는 주전자이며 숙우(熟盂)는 다관에 물을 붓기 전에 물이 적당한 온도로 식게 하는 그릇이다. 찻잔(茶盞)은 다관에서 우러난 차를 따라 마시는 잔이며 차호(茶壺)는 차를 넣어 두는 작은 항아리이다. 차탁(茶托)은 찻잔의 받침이며 차시(茶匙)는 차호에 담긴 차를 차 주전자에 옮길 때에 쓰이는 숟가락이다. 차칙(茶則)은 차시와 비슷한 용도이며 차호에서 차를 떠내는 대나무로 된 것이다. 다건(茶巾)은 차를 우릴 때나 정리할 때 쓰는 행주이며 찻상(茶床) 혹은 다반(茶盤)은 다관, 숙우, 잔, 차호 등을 올려두는 판을 말한다. 다포는 찻상이나 다반 위에 덮고 그 위에 다기를 올리는 수건이며 홍보(紅褓)는 찻상을 덮어둘 때 쓰는 붉은 보자기이다. 차완(茶碗)은 잔보다는 큰 사발로 말차를 마실 때 사용하는 그릇이다. 다선은 가루차인 말차를 저을 때 사용하는 거품기이고 퇴수기(退水器)는 예열을 위해 사용한 물이나 차를 씻어낸 물을 담는 그릇이다.

그림 12-9
다양한 종류의 다구

처음 만나는 식문화와 푸드 코디네이션 ✖

(2) 차 우리는 법

차를 우리기 위해서 물을 100℃로 끓이면서 다구를 정돈한다. 물식힘 사발(숙우), 차 주전자(다관), 찻잔 순으로 사용할 다기를 뜨거운 물로 한번 헹구는 동시

**그림 12-10
다기의 예열**

**그림 12-11
차 우리기**

**그림 12-12
차 담아내기**

에 예열을 한다. 먼저 뜨거운 물을 차를 우려내기 적당한 온도로 식히기 위하여 숙우에다 100℃의 물을 담아 70~90℃ 정도로 식힌다. 차 주전자에 1인당 1~3g 정도의 차를 넣은 뒤 물 식힘 사발에서 약간 식힌 물을 차 주전자에 넣는다. 적절한 물의 온도는 차의 품질에 따라 약간씩 다른데 고급차는 50℃에서 120~150초, 중급차는 70℃에서 65~120초, 하급차는 거의 100℃, 30~40초가 적당하다. 너무 많이 우려내면 차의 향이 없어지므로 주의해야 한다. 다관에서 우려낸 차를 찻잔에 따를 때 찻잔이 여러 개일 경우 한 잔을 한 번에 채우지 않고 차를 여러 잔에 걸쳐 조금씩 나누어 담아서 잔마다 색과 향과 맛을 고르게 한다. 찻잔은 왼손으로 받친 뒤 오른손으로 살며시 감싸 쥔다. 먼저 차의 빛깔을 보고 다음으로 향을 맡은 뒤 맛을 보도록 한다. 한 잔을 보통 세 번 정도에 나누어 마신다.

2. 커피 coffee

1) 커피의 개요

커피나무는 꼭두서니과(*Rubiaceae*) 계열의 다년생 쌍떡잎식물로 고온다습한 열대, 아열대 지역의 높은 지대에서 자란다. 높은 고도에서 자란 커피는 낮과 밤의 기온차로 인해 열매의 결실과 성숙이 잘되어 질이 좋다고 한다. 현재 커피나무가 재배되는 곳은 적도를 중심으로 북위 28도에서 남위 30도 사이인데, 세계지도를 펼쳐보면 커피가 생산되는 지역이 하나의 띠를 이루고 있어 이들 지역을 '커피존(coffee zone)' 또는 '커피벨트(coffee belt)'라고 부른다.

커피의 열매를 체리(cherry)라고 하며, 커피나무 가지를 따라 꽃이 피었던 자리에 일렬로 또는 송이로 자란다. 꽃이 피었던 자리에 녹색의 열매를 맺은 후 붉은색에서 거무스름한 열매가 되었을 때 수확을 한다. 커피나무의 학명은 '코페아 아라비카(*Coffea arabica*)'로 스웨덴의 식물학자 칼 폰 린네(Carl von Linné)에

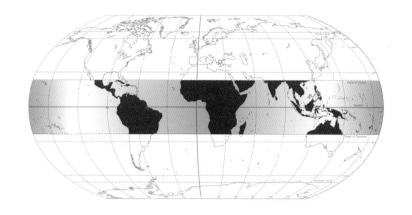

그림 12-13
커피존

의해 이름이 붙여졌으며, 아라비카는 예멘이 속한 아라비아 반도를 말한다. 커피는 커피나무 열매를 수확하여 다양한 가공공정을 거친 후 얻은 원두에서 액체를 추출하여 음용하는 기호 음료이다. 우리나라의 〈식품공전〉에는 '커피라 함은 원두를 가공한 것이거나 또는 이에 식품 또는 식품첨가물을 가한 것으로서 볶은 커피, 인스턴트커피, 조제 커피, 액상 커피를 말한다.'라고 정의되어 있다. 볶은 커피는 커피 원두 100%를 볶은 것 또는 이를 분쇄한 것을 말하고 인스턴트커피는 볶은 커피의 가용성 추출액을 건조한 것이다. 조제 커피는 볶은 커피 또는 인스턴트커피에 식품 또는 식품첨가물을 혼합한 것이며 액상 커피는 유가공품에 커피를 혼합하여 음용하도록 만든 것으로서 커피고형분이 0.5% 이상인 제품을 포함한다. 커피는 인간과 함께 진화해왔으며 현재 커피는 단순히 음료의 개념을 뛰어넘어 하나의 문화로 정착하였다.

2) 커피의 어원과 역사

(1) 커피의 어원

커피의 어원은 에티오피아의 카파(kaffa)에서 비롯되었다고 알려져 있다. 카파는 에티오피아의 지명이기도 하지만 아랍어로 '힘'을 의미하기도 한다. 또한 커피를 모카(mocha)라고도 하였는데 과거 커피의 주요 수출 항구였던 예멘의 모카항

표 12-2 국가별 커피 용어

국가	용어	국가	용어
미국, 영국	커피(coffee)	네덜란드	코피(koffie)
프랑스	카페(café)	체코	카바(káva)
이탈리아	카페(caffè)	베트남	카페(cá phê)
독일	카페(kaffee)	일본	코히(コーヒー)

에서 유래되었다고 전해진다. 커피는 각 국가로 전파되면서 그에 맞는 용어로 바뀌게 되었다.

(2) 커피의 역사

커피의 원산지는 6세기경의 에티오피아로 알려져 있다. 그 당시 에티오피아 사람들은 야생에서 나무에 달린 빨간 열매를 통째로 먹거나 그 열매를 발효하여 술로 만들어 먹거나 다양한 식재료를 섞어 음식의 형태로 먹었다고 전해진다. 커피는 600년경 이슬람 수도승에 의해 아라비아의 예멘으로 전파되었고, 800년경에는 아라비아 상인들의 무역을 통해 거래되고 재배되기 시작하였다. 당시 커피는 부자들만이 누리고 가질 수 있는 기호 음료였고, 일반인은 통증을 완화시키는 목적에서 약으로 사용하였다고 전해진다. 또한 이슬람 사원에서는 졸음을 예방하여 정신을 맑게 하기 위한 종교적 신념으로 커피를 이용하였다고 한다. 커피를 외부로 내보낼 때는 반드시 볶거나 삶은 다음 모카항을 통해서 나가도록 하였다. 이는 커피 종자가 외부로 유출되는 것을 막기 위한 방편이었다. 이러한 과정에서 커피를 볶으면 뛰어난 향이 난다는 것을 알게 되었고 이는 커피의 가공법이 발달하게 된 계기가 되었다.

900년경에는 아랍 의사 라제스(Rhazes)에 의해 커피가 처음 문헌에 등장하였으며 1000년경에는 또 다른 아랍 의사인 아비세나(Avicenna)가 커피의 약리효과에 대해 기술하였다. 13세기경 경제적으로 어려움에 처한 수도승들이 다른 수입원을 찾기 위해 커피를 일반인에게 공개하였으며 그 후 커피가 일반인에 의해 재배되고 다양한 방법으로 이용되며 발전하게 되었다.

　11세기경 사라센 제국이 분열하여 몰락하고 14세기경 오스만투르크 제국(튀르키예)이 번성하면서 커피는 튀르키예를 거쳐 유럽으로 전해졌다. 1600년대 초 중세 교회 문화의 기득권 계층들은 커피가 아랍인들이 즐겨 마셨던 이교도의 음료라는 이유로 로마교황인 클레멘트 8세(Clement Ⅷ)에게 커피 마시는 것을 금지해 달라고 간청하였다고 한다. 그러나 교황은 커피 특유의 향기로운 풍미에 감탄하여 커피에 세례를 내리고 기독교도의 음료로 명하였다고 전해진다. 1625년 로마에 커피하우스가 생기고 커피가 확산됨에 따라 대중화되면서 북아메리카 지역까지 전파되었다. 우리나라에서 커피를 마시기 시작한 정확한 시기는 알 수 없으나 기록은 1890년대부터 시작된다. 19세기 말경에 고종황제가 즐겨 마시던 '가배차'가 커피로 알려져 있다. 아관파천 당시 고종황제가 러시아 공사관에 피신해 있을 때 커피를 처음으로 마셔본 후 경운궁(덕수궁)으로 환궁한 뒤에도 계속 커피를 즐겼다고 한다. 경운궁 안에 정관헌이라는 서양식 건물을 짓고 그곳에서 커피를 마시기도 했다고 전해진다.

　당시 커피는 가배차 외에도 탕약처럼 색이 검고 쓴맛이 난다고 하여 '서양

그림 2-14
정관헌

의 탕국'이라는 의미의 '양탕국'이라고 부르기도 했다. 20세기 초 명동, 충무로, 소공동, 종로 등의 일대에 커피를 판매하는 다방이 생기면서 그동안 궁중의 상류층에서만 즐겨 마셨던 커피가 대중화되기 시작하였다. 일제 강점기 이후 한국에 주둔하는 미군의 군용 식량에 포함되었던 인스턴트커피를 통해 일반인들도 커피 맛을 경험하였으며 그 후 커피 믹스의 개발 및 커피 자동판매기 등의 발달로 커피는 더욱 대중화되었다. 1990년대 이후 전국에 커피 전문점의 등장과 해외 커피 브랜드들이 국내에 진출하면서 커피 문화는 더욱 확산되었다.

알아두기

커피의 발견

커피의 발견에 대해서는 양치기 소년 칼디의 이야기, 오마르의 발견설, 예언자 모하메드의 전설 등이 전해진다.

● **칼디의 이야기**: 에티오피아의 칼디라는 목동이 자기가 기르던 염소들이 낮에 어떤 빨간 열매를 먹고 흥분한 모습을 보고 커피를 발견하였다.
● **오마르의 발견설**: 이슬람 사제인 오마르는 정적들의 모함으로 예멘 모카항 인근 사막으로 쫓겨나게 되었는데,

이때 작은 나무에 열린 붉은 열매를 발견하고 먹어 보았다. 그러자 피로가 눈 녹듯 사라지고 정신이 맑아졌다. 오마르는 이 열매가 신의 선물이자 축복이라고 믿었고 이 열매를 달여 역병에 걸린 환자들을 치료하는 데 사용했다.

● **모하메드의 전설**: 모하메드가 시름시름 병을 앓고 있을 때 꿈에 천사 가브리엘이 나타나 빨간 열매를 주며 음용법을 알려주고, 이 빨간 열매가 병을 치유하고 신앙을 북돋울 것이라는 예언을 했다.

3) 커피의 분류

(1) 원두의 품종에 따른 분류

커피는 칼 폰 린네에 의해 꼭두서니과 코페아속의 약 60여 종으로 분류되었다. 이 중 커피의 3대 원종은 코페아 아라비카(*Coffea arabica*), 코페아 카네포라(*Coffea canephora*), 코페아 리베리카(*Coffea liberica*)이며 현재 아라비카와 카네포라만 재배되고 있다.

① 코페아 아라비카(*Coffea arabica*)

아라비카 커피의 원산지는 에티오피아이며 고도 약 800~2,000m의 고산지대에서 재배된다. 전체 커피 생산량의 약 70% 정도를 차지하며 오늘날에도 가장 널리 재배된다. 로부스타에 비해 맛과 향이 뛰어나지만 병충해에 약하다. 카페인 함량은 평균 1.4% 정도이다. 주로 원두커피용으로 소비되며 주 생산국은 브라질, 콜롬비아, 과테말라, 코스타리카, 에티오피아, 케냐, 탄자니아 등이다.

② 코페아 카네포라(*Coffea canephora*)

카네포라종의 대표적인 커피는 로부스타이며 현재 카네포라종과 로부스타 품종을 혼용해서 사용한다. 로부스타의 원산지는 콩고이며 재배 고도는 약 500m 이하로 아라비카에 비해 낮다. 향미가 약하고 쓴맛이 강하며 병충해에 강한 특징이 있다. 카페인 함량은 평균 2.2% 정도이다. 로부스타는 주로 인스턴트커피 제조용으로 이용된다. 전체 커피 생산량의 약 30%를 차지하며 주 생산국은 베트남, 인도네시아, 우간다, 콩고 등이다.

③ 코페아 리베리카(*Coffea liberica*)

리베리카의 원산지는 아프리카의 리베리아다. 아라비카와 로부스타에 비해 병충해에 강하고 적응력이 뛰어나지만 나무의 키가 크고 과육이 두꺼워 가공이 어렵다. 또한 향미가 약하고 쓴맛이 강해 상업적 가치가 떨어진다. 리베리아, 수리남, 기니 등지에서 생산되지만 그 양은 미미하며 주로 자국 내에서 소비된다.

(2) 원두의 로스팅 정도에 따른 분류

생원두를 우리가 마시는 커피로 만들기 위해서는 가열하여 볶는 단계를 거쳐야 하며 이것을 로스팅(roasting, 배전)이라 한다. 로스팅 정도에 따른 원두의 명칭은 국가 또는 지역마다 다를 수 있으나 스페셜티커피협회(SCA, Specialty Coffee Association)에서 규정한 색도 구분에 많이 사용한다. 색은 아그트론(Agtron) 사의 색도계를 이용하여 분류한 것으로 Tile #95~#25까지 8개의 디스크와 원두의 색을 비교하여 로스팅 정도를 판단하고 구별할 수 있다. 약한 로스팅은 #95에 가깝고 강한 로스팅은 #25에 가깝다. 일본에서도 로스팅 단계를 8단계로 구분하며 로스팅에 대한 개념적 표현으로 많이 사용한다.

표 12-3 SCA의 로스팅 단계 분류

SCA의 분류	Agtron의 분류	특징
베러 라이트(very light)	Tile #95	• 1차 크랙(crack)이 일어남 • 콩의 표면이 마른 상태
라이트(light)	Tile #85	
마더리트리 라이트(moderately light)	Tile #75	• 콩의 표면이 마른 상태
라이트 미디엄(light medium)	Tile #65	
미디엄(medium)	Tile #55	• 2차 크랙이 일어남 • 콩의 표면에 오일(oil)이 보이기 시작함
마더리트리 다트(moderately dark)	Tile #45	
다크(dark)	Tile #35	• 오일이 분출되어 콩의 표면이 반짝임
베리 다크(very dark)	Tile #25	

표 12-4 일본의 로스팅 단계 분류

분류	특징
라이트 로스트 (light roast)	• 생콩을 아주 엷게 볶은 상태 • 신맛이 강하고 향기가 거의 나지 않음 • 아메리칸 스타일의 커피에 적합함
시나몬 로스트 (cinnamon roast)	• 계피와 비슷한 연한 갈색 • 향기가 거의 없고, 신맛이 많음
미디엄 로스트 (medium roast)	• 보통 볶은 상태의 밤색 • 장점: 미묘한 풍미까지도 살릴 수 있음 • 아침 식사용, 우유와 설탕을 넣어 마시는 용도 등 다용도로 쓰임
하이 로스트 (high roast)	• 진밤색 • 신맛과 쓴맛의 중간 맛 • 일본의 표준 볶음도
시티 로스트 (city roast)	• 진밤색 • 약간 깊은 맛이 있음

(표 계속)

분류	특징
풀 시티 로스트 (full city roast)	• 흑자색 • 아이스커피용
프렌치 로스트 (french roast)	• 커피 오일이 표면에 용출되어 광택이 있는 짙은 황갈색을 띰 • 쓴맛, 탄맛, 고소한 맛(커피 오일) • 유럽 스타일의 커피, 아이리시 커피에 적합
이탈리안 로스트 (italian roast)	• 숯의 검은색에 가까움 • 자극적이고 강한 맛의 커피 • 커피 특유의 향은 거의 없음 • 에스프레소, 카푸치노에 적합함

(3) 커피 메뉴에 따른 분류

커피 메뉴의 종류는 원두커피, 인스턴트커피, 디카페인 커피, 향 커피 등으로 구분할 수 있다.

① 원두커피

원두커피는 커피 생두를 볶은 후 분쇄한 가루를 여과지나 기구 등을 이용하여 내려 마시는 커피이다. 원두의 혼합 사용, 부재료 첨가 여부 등에 따라 구분할 수 있다.

표 12-5 원두커피의 종류

유형	특징
스트레이트 커피 (straight coffee)	• 한 지역에서 생산된 단일 품종으로 추출한 커피 • 산지와 품종, 재배방법, 가공방법 등에 따라 독특한 향미를 가짐 • 고품질의 원두가 사용됨
블렌드 커피 (blended coffee)	• 가장 일반적인 커피 • 원두의 품종, 생산지역, 로스팅 정도에 따라 다른 향미를 지니기 때문에 조화로운 맛을 얻기 위해 두 지역 이상에서 재배된 원두를 적절히 배합함
어레인지 커피 (arrange coffee)	• 커피 외의 다른 부재료를 첨가 • 카페오레, 카푸치노, 아이리시 커피 등
레귤러 커피 (regular coffee)	• 인스턴트커피와 비교하여 아무것도 첨가하지 않은 원두커피

(표 계속)

유형	특징
에스프레소 커피 (espresso coffee)	• 에스프레소 머신을 사용하여 순간적으로 추출 • 약 30mL 정도의 질은 맛의 커피
스페셜티 커피 (specialty coffee)	• 커피 농장에서 일정한 기준으로 엄선한 최고 품질의 아라비카종 커피 • 생산량이 적고 희소 가치가 있는 커피를 즉석에서 로스팅하여 주로 페이퍼 드립 방식으로 추출 • 커피가 가지고 있는 고유의 향미를 즐길 수 있음

출처: 김경옥 외(2005). 커피와 차. 교문사

② 인스턴트커피

인스턴트커피는 커피 원액에서 수분을 제거하여 과립 상태나 가루로 만든 것이다. 물에 인스턴트커피를 넣으면 녹아 다시 액체 상태의 커피가 된다. 인스턴트커피는 미국계 일본인 화학자 가토 사토리가 발명하였으며, 1901년 미국에서 개최한 박람회에서 처음 소개가 되었다. 인스턴트커피는 제2차 세계대전을 계기로 급속도로 전 세계에 퍼지게 되었다.

③ 디카페인 커피

카페인을 제거한 커피이며 커피의 향과 맛은 유지시키고 카페인만을 최대한 없애려는 시도에서 비롯되었다. 디카페인 커피라고 해서 카페인이 전혀 없는 것은 아니며 커피 한 잔에 약 2~4mg 정도의 카페인이 함유된 것으로 알려져 있다.

④ 향 커피

향 커피는 특정 향기 오일을 커피 원두에 입혀서 만든다. 일반적으로 좋은 원두를 사용하지 않기 때문에 향은 좋을 수 있으나 맛은 그에 미치지 못한다. 대표적인 것으로 헤이즐럿 향 커피 등이 있으며 우리나라에서는 1990년대 중후반에 큰 인기를 얻은 바 있다.

4) 커피의 보관 방법

로스팅한 커피 원두는 시간이 지남에 따라 향기가 소실되고 맛이 변질되어 산패하게 된다. 분쇄한 커피는 홀 빈(whole bean)보다 5배 빨리 산패가 진행된다. 강하게 로스팅할수록 오일이 많이 분출되고 원두는 다공질 상태가 되기 때문에 약하게 로스팅한 원두에 비해 산패가 빨리 진행된다. 산소는 커피 산패의 원인이 될 수 있으므로 산소 대신 질소를 가압하여 포장하거나 진공포장을 한다. 커피의 포장재료는 차광성, 방습성, 방기성, 보향성의 조건을 갖추어야 한다. 포장을 개봉한 후에는 용기에 담아 밀폐한다. 맛있는 커피를 얻기 위해서 로스팅한 원두는 2주, 분쇄한 원두는 4시간 이내로 보관되어야 한다. 냉장 또는 냉동 보관하면 상온에서 보관하는 것에 비해 오래 보관할 수 있다. 냉장고에 보관할 때는 냉장고 내의 다른 냄새들이 커피에 흡수되지 않도록 주의해야 한다.

5) 커피의 다양한 추출 방법

(1) 이브릭(Ibrik)

튀르키예 커피를 끓이는 도구이며 예전 커피 애호가들이 즐기던 방식이나 좋지 않은 맛까지 추출되기도 한다.

그림 12-15
이브릭

추출방법
- 아주 곱게 분쇄한 커피와 설탕, 물을 이브릭에 한꺼번에 넣고 끓인다.
- 거품이 형성되면 막대로 잘 저어주며 끓이다가 넘치기 직전에 불에서 내린다.
- 이 동작을 세 번 정도 반복하여 끓여 커피를 완성한다.

완성된 커피의 윗부분은 맑지만 아랫부분은 끈적끈적한 앙금이 남는다. 튀르키예에서는 커피를 마신 후 남은 앙금을 커피 받침에 쏟은 후 잔을 열어 그 안에 흐르다 만 찌꺼기의 모습을 보고 그날의 운세를 보는 풍습이 있다.

그림 12-16
프렌치 프레스

(2) 프렌치 프레스(french press)

프렌치 프레스는 1850년대 프랑스에서 처음 금속 재질로 만들었다. 물과의 접촉 시간이 길어 풀 시티 로스트(full city roast) 정도의 원두를 굵게 분쇄하여 사용한다.

> **추출방법**
> • 프렌치 프레스에 적량의 분쇄 커피와 뜨거운 물을 부어 커피가 잠기게 한다.
> • 4분 정도 방치 후 뚜껑에 달린 거름망으로 걸러 커피 액만 따라 마신다.

(3) 사이펀(syphon)

로드(포트)에서 커피를 섞어 줄 때 스틱을 사용하는 기술로 그 기술에 따라 커피 맛에 변화를 줄 수 있다. 커피 원두의 분쇄는 페이퍼 드립보다 조금 미세하게 해야 추출이 잘되며 전체 추출 시간은 되도록 1분을 넘기지 않아야 한다.

> **추출방법**
> • 플라스크에 물을 담고 상단의 로드(포트)를 비스듬히 걸쳐 둔 후 알코올 램프에 불을 붙여 물을 끓인다.
> • 물이 끓으면 커피를 위의 로드에 담고 로드를 똑바로 세워서 플라스크와 결합시킨다.
> • 물이 상부로 올라오면 스틱을 이용해 잘 섞어준다.
> • 25~30초가 되면 불을 끄고 스틱으로 한 번 더 젓는다.
> • 상부에 있던 커피가 하단 플라스크로 내려오면 커피가 완성된 것이다.

로드(포트)

융 필터

스탠드

플라스크 →

알코올
램프

그림 12-17
사이펀

(4) 모카포트(moka pot)

1933년 이탈리아의 비알레띠(Bialetti)에 의해 탄생하였으며 가정에서도 손쉽게 에스프레소를 즐길 수 있게 고안된 기구이다. 알루미늄, 스테인리스 스틸, 도기 재질의 모카포트도 있다. 초기에는 추출 압력이 낮아 크레마가 형성되지 않았는데, 이를 보완하기 위해 추출구에 압력 밸브를 달아 크레마 형성이 가능한 제품을 만들었다. 모카포트를 에스프레소 포트라고도 한다.

> **추출방법**
> • 하부 포트에 찬물을 압력 밸브보다 낮게 채운다.
> • 바스켓에 커피를 담은 후 스푼을 이용하여 살짝 눌러준다.
> • 페이퍼 필터를 올려놓은 후 정착하고 상하 포트를 단단히 결합한다.
> • 가스렌지 등의 중불을 사용하여 3~5분간 끓인다.
> • 커피가 추출되면 거품이 나오기 전에 불을 끄고 완성한다.

상부 포트

필터 바스켓

압력 밸브

하부 포트

그림 12-18
모카포트

(5) 드립식 커피(drip coffee)

필터에 분쇄된 커피 가루를 담고 뜨거운 물을 부어 중력을 이용하여 커피를 추출하는 방식이다. 드립식 커피 중 핸드 드립은 드립 포트와 드리퍼를 사용하여 커피를 추출하는 방법이다. 드리퍼는 플라스틱, 금속, 도기 등의 재질이 있고 각각의 특징이 다르다. 필터는 페이퍼 필터나 융 필터가 사용된다. 넓은 의미로 에스프레소와 대칭적인 뜻으로 사용된다.

표 2-6 드리퍼의 종류

재질	특징
플라스틱	• 취급 편리, 가격 저렴 • 보온성이 좋지 못하고 내구성이 약함 • 투명하여 물이 통과하는 과정 관찰이 용이함
금속	• 스테인리스 스틸 또는 동 재질 • 보온성이 좋지 못함 • 가격이 고가임
도기	• 파손의 위험이 있고 다루기가 불편함 • 보온성이 좋고 안정감이 좋음 • 추출하기 전에 예열해서 사용

- 페이퍼 필터나 융 필터를 드리퍼에 밀착시킨다.
- 분쇄된 커피를 필터가 밀착된 드리퍼에 담은 후 커피 표면이 평평하게 될 수 있도록 살짝 쳐 준다.
- 컵에 미리 따뜻한 물을 부어 예열한다. 온도계를 꽂은 상태에서 드립 포트에 끓는 물을 부어준다.
- 드립 포트의 물을 서버에 부은 뒤 다시 드립 포트에 붓기를 반복하여 추출하기에 적당한 온도로 낮춰준다.
- 물을 나선형으로 부어 뜸을 준다. 물을 주입할 때에는 중심에서 시작하여 외곽으로 나갔다가 다시 중심으로 원을 그린다.
- 두 번 물을 주입하게 되는데 이때 드리퍼의 중심 부분은 커피의 양이 외곽에 비해 상대적으로 많으므로 천천히 주입하고 외곽은 조금 빨리 물을 주입한다.
- 밖으로 나갈 때와 중앙으로 다시 들어올 때 물을 주입하는 속도가 일정해야 올바른 추출이 이루어진다.

핸드 드립 물 주입 방법

핸드 드립

그림 12-19
드립식 커피

(6) 에스프레소(espresso)

에스프레소 머신을 사용하여 9기압의 압력으로 물을 분쇄 커피 사이로 통과시켜 순간적으로 커피를 추출하는 방식이다. 에스프레소는 영어의 'express'와 의

컵워머
추출버튼
스팀밸브
그룹헤드
스팀노즐
포타필터
드립트레이
그릴
드립트레이

그림 12-20
에스프레소 머신 명칭

미가 같으며 이는 빠르게 추출한 커피라는 뜻 외에도 '특별히 당신을 위해 만든 커피(coffee expressly for you)'라는 의미도 있다. 에스프레소 추출 방식은 20세기 초 이탈리아에서 시작하여 20세기 후반에 전 세계적으로 유행하기 시작하였다. 짧은 시간에 커피의 모든 맛을 추출해야 하므로 보통의 커피보다 강하게 로스팅한 에스프레소 전용 배전두를 이용한다. 일반 드립 커피와 다른 점은 에스프레소의 크레마(crema)를 형성한다는 것이다. 우유나 크림, 시럽 등 다양한 부재료를 사용하여 다양한 메뉴를 만들 수 있다.

추출방법

- 포타필터 분리 후 물기를 제거한다.
- 커피 원두를 분쇄하여 포타필터에 커피를 받은 후 고르게 펴준다.
- 분쇄 커피를 추출하기 알맞게 다져주는 패킹(packing) 작업을 실시한다.
- 포타필터를 그룹에 장착하기 전 추출 버튼을 눌러 2~3초 정도 물을 빼준다.
- 포타필터를 에스프레소 머신에 장착 후 커피를 추출한다.

포타필터 물기 제거　　　　분쇄 커피 받기　　　　　패킹

그림 12-21
에스프레소 커피 추출과정

물 흘려주기　　　　　　　포타필터 장착　　　　　추출

3. 와인 wine

1) 와인의 개요

와인은 넓은 의미에서 과일을 발효시켜 만든 알코올을 함유한 음료를 의미하며 일반적으로 포도를 원료로 하여 만든 포도주를 의미한다. 우리나라의 「주세법」 에서는 발효주류 중 과실주의 일종으로 분류한다. 와인은 인류가 마시기 시작한 최초의 술이며 고대 그리스의 철학자 플라톤(Platon)은 와인을 "신이 인간에게 준 최고의 선물"이라고 하였다. 레오나르도 다빈치가 그린 벽화로 유명한 〈최후의 만찬〉에는 예수 그리스도가 빵과 포도주로써 12명의 제자들을 축복하며 이것들을 자신의 '살'과 '피'로 여기라고 말하는 성찬식(聖餐式) 장면이 묘사되어 있다.

현재 지구상에는 약 8,500종의 포도가 있으나 와인을 만들 수 있는 양조용 포도는 200여 종에 불과하다. 양조용 포도는 일반적인 포도에 비해 껍질이 두껍고 알갱이가 작고 촘촘하다. 또한 당도가 높고 당분을 알코올과 탄산가스로 분해시킬 수 있는 천연 효모의 양이 많다. 와인은 사교의 장에서 빠지지 않는 메뉴이므로 와인에 대한 기본 지식과 매너를 알고 있다면 도움이 될 것이다.

2) 와인의 어원과 역사

(1) 와인의 어원

와인이라는 말은 라틴어인 '비넘(vinum)'에서 유래되었으며 이는 '포도나무로부터 만든 술'이라는 의미를 갖고 있다. 영어를 사용하는 미국과 영국에서는 '와인(wine)', 프랑스에서는 '뱅(vin)', 독일에서는 '바인(wein)', 이탈리아와 스페인에서는 '비노(vino)'라고 한다. 우리나라의 경우 외래어 표기를 지양하는 언론이나 고전 번역 등에서는 '포도주'를 사용하고 대중적으로는 '와인'이라는 표현을 더 많이 사용한다.

(2) 와인의 역사

와인이 언제부터 만들어졌는지는 정확히 알 수 없지만 고대 유물이나 벽화 등을 통해 그 역사를 추정할 수 있다. B.C. 6000년경에 포도 등의 과일을 압착하는데 사용하였을 것으로 추정되는 유물이 시리아의 다마스쿠스에서 발견되었고 B.C. 4000년경에 와인을 담았을 것으로 추정되는 항아리와 관련한 유물이 메소포타미아에서 발견되었다. B.C. 3500년경 이집트의 포도를 재배하는 벽화와 와인 제조법이 새겨진 유물을 통해 그 당시 와인을 많이 음용하였을 것을 추정할 수 있다. 구약성서 창세기 9장 20절에 '노아가 포도나무를 심고 포도주를 마셨다'는 구절 등이 전해지고 있는 것으로 보아 와인의 오랜 역사를 짐작할 수 있다. B.C. 1700년경에는 와인을 만드는 규정이 바빌론의 함무라비법전에 성문화되어 있었다. 와인 제조는 이집트와 바빌론에서 그리스로 전파되었으며 B.C. 600년경 그리스에서 유럽 최초의 포도주가 생산되었고 그 후 로마와 프랑스로 전파되었다. 로마 제국의 확장 시기에 로마인들은 정복지마다 포도나무를 심었으며 지역에 따른 다양한 와인을 생산하고 수송하였다고 한다. 이

처음 만나는 식문화와 푸드 코디네이션

러한 영향으로 와인 문화가 유럽 전역에 확산하게 되었다. 중세 유럽에서는 교회를 중심으로 포도 및 와인을 생산하였으며 레드 와인은 종교의식에 사용되기도 하였다.

영국의 헨리 2세가 프랑스 아키텐의 엘레노아 공주와 결혼하면서 지참금으로 받은 보르도 지역은 영국의 국력 신장에 영향을 미쳤으며, 이 지역에서 나는 와인은 세계적으로 유명한 와인이 되었다. 유럽 국가들의 신대륙 진출을 통해 포도 재배 지역이 확장되었으며 19세기 중반 와인의 생산 국가는 약 50여 개국에 이르렀다. 이후 품종 개량과 고급화 등의 노력을 통해 오늘날의 와인이 만들어졌다. 또한 파스퇴르에 의해 와인 제조 방법이 과학화되었고 압축기, 여과기 등도 발전하였다. 제1 · 2차 세계대전을 거치면서 많은 국가에 와인이 전파되었고 현재는 와인의 품질보증을 위한 법규 및 규정 등을 적용하여 와인의 고품질화를 위한 노력을 하고 있다.

우리나라에서는 1970년대부터 와인을 본격적으로 생산하기 시작하였다. 1974년에는 국산 와인 1호인 '마주앙'이 처음으로 시판되었고 1980년대에는 진로의 '샤또 몽블르', 수석 농산의 '위하여', 대선주조의 '그랑쥬아' 등이 출시되었다. 1987년 수입자유화의 영향으로 국내 와인산업은 위기에 직면하게 되었지만, 2000년대에 들어서면서 직접 재배한 포도로 와인을 제조하는 와이너리형 농가의 등장으로 우리나라 와인이 발전할 수 있는 계기가 마련되었다. 현재는 와인을 체험할 수 있는 기차 여행 등의 상품을 개발하여 지역의 관광 및 경제 활성화에 보탬이 되기도 한다.

3) 와인의 분류

(1) 색에 의한 분류

① 레드 와인(red wine)

레드 와인은 붉은 색소를 추출하기 위해 적색 포도의 씨와 껍질을 그대로 넣어 발효한다. 이러한 과정에서 타닌 성분이 추출되어 떫고 텁텁한 감이 있다. 레드 와인은 양념이 많이 된 음식이나 육류 음식과 어울린다. 알코올 함량은 9~14%이고 서비스 적정 온도는 18~20℃이다. 포도 품종으로는 까베르네 소비뇽(Cabernet sauvignon), 메를로(Merlot), 시라(Syrah), 피노 누아(Pinot noir) 등이 있다.

② 화이트 와인(white wine)

청포도를 그냥 발효하거나 적색 포도의 껍질과 씨를 미리 제거한 후 포도즙만을 이용하여 발효하기 때문에 맑은 황금색을 띤다. 레드 와인에 비해 순하고 상큼한 맛을 낸다. 생선 음식에 어울리고 차갑게 마시기 때문에 여름철에 많이 음용된다. 알코올 함량은 9~13%이고 서비스 적정 온도는 8℃ 내외이다. 포도 품종으로는 샤르도네(Chardonnay), 리슬링(Riesling), 소비뇽(Sauvignon), 뮈스카(Muscat) 등이 있다.

③ 로제 와인(rose wine, pink wine)

레드 와인과 화이트 와인의 중간 정도의 색을 띤다. 적포도를 으깨어 화이트 와인 제조법으로 만들기도 하고 레드 와인과 화이트 와인을 섞거나 색소 추출을 약간만 하여 만들기도 한다. 맛은 화이트 와인과 비슷하고 산도는 레드 와인과 화이트 와인의 중간 정도이다. 알코올 함량은 9~11%이고 어떠한 음식과도 잘 어울린다. 차갑게 마시기 때문에 여름철에 즐길 수 있는 와인이다.

(2) 제조법에 따른 분류

① 스틸 와인(still wine)

일반적인 와인을 칭하는 것으로 테이블 와인을 의미한다. 이 와인을 발포성 와인과 비교하여 비발포성 와인이라고도 하고 강화 와인과 비교하여 비강화 와인이라고도 한다.

② 발포성 와인(sparkling wine)

탄산가스가 함유된 와인이며 샴페인(champagne)이 널리 알려져 있다. 샴페인은 프랑스 샹파뉴(Champagne) 지방에서 생산되는 발포성 와인만을 의미하며 그 외 지역에서 생산되는 발포성 와인은 스파클링 와인이라고 한다. 제조방법은 와인 제조 시 자연적으로 발생하는 탄산가스를 그대로 두는 방법과 완성된 와인에 탄산가스를 인위적으로 주입하는 방법이 있다. 알코올 함량은 9~13%이며 주로 식전 와인이나 와인 칵테일의 베이스로 이용된다.

③ 강화 와인(fortified wine)

인위적으로 알코올 도수 및 당도를 높인 와인이다. 와인의 발효 중이나 발효 후에 알코올 도수가 높은 브랜디나 증류주를 배합한다. 이러한 방법을 통해 와인의 보존성을 높일 수 있다.

(3) 식사 시 용도에 의한 분류

① 식전 와인(appetizer wine, apértif)

본 식사 전 식욕을 돋우기 위해 제공되는 와인이다. 달지 않고 단맛이 없는 것이 특징이다. 알코올 함량 16~30%의 도수가 높은 강화주를 이용하며 제공되는 양이 적다. 일반적으로 드라이한 셰리 와인(Sherry wine)이나 베르무트(Vermouth)가 제공되는 것으로 알려져 있다.

② 식사 중 와인(table wine)

식사 중에 제공되는 음식의 종류에 따라 레드 와인, 화이트 와인, 로제 와인 등을 마신다. 육류 음식에는 레드 와인, 생선 음식에는 화이트 와인이 주로 이용된다. 식사 중 와인은 다음 요리의 맛을 잘 느끼게 전 요리의 맛을 씻어내는 역할을 한다.

③ 식후 와인(desert wine, digestif)

달콤하고 약간 높은 도수의 와인을 이용한다. 식후 와인은 음식을 먹은 후의 입냄새를 없애주고 소화를 돕는 역할을 한다. 프랑스의 소테른(Sauternes), 독일의 아이스 바인(Eiswein), 포르투갈의 포트(Port), 스페인의 셰리(Sherry) 와인 등이 이용된다.

와인 명칭

와인 명칭의 규칙을 이해하면 와인 라벨을 훨씬 쉽게 읽을 수 있다.

● **와인을 만든 포도 품종을 와인의 명칭으로 붙이는 경우**: 주로 미국, 칠레, 아르헨티나, 호주 등 신대륙 와인의 이름에서 찾아볼 수 있다. 예를 들어 '까베르네 소비뇽(Cabernet sauvignon)', '메를로(Merlot)', '샤르도네(Chardonnay)' 등이 있다.

● **와인이 생산된 지명을 와인의 명칭으로 하는 경우**: 주로 프랑스나 이탈리아 같은 유럽의 전통적인 와인 생산지역에서 사용하는 방법이다. 예를 들어 '메독(Médoc)', '생테밀리옹(Saint-Émilion)', '키안티 클라시코(Chianti Classico)' 등이 있다.

● **양조장 및 포도원의 이름이 와인 명칭이 된 경우**: 예를 들어 '샤토(Château)', '도멘(Domaine)', '와이너리(Winery)' 등이 있다. 프랑스 보르도 와인 90% 정도는 양조장을 의미하는 'Château ○○○'으로 불린다.

● 최근에는 포도 품종이나 생산지역이 아닌 고유한 브랜드를 이름으로 갖는 경우가 점차 늘어가고 있다. 예를 들어, '에스쿠도 로호(Escudo Rojo)'나 '빌라 안티노리(Villa Antinori)' 등이 있다.

4) 와인 보관법

와인의 품질을 유지하기 위해서는 일정한 온도와 습도가 필요하다. 4℃의 냉장온도는 잠깐 보관할 것이라면 괜찮을 수 있지만 와인을 보관하기에는 너무 낮은 온도이기 때문에 와인의 숙성을 멈추게 한다. 냉장고의 문을 자주 여닫으면 진동을 유발하기도 하고 냉장고에 보관되고 있는 다른 음식들의 냄새가 와인에 좋지 않은 영향을 줄 수 있다. 와인의 코르크 마개가 건조해지면 외부의 공기가 많이 유입되고 산화하게 된다.

와인은 어둡고 조용하고 서늘하며 습도가 높은 곳이 보관하기에 좋다. 따라서 직사광선과 밝은 빛을 피하고 진동이 없고 습도가 높은 서늘한 곳에 눕혀서 보관하는 것이 바람직하다. 만약 음용 후 와인이 남는다면 즉시 입구를 밀봉하여 냉장고에 넣으면 3일 정도는 보관이 가능하다고 한다.

5) 와인 서비스

와인의 서비스 방법은 와인의 종류에 따라 조금씩 차이가 있다. 화이트 와인과 로제 와인은 서비스 온도가 낮기 때문에 와인 쿨러(wine cooler)를 이용하고 레드 와인은 와인 쿨러를 사용하지 않는다. 샴페인은 코르크 스크루가 필요 없고 가스가 함유되어 있기 때문에 흔들림에 주의해야 한다. 샴페인 역시 차갑게 마시기 때문에 와인 쿨러가 필요하다.

(1) 와인 서비스 방법

일반적인 와인 서비스의 시작은 먼저 주문한 와인병의 라벨을 고객에게 확인시키는 것이다. 고객의 승낙이 떨어지면 게리동(guéridon) 위에서 와인을 오픈한다. 게리동은 프렌치 서비스와 같은 정교한 식당 서비스를 위해 사용되는 바퀴가 달린 사이드 테이블이다. 이때 와인 라벨은 항상 고객을 향하게 한 채 와인을 오픈해야 한다.

코르크에 와인 오프너의 스크루를 중앙에 오게 한 후 돌려가며 스크루를 코르크에 넣은 다음, 지렛대 원리를 이용하여 오픈하고 서비스 냅킨으로 병의 입구를 닦는다.

라벨을 고객을 향하게 한 채로 시음할 고객의 오른편에서 글라스의 1/4~1/5 정도를 따른다. 주의할 점은 마지막 따를 때 와인병을 살짝 돌려야 한다는 것인데, 이는 와인 방울이 테이블보에 떨어지지 않게 하기 위해서이다. 냅킨을 반대쪽 손으로 들고 와인병 입구를 닦아준다.

테스팅 후 고객이 만족하면 나머지 고객들에게 시음한 고객의 시계방향으로 따른다. 서양은 전통적으로 숙녀에게 먼저, 신사는 나중에 서브된다. 보통 글라스의 1/3 정도 따른다. 맨 마지막으로 시음한 고객에게 서브한 뒤 차갑게 마시는 와인의 경우에는 와인 쿨러에 넣는다.

**그림 12-22
디캔터의 종류**

(2) 디캔팅(decanting)

디캔팅은 병 내에 생긴 침전물을 와인과 분리시키고 개봉한 와인을 디캔터로 옮기는 과정으로, 와인을 공기와 접촉시켜 와인의 독특한 향기를 불러일으키기 위한 것이다. 디캔팅을 통해 와인은 가벼운 맛에서 진한 맛으로, 떫은맛에서 스위트한 맛으로 바뀌게 된다. 주로 귀중하게 보관했던 고급 와인에 적용한다.

(3) 와인 테이스팅(wine tasting)

① 색(color)

흰색 냅킨이나 종이를 배경으로 하여 와인이 담긴 글라스를 45도 정도 기울인 후 색을 본다. 와인은 선명할수록 좋다. 화이트 와인은 영(young)한 와인일수

처음 만나는 식문화와 푸드 코디네이션

록 밝은 초록빛을 띠며 올드(old)한 와인일수록 진한 황금빛을 띤다. 레드 와인의 경우 영한 와인은 진한 자줏빛을 띠고, 올드한 와인일수록 브라운 벽돌색을 띤다.

알아두기

와인의 눈물

와인의 투명도와 색을 관찰하고 난 후에 와인 글라스를 돌려본다. 글라스 돌리기를 멈추면 글라스 내벽에 흘러 내리는 물질을 볼 수 있다. 이것은 '와인의 눈물'이라고 하는데 이탈리아 파비아 대학의 카를로 마랑고니(Carlo Marangoni)가 1865년 박사학위 논문에서 와인의 눈물 현상을 물리적으로 설명한 이후 '마랑고니 효과'로 불리게 되었다. 와인의 눈물은 와인 속에 함유된 알코올, 글리세롤, 설탕 등으로 분석된다. 눈물이 많은 와인은 알코올이나 당분 함량이 높은 와인으로 보면 된다.

와인의 눈물은 에탄올이 잘 증발되어 농도 차에 의한 표면장력의 차이가 크게 나타날 수 있을 만큼 높은 도수의 와인에서 볼 수 있다. 끓는점이 78.4℃인 에탄올과 끓는점이 100℃인 물의 혼합물인 와인을 담고 잔을 돌리면 잔의 벽면에 와인이 묻어 얇은 막이 형성된다. 이때 먼저 에탄올이 기체로 날아가고 와인잔 벽면에 묻은 얇은 막의 와인은 상대적으로 물의 양이 더 많아지게 된다. 이때 와인 도수는 낮아지고 표면장력은 커져서 아래의 와인을 잘 끌어당기게 되는데 이렇게 마랑고니 효과에 의해 밀려 올라온 와인이 아래로 떨어지는 순간 와인의 눈물이 흐르는 것이다.

화이트 와인은 11~13%, 가벼운 레드 와인은 12~13%, 무거운 레드 와인은 약 14~15% 정도의 알코올 도수를 갖는데 와인이 눈물을 흘리려면 보통 14% 이상의 알코올 도수가 필요하다. 무겁고 드라이한 와인일수록, 또 알코올 도수가 높을수록 기화작용이 매우 활발하여 눈물을 잘 흘린다. 와인 전문가들은 이런 지식을 바탕으로 와인을 마시지 않고도 와인의 색과 눈물 등을 보고 와인을 만든 특정 포도 품종을 알아내기도 한다. 와인의 눈물이 많은 점도 높은 와인은 풀바디일 가능성이 높다.

그림 12-23
와인의 눈물

② 아로마(aroma)

와인의 향을 시향할 때는 먼저 글라스에 담긴 와인의 향을 맡은 다음 와인이 담긴 글라스를 돌려 와인을 공기와 접촉시킨 후 다시 맡는다. 넓은 의미의 아로마는 와인에서 나는 모든 향이다. 1차 아로마(primary aroma)는 원래 포도에서 나는 향으로, 소비뇽블랑의 풀냄새가 이에 해당한다. 2차 아로마(secondary aroma)는 양조과정에서 생긴 향으로, 오크에서 나오는 초콜릿향 등이다. 3차 아로마(tertiary aroma)는 와인 병을 숙성하는 과정에서 생겨나는 향으로 낙엽 냄새 등이다. 좁은 의미의 아로마는 숙성 이전의 향을, 부케는 숙성 이후의 향을 의미한다.

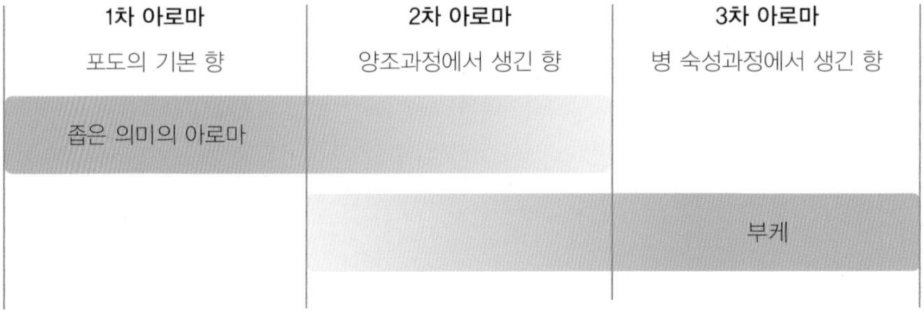

1차 아로마	2차 아로마	3차 아로마
포도의 기본 향	양조과정에서 생긴 향	병 숙성과정에서 생긴 향
좁은 의미의 아로마		
	부케	

그림 12-24
넓은 의미의 아로마
(와인의 모든 향)

③ 향미(flavor)

와인을 반 모금 정도만 입에 넣고 공기를 빨아들이면서 혀를 돌려 와인 향미를 본다. 이 과정을 몇 초 동안 반복한 다음 천천히 삼킨다. 다 마시고 난 후 수초 정도 기다려 향이나 향미가 어떻게 지속되는지 느껴본다.

(4) 와인 매너

① 글라스 잡는 법

일반적으로 와인 글라스는 다리가 긴 모양을 하고 있다. 와인은 온도에 따라 향과 맛이 달라지기 때문에 와인 글라스를 잡을 때는 다리 부분을 잡는 것이 바람직하다. 와인 글라스의 몸통 부분을 손으로 잡으면 손의 열이 와인에 전달될 수 있기 때문이다.

그림 12-25
와인 글라스 잡는 법

② 와인 서빙법

글라스를 손으로 들어서 받지 않는다. 만약 웃어른이 서빙할 경우 글라스가 테이블에 놓여 있는 상태에서 글라스의 아랫부분에 손을 가볍게 댐으로써 감사를 표하는 것이 좋다.

그림 12-26
와인 서빙

③ 기타 매너

와인은 한 번에 마시지 않는다. 색과 향을 즐기기 위해서는 글라스에 와인을 1/3만 채운다. 테이블에 앉아서 와인을 음용할 때는 오른손으로 글라스를 잡는 것이 좋다. 만약 와인을 음용하는 장소가 스탠딩 파티라면 글라스를 왼손으로 잡는 것이 좋다. 이유는 다른 사람들과 악수를 하거나 명함을 주고받을 수 있도록 오른손을 비워두는 것이 좋기 때문이다.

13장

식문화와 푸드 코디네이션 실습

식공간을 풍성하게 하고 실용성과 아름다움이 조화를 이루기 위해서는 푸드코디네이션을 이해하는 것이 필요하다. 본 장에서는 냅킨 접기, 센터피스, 플레이스 매트 활용 식공간 교육 및 상차림, 과일 상차림, 와인 아로마 키트 시향, 커피 시음 등의 실습을 통해 푸드 코디네이션에 대한 기본적인 이해를 돕고자 한다.

1. 냅킨 접기

냅킨은 식탁에 올려놓는 조그마한 천으로, 먹을 때 음식을 흘리지 않기 위해 사용한다. 식공간에서 특별한 테이블 장식을 할 때 접기 쉬우면서도 깔끔하고 정성이 깃든 냅킨 접기를 하면 식탁을 우아하게, 정성이 가득해 보이도록 할 수 있다.

목적	식공간 세팅을 풍성하고 완벽하게 준비하는 데 도움이 되는 다양한 냅킨 접는 방법을 익힌다.
재료	사각형의 냅킨, 냅킨링, 접시, 스푼과 포크, 장식꽃 등
방법	① 간단하고도 세련된 냅킨 접는 방법의 예를 그림 13-1 과 같이 보면서 양쪽 롤, 주머니, 옷소매, 테두리 있는 모자, 주교관, 다양한 부채, 연꽃, 꽃봉오리, 아이리스꽃, 바람개비, 셔츠, 돛단배, 토끼 귀, 입체감 있는 옷소매, 코사지 모양 등의 냅킨 접기를 실시한다. ② 냅킨링, 접시, 스푼과 포크, 장식꽃 등을 활용하여 세팅을 완성한다. ③ 다양한 냅킨 접기를 시행한 후 사진을 찍어보고 방법을 정리한다.

그림 13-1
다양한 냅킨 접는 방법(1)

양쪽 롤 접기

주머니 접기

옷소매 접기

테두리 있는 모자 접기

그림 13-1
다양한 냅킨 접는 방법(2)

주교관 접기

냅킨링을 이용한 부채 접기

바닥에 세우는 부채 접기

그림 13-1
다양한 냅킨 접는 방법(3)

쌍부채 접기

연꽃 접기

꽃봉오리 접기

그림 13-1
다양한 냅킨 접는 방법(4)

아이리스꽃 접기

바람개비 접기

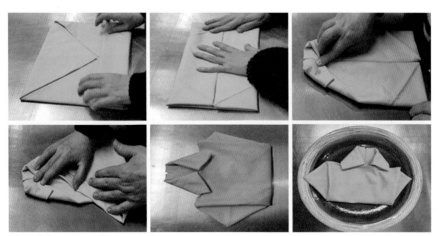

셔츠 접기

그림 13-1
다양한 냅킨 접는 방법(5)

돛단배 접기

토끼 귀 접기

입체감 있는 옷소매 접기

코사지 접기

2. 센터피스

생화를 이용한 플라워 어레인지먼트나 관상용 식기 등을 이용해 센터피스 (centerpiece)를 만들어 식탁 중앙에 배치하면 식공간의 분위기를 돋보이게 할 수 있다. 계절을 잘 나타내는 생화를 활용하여 다양한 방법으로 센터피스를 만들면 분위기 있는 식공간 연출이 가능하다. 식공간의 목적에 어울리는 다양한 소품을 활용해 센터피스를 만들면 식탁의 스토리 텔링을 위한 소재료가 되기도 한다.

목적	식탁의 중앙에 배치하여 식공간의 분위기를 돋보이게 하기 위한 생화 꽃꽂이 방법을 익힌다.
재료	오아시스, 계절 꽃, 화반, 화병, 센터피스 가이드라인, 과일, 접시, 센터피스로 활용 가능한 다양한 소품 등
방법	① 센터피스 가이드라인을 참조하여 화반과 꽃의 양을 고려하여 오아시스를 준비해 물에 충분히 담가 놓았다가 화반 중앙에 놓는다.
	② 먼저 정중앙에 중심이 될 수 있는 꽃을 꽂고, 좌측에서 우측으로, 위쪽에서 맞은편 아래쪽으로 대각선이 지나간다고 상상하며 입체적으로 꽃을 꽂아준다.
	③ 그다음으로 윗면 왼쪽에서 아랫면 오른쪽으로 대각선 방향으로 안정감 있게 꽃을 꽂는다. 비슷한 방법으로 화반에 꽃을 채워나간다.
	④ 센터피스용 꽃의 길이는 화반의 끝 선에 대략 맞춘다고 생각하면서 줄기를 잘라준다.
	⑤ 꽃은 오아시스에 약 1cm 정도 심는다고 생각하고 꽂는다.
	⑥ 꽃과 꽃을 꽂을 때 너무 꽃들을 가까이 꽂으면 꽃들이 숨쉬기 어려워 일찍 시들게 되므로 작은 손가락 마디만큼의 공간을 띄어준다.

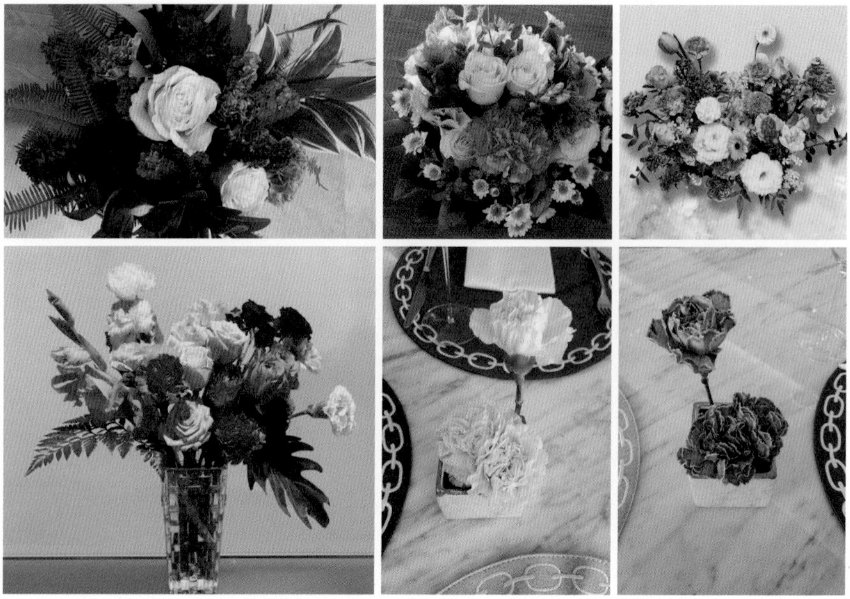

그림 13-2
생화 센터피스 실습의 예

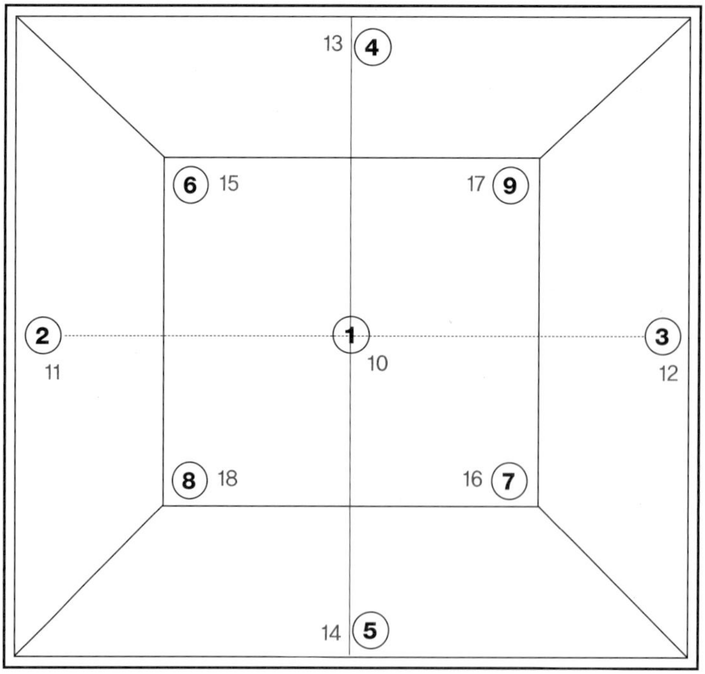

그림 13-3
센터피스 꽃꽂이
가이드라인

그림 13-4
다양한 냅킨 접기와
센터피스 실습의 예

3. 플레이스 매트 활용 식공간 교육 및 상차림 실습

플레이스 매트는 식탁을 보호하거나 식탁을 꾸미는 장식적인 역할을 한다. 종이로 만든 플레이스 매트는 레스토랑에서 신메뉴 항목을 제시하거나 스페셜 메뉴 홍보, 지역 비즈니스 소개 또는 어린이를 위한 게임 광고에 사용하기도 한다. 플레이스 매트에 그려진 그림은 메뉴에 따른 식공간 연출 교육과 건강한 식단 구성을 위한 상차림 교육용으로 제작하여 사용할 수 있다. 각 조별로 원하는 한식 상차림과 다른 나라 상차림 등의 식단작성을 준비하고 이를 먼저 플레이스 매트 그림으로 만들어 본 후 조리실험실에서 실습을 하여 이를 비교해본다.

목적	① 서양 상차림 테이블 세팅에서 풀코스 혹은 일반 상차림을 할 때 각각에 해당하는 플레이스 매트를 그리고 글라스류와 접시, 포크, 나이프의 위치를 익힌다. ② 간단한 서양 조리법을 적용한 식단 작성과 실험 조리를 통해 실제 서양 상차림의 외관, 향, 맛을 평가해본다.
재료	메뉴판 교육용 풀코스 플레이스 매트 혹은 일반 플레이스 매트 그림, 서양 상차림 식단작성표, 식단 실습을 위한 식재료 등
방법	① 서양 상차림 테이블 세팅에서 풀코스 혹은 일반 상차림을 할 때 각각에 해당하는 플레이스 매트를 그리고 글라스류와 접시, 포크, 나이프의 위치를 익혀 종이 그림 위에 적어본다. ② 서양 상차림을 위한 식단 작성을 하고 실험 조리를 한 후 작성해보았던 플레이스 매트의 위치에 따른 상차림을 해본다. ③ 각 조별로 원하는 한식 상차림과 다른 나라 상차림을 위한 식단 작성을 준비한다. ④ 색, 향미 등을 고려한 식단 작성 계획을 플레이스 매트 그림으로 만들어본 후 조리실험실에서 실습을 하여 이를 비교해본다.

처음 만나는 식문화와 푸드 코디네이션

그림 13-5
서양 상차림 교육용 플레이스 매트의 예

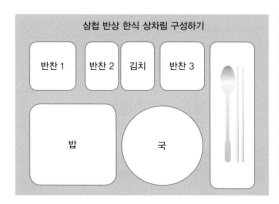 

그림 13-6
한식 상차림 교육용 플레이스 매트의 예

4. 과일 상차림 실습

제철과일은 계절에 순응하여 자라므로 우선 맛이 좋고 농약이나 화학비료를 최
소화할 수 있으며 가격도 합리적일 뿐 아니라 무엇보다 건강에 도움이 된다. 과
일은 그대로 먹기도 하고 케이크 등에 토핑으로 얹어 장식적 의미를 주면서 먹
기도 하며 디저트로 이용할 수도 있다. 간편한 방법으로 다양한 과일을 예쁘게
깎아 정성과 품위가 있는 과일 상차림을 만들어본다.

목적	집에서 흔히 쓰는 과도 등으로 과일을 예쁘게 깎고 담아서 디저트 과일 상차림 혹은 차 상차림 등에 응용한다.
재료	다양한 과일(사과, 멜론, 바나나, 수박, 토마토, 귤, 참외, 망고, 포도 등), 도마, 칼, 세팅 접시, 장식 허브나 파슬리 등
방법	간편하고 다양한 과일 썰기 방법을 적용하여 예쁘게 과일 상차림을 만들어본다. (11장 과일 깎기 방법 참고)

그림 13-7
모듬 과일 과일샐러드 담기 실습의 예

5. 와인 아로마 키트 시향 실습

아로마는 주로 포도 품종에 따라 발현되는 독특한 향인데 대표적으로 게뷔르츠트라미너(Gewürztraminer)에서는 리치의 향이, 까베르네 쇼비뇽에서는 블랙커런트의 향이 난다. 아로마는 주로 숙성기간이 짧은 어린 와인에서 더 잘 구분될 수 있다. 휘발성 향의 성분은 주로 포도의 껍질과 과즙에 있기 때문에 품종에 따라서 다양하게 나타난다.

쉬어가기

휘발성 물질에 따른 와인의 향(aroma)

- 메톡시피라진(Methoxypyrazine, 피망 등 녹색 채소의 향): 까베르네 쇼비뇽, 쇼비뇽 블랑에서 주로 나타난다.
- 모노테르펜(Monoterpenes, 꽃향기에 기인한 장미와 같은 향): 리슬링 등에서 주로 나타난다.
- 노르이소프레노이드, 카로티노이드(Norisoprenoids, Carotenoid, 스파이시한 향): 샤르도네, 시라에서 주로 나타난다.

- 라즈베리향: 피노 누아에서 주로 나타난다.
- 황화합물인 싸이올 종류 중 하나인 머캅탄(sulfur compound-Thiol 종류 중 하나인 mercaptans, 마늘과 양파의 향): 까베르네 쇼비뇽, 메를로, 피노 블랑, 피노 그리, 리슬링과 같은 품종의 와인 양조과정 중에서 발생하는 결함으로부터 유발될 수 있다.

후각은 다른 감각에 비해서도 특히 예민한 편으로 와인이나 다른 음식들에 대한 선호도를 결정하는 데 영향을 미친다. 후각의 상피조직은 비강의 가장 높은 부분에 위치하고 있는데, 이는 $3\sim4cm^2$ 정도의 면적을 차지하며 점액으로 덮인 감각세포로 구성되어 있다. 냄새 분자는 마치 화학 신호처럼 작용을 하며 이것이 비강의 후단에 도달하면 점액에 용해되어 감각세포에 인지된다. 그 순간 전기적 신호가 화학적 메시지의 형태로 전달되어 후신경에 이미지화된다. 이 이미지는 우리 뇌에 의해서 관리되고 기억되며 분류되고 축적되어 시상하부에 기록된다. 우리는 연습을 통해 특정 향을 명명하고 인지하는 능력을 점진적으로 키울 수 있다. 많은 와인 애호가들은 마치 외국어를 배우듯이 아로마를 암기하고자 한다. 아로마 키트를 사용하면 보다 용이하게 향을 기억할 수 있게 된다.

아로마 키트는 와인 교육용 자료로 사용되며 향을 인지하는 능력을 발달시키고 이를 언어로 풍부하게 묘사할 수 있도록 도움을 준다. 모든 사람들은 어느 정도 발달한 후각을 가지고 있지만 지속적인 훈련을 통해 와인이 가지고 있는 다양한 향을 구별해낼 수 있게 된다. 아로마를 구별한 후 이를 용어로 암기할 경우 아로마를 더 잘 기억하게 된다. 아로마의 구별을 통해 와인의 풍부함과 복잡성을 더 이해하게 되면 와인의 풍미가 극대화될 수 있다.

목적	① 와인 아로마 훈련을 통해 와인이 가지고 있는 다양한 향을 구별해낼 수 있다.
	② 아로마의 구별을 통해 와인의 풍부함과 복잡성을 더 이해하여 와인의 향미에 대한 이해를 극대화한다.
재료	레드 와인 아로마 키트, 화이트 와인 아로마 키트, 각 아로마 에센스 12개 정도, 갈색 병, 탈지면, 시료별 다른 나무젓가락 24개
방법	① 레드 와인 아로마 키트와 화이트 와인 아로마 키트를 사용하여 각각의 아로마를 블라인드 테이스팅 방법으로 기억·명명·분류하고, 분류해내지 못한 것들을 확인한다.
	② 각 조별로 블라인드 테스트용 와인 에센스 시료를 뚜껑이 있는 갈색 병 혹은 1회용 시료병에 탈지면을 이용하여 한 방울 떨어뜨려 준비한 후 3자리 무작위 번호를 붙여 시료의 이름을 숨긴다. 같은 조가 준비한 시향 세트로 30분 정도 시료의 아로마와 이름을 외운다.
	③ 조를 바꾸어 다른 조가 준비한 시료에서 기억하는 정도를 기록한다.

표 13-1 와인 아로마 키트 구성의 예

화이트 와인 아로마 키트		레드 와인 아로마 키트	
사과	fruity note	블랙커런트	fruity note
서양배	fruity note	라즈베리	fruity note
복숭아	fruity note	블랙베리	fruity note
청포도	fruity note	초콜릿	roasted burnt
레몬	citrus note	연기	woody smoky
오렌지	citrus note	오크	woody smoky
풀	green grassy note	토스트	roasty nutty
벌꿀	sweet caramerllic note	가죽	animalic
장미	floral note	후추	spicy herbaceous
바닐라	spicy hebaceous note	유칼립투스	minty camphoraceous
버터	buttery note	버섯	mushroom earthy
등유	dry note	사향	animalic

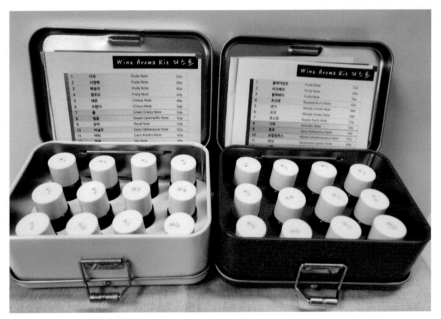

그림 13-8
화이트 와인 아로마 키트,
레드 와인 아로마 키트

처음 만나는 식문화와 푸드 코디네이션

표 13-2 시향 평가지의 예

white wine	
1	547
2	733
3	347
4	589
5	121
6	890
7	147
8	750
9	949
10	134
11	481
12	951

red wine	
1	653
2	590
3	327
4	125
5	980
6	741
7	310
8	665
9	507
10	960
11	213
12	651

6. 커피 시음 실습

커피 로스팅 머신, 로스트 마스터의 경험, 로스팅 과정은 커피의 향미 특성과 품질을 구성하는 데 영향을 미친다. 커피의 품질과 향미를 평가할 때 가장 많이 사용하는 방법은 '커핑(cupping)'이다. 커핑은 미각과 후각을 이용해 여러 커피를 서로 비교하는 방법이다. 일반적으로 커핑을 할 때 테스터들은 같은 조건에서 추출한 몇 가지 종류의 원두를 맛보며 프래그런스(fragrance, 마른 상태의 분쇄원두에서 나는 향기), 아로마(aroma, 분쇄원두에 물을 부었을 때 나는 향기), 향미(flavor, 커피를 마실 때 전체적으로 느껴지는 향기와 풍부한 맛), 질감(texture, 입안에서의 질감, 무게감, 풀바디, 미디엄바디 등의 특성), 산미(acidity, 커피의 신 향미 정도), 애프터 테이스트(aftertaste, 커피를 마시고 난 후 입안에 감도는 향기) 등의 감각적 특성을 평가한다. 미각이 숙련된 사람일수록 커피의 특성을 더 구체적이고 상세하게 파악할 수 있다. 커피가 가진 대부분의 향기는 커피를 입에 넣기 전과 커피를 입으로 맛보는 단계에서 코로 감지된다. 혀는 쓴맛, 신맛, 단맛, 짠맛, 감칠맛을 바탕으로 향미를 감지하며 코는 농도를 포함한 수천 가지 방향족(aromatic) 화합물의 향을 감지한다. 모든 커피 음료에는 수백 가지의 방향족 휘발성 화합물로 구성된 고유의 향기가 있다. 냄새는 커피를 맛보는 사람에게 단 한 번의 냄새만으로 유사한 커피 간의 휘발성 화합물 차이를 감지할 수 있도록 한다. 커피를 시음할 때에는 커피를 마시기 전에 후각으로 느껴지는 향과 커피를 마신 후에 입안에서 느껴지는 향미의 특성으로 커피의 특성을 파악할 수 있다. 시음 훈련을 위해 식품감각평가의 삼점검사(triangle test)를 사용할 수 있다. 같은 커피 두 잔과 다른 커피 한 잔을 함께 시음하여 다른 커피 한 잔을 찾는 차이식별검사를 통해 개인별 예민도를 높이는 훈련을 할 수 있다.

- **뜨거운 커피 시음**: 뜨거운 커피 시음에서는 산도, 맛, 균형 및 기타 여러 특성을 차가운 커피 시음보다 잘 평가할 수 있다.
- **차가운 커피 시음**: 신맛이 있는 커피는 뜨거운 커피로 시음할 때 더 잘 평가된다. 커피가 차가워지고 커피의 신맛을 누르게 되면 생두의 결함과 로스팅 효과를 더 잘 시음할 수 있다.

블라인드 테이스팅

● 블라인드 테이스팅은 커피 품질의 객관적인 평가를 위한 방법이다. 어떤 종류의 커피를 맛보고 있는지 모른 채 커피를 맛봐야 하므로 블라인드 테스트용 커피를 각자 준비해서 커피를 따르기 전에 컵 바닥에 라벨을 붙이고, 자리를 바꾸어 다른 사람이 준비한 자리에서 시음을 한다. 블라인드 테이스팅은 커피 시음을 배우고 감각적 시식 기술을 향상시키는 효율적인 방법이다.

● 커피 시음 및 그 결과 해석은 로스트 마스터, 바리스타 및 커피 테이스터의 기술과 경험에 따라 달라질 수 있으므로, 커피를 적절하게 분석하기 위해 시음 전 동일한 원칙이 테이스팅 하는 모든 사람에게 동일하게 적용되도록 주의한다.

● 시음까지의 전체 과정을 기록하여 맛 결과의 해석에 영향을 주는 준비과정이 있었는지 확인한다.

● 해석된 커피 맛 분석 결과와 표준은 국제 시음 기준에 따라 비교될 수 있다. 시음 시 해석이 정확하지 않다고 생각되면 시음을 반복할 수 있다.

[실습 1] 원두의 종류에 따른 순위법 평가

목적	세 종류의 다른 원두를 동일한 방법으로 추출한 커피의 쓴맛의 순위를 알아본다.
재료	세 종류의 다른 원두 커피, 커피 추출 기기, 정수된 물, 시음용 컵, 커피 감각평가표
방법	① 세 종류의 원두커피를 동일한 방법으로 추출한다. ② 각 조별로 패널 1인당 서로 다른 세 자리 무작위 번호가 적힌 50mL 컵 3개를 준비한다. ③ 각 컵에 추출한 세 종류의 원두커피를 동일한 양으로 담는다. ④ 준비된 커피 시료와 함께 평가지, 입안을 헹구는 용도의 정수된 물을 준비한다. ⑤ 조를 바꾸어 다른 조가 준비한 시료를 시음한 후 쓴맛의 순위를 평가한다. ⑥ 전체 결과를 취합하여 집계표를 작성한다.

(표 계속)

표 13-3 커피의 순위법 평가지의 예

이름: _____ 날짜: _____

시료의 번호를 왼쪽에서 오른쪽 순서대로 괄호 안에 써주십시오. 시료의 맛을 본 후, 쓴맛이 강한 순서대로 (가장 쓴맛이 강한 시료: 1, 약한 시료: 3) 해당하는 시료 번호의 아래에 순위를 적으시기 바랍니다.

시료 번호: (   ) (   ) (   )
순위: _____   _____   _____

수고하셨습니다.

표 13-4 순위법 결과 집계표의 예

패널	시료		
	A	B	C
1			
2			
3			
4			
.			
.			
.			
합계			

[실습 2] 커피 추출 횟수와 추출량에 따른 평가

목적	한 종류의 원두를 핸드드립 방법으로 추출할 때 추출 횟수에 따른 쓴맛을 비교해본다.
재료	일정하게 분쇄된 한 종류의 커피, 드리퍼, 커피 필터, 서버, 드립포트, 저울, 끓인 물(93±1℃), 시음용 50mL 컵, 생수, 온도계, 견출지, 평가표 등
방법	① 한 종류의 원두커피를 핸드드립 방법으로 횟수를 달리하여 아래와 같이 추출한다. 커피의 양은 A, B 모두 30g으로 동일하다.

표 13-5 커피 추출 횟수와 물의 양

추출 횟수	물의 양(g)	
	A	B
1차	100	75
2차	100	75
3차	100	75
4차	–	75
합계	300	300

② 각 조별로 패널 1인당 서로 다른 세 자리 무작위 번호가 적힌 50mL 컵 2개를 준비한다.

③ 각 컵에 추출한 두 종류의 원두커피를 동일한 양으로 담는다.

④ 준비된 커피 시료와 함께 평가지, 입안을 헹구는 용도의 정수된 물을 준비한다.

⑤ 조를 바꾸어 다른 조가 준비한 시료를 시음하고 쓴맛을 평가한다.

표 13-6 커피의 이점비교평가표의 예

이름: _____ 날짜: _____
2개의 시료를 왼쪽부터 맛보고 쓴맛이 더 강한 시료에 ○ 표시하여 주십시오.
시료   682(   )   312(   )
의견:
수고하셨습니다.

참고문헌

곽형심, 조미영(2008). Color. 청구문화사

구난숙, 권순자, 이경애, 이선영(2017). 세계 속의 음식문화. 교문사

김건희, 차경희, 고성희, 신원선, 조미숙, 문보경, 조순덕(2020). 음식과 세계문화. 파워북

김경옥, 신용호(2005). 커피와 차. 교문사

김주현, 김혜영, 나예슬, 심유진, 양윤경, 이인선, 최유진(2022). 식품과 영양. 교문사

김혜영(2014). 푸드코디네이션 개론. 효일

농촌진흥청(2008). 한국의 전통향토음식 1-10권. 교문사

서진우(2018). 와인바이블. 대왕사

유대준, 박은혜(2021). All New 커피 인사이드. 더스칼러빈

이순주 역(2009). 와인입문교실. 백산출판사

이영옥, 김은미, 김희숙, 박문옥, 윤옥현, 이정실, 강어진, 유한나, 송승헌(2015). 푸드코디네이션. 광문각

이진수(2015). 정석 차의 이해. 꼬레알리즘

이효숙, 장혜진, 김지영, 류무희, 오재복(2014). 커피 바리스타. 파워북

주거환경교육연구회(2010). 주거환경학총론. 교문사

최배영, 장칠선, 박영숙(2010). 현대인의 茶생활. 한국학술정보

최정희, 최남순, 조우균, 이영미, 차성미, 전관수(2014). 세계 식생활과 문화. 파
　워북

커피교육연구원(2010). 커피학개론. 아카데미아

한복려(1995). 궁중음식과 서울음식. 대원사

한은숙(2020). 푸드 코디네이션과 캡스톤 디자인. 광문각

황규선(2007). 테이블디자인. 교문사

황지희, 오경화, 류무희, 김지영, 장혜진(2009). 커피&티. 파워북

[논문]

구난숙(2010). 한국의 겨울 절식과 시식. 식품문화 한맛한얼 3(4): 372-377

권오란(2011). 한식의 기능성: 과학과 실제. 식품산업과 영양 16(2): 11-14

김명신(2010). 여주를 이용한 퓨전 일식 메뉴 개발 연구. 초당대학교 산업대학원

김영옥(2006). 푸드 코디네이터에 대한 인식도: 한식당 이용고객을 대상으로.
　숙명여자대학교 교육대학원

박춘연(2022). 韓國傳統飮食의 菓飣類 活用方案 硏究:『林園經濟志』「鼎俎志」의
　菓飣類를 중심으로. 원광대학교 대학원

안난경(2003). 效率的인 日本語 敎育을 위한 文化敎育方案: 영상매체를 이용해
　서. 부산외국어대학교 교육대학원

유한나, 계수경(2005). 텍스타일의 역사적 고찰-식공간에서의 텍스타일-. 관광
　식음료경영연구 16(2): 121-133

이수아(2010). 라이프스타일잡지에 게재된 테이블데커레이션의 화훼디자인 분
　석. 고려대학교 생명환경과학대학원

이승희(2003). 색채 캐릭터 코드를 활용한 주택상품의 색채 마케팅에 관한 연
　구. 연세대학교 대학원

임정환(2004). 상호문화적 접근방법을 통한 외국어능력 개발: 독일어 수업에서
　의 상호문화적 능력 함양을 중심으로. 한국교원대학교 대학원

정우석(2005). 일식 레스토랑 메뉴품질에 대한 고객 만족도가 재 방문 의도에 미치는 영향. 경주대학교 대학원

정혜경(2007). 한식(韓食)의 미학과 식문화적 해석. 한국식생활문화학회 2007년도 추계학술대회 초록집. 1-35

조현정(2009). 중국 음식 문화에 대한 이해. 계명대학교 통·번역대학원

주선희(2006). 한식 반상차림의 배선에 관한 사례분석. 경기대학교 관광전문대학원

[웹사이트]

그랑 라루스 와인백과. https://terms.naver.com/entry.naver?docId=5739502&cid=63025&categoryId=63776

그랑 라루스 와인백과. https://terms.naver.com/entry.naver?docId=5739504&cid=63025&categoryId=63776

두산백과. https://terms.naver.com/entry.naver?docId=1147500&cid=40942&categoryId=31575

두산백과. https://terms.naver.com/entry.naver?docId=1149629&cid=40942&categoryId=32127

문화체육관광부. https://www.kocis.go.kr/koreanet/view.do?seq=4719

음식백과. https://terms.naver.com/entry.naver?docId=962420&cid=48181&categoryId=48261

전북일보. http://www.jjan.kr/article/20091119333542

중국주서울관광사무소. http://visitchina.or.kr/m/info/info05.asp

청강푸드스쿨. https://ckjumpup.imweb.me/48/?q=YToxOntzOjEyOiJrZXl3b3JkX3R5cGUiO3M6MzoiYWxsIjt9&bmode=view&idx=5180610&t=board

한국의 음식문화. https://vdangstudio.tistory.com/10

한국민족문화 대백과사전. https://encykorea.aks.ac.kr/Article/Search/%EC%9E%A
5%EC%95%84%EC%B0%8C?p=2&field=&type=&alias=false&body=false&con
taindesc=false

한국국제문화교류진흥원. https://kofice.or.kr/b20industry/b20_industry_03_view.
asp?seq=8051

한식진흥원. https://www.hansik.or.kr

찾아보기